煤炭高等教育“十四五”规划教材

新能源矿山岩石力学与工程

主　编　马　丹
副主编　郝宪杰　张　盛
　　　　高喜才　孙　政
参　编　李　樯　高雪峰
　　　　付　强

中国矿业大学出版社
·徐州·

内 容 简 介

本书是有关岩石力学与工程领域的新编教材之一，以新能源矿山为背景，主要介绍了矿山岩石力学与工程的基本理论、基本分析方法及其工程应用。全书共有13章，包含基础理论部分和工程实践应用两部分。其中，基础理论部分主要介绍新能源矿山岩石力学与工程的基本范畴、岩石物理力学性质、岩体力学性质、地应力场与地应力测量、岩石断裂特性、岩石孔隙与渗透特性、岩体渗流特性、岩石力学数值分析方法；工程实践部分主要介绍了巷道围岩控制技术、非常规储层致裂技术、地热能开发与利用技术、钻井技术与工艺、矿山储能技术与应用。

本书可供普通高等院校新能源科学与工程、采矿工程、土木工程、地质工程等工科专业的本科生使用，也可供从事岩石力学与工程领域的工程师作为参考资料使用。

图书在版编目(CIP)数据

新能源矿山岩石力学与工程 / 马丹主编. — 徐州：中国矿业大学出版社，2024. 6. — ISBN 978-7-5646-6297-4

Ⅰ. TD31

中国国家版本馆 CIP 数据核字第 2024HP4091 号

书　　名　新能源矿山岩石力学与工程
主　　编　马　丹
责任编辑　陈红梅
出版发行　中国矿业大学出版社有限责任公司
（江苏省徐州市解放南路　邮编 221008）
营销热线　(0516)83885370　83884103
出版服务　(0516)83995789　83884920
网　　址　http://www.cumtp.com　**E-mail**:cumtpvip@cumtp.com
印　　刷　徐州中矿大印发科技有限公司
开　　本　787 mm×1092 mm　1/16　**印张** 14.25　**字数** 356 千字
版次印次　2024 年 6 月第 1 版　2024 年 6 月第 1 次印刷
定　　价　48.00 元
（图书出现印装质量问题，本社负责调换）

前言

近年来，随着全球可持续发展理念深入人心，矿业领域迎来了前所未有的变革，引领我国绿色矿山建设进入了新征程。我国矿业工程正在向地球深部推进，深部矿山伴生的新型能源类型、规模逐渐增加，矿产-新能源协同共采理念成为绿色矿山建设的必由之路，国内外相关院校相继并设了新能源科学与工程专业，旨在为未来新能源矿山领域的发展培养专业人才。在此背景下，我们组织编写了《新能源矿山岩石力学与工程》一书。本书以传统矿山岩石力学与工程相关理论为基础，关注新能源矿山背景下的岩石力学问题；汇集了国内外专家、学者的研究成果和实践经验，旨在为矿山工程领域的工程师、研究人员以及学生提供全面、系统的理论知识和实际操作指南。矿山岩石力学是岩石力学领域的一个重要分支，考虑到矿山工程中的特殊环境和要求，因而具有极大的实用性和研究价值。然而，新能源矿山工程所涉及的地质条件复杂多变，岩石的力学性质直接影响着采矿活动的安全和效率。因此，深入研究矿山岩石力学、探索岩石在新能源矿山工程中的行为规律和力学响应，对于优化矿山设计、提高采矿效率、保障工程安全具有重要意义。

本书的编写得益于许多前辈学者和研究者的奠基性工作，他们为矿山岩石力学领域的发展做出了杰出贡献。我们深知自己站在了巨人的肩膀上，因此，本书的编写不仅是对过去成果的总结和整理，更是对前人的致敬和传承。我们希望通过本书的出版，能够将矿山岩石力学领域的知识广泛地传播给读者，促进矿山工程领域的进步与发展。

本书共有 13 章，包括：第 1 章绪论、第 2 章岩石物理力学性质、第 3 章岩体力学性质、第 4 章地应力场与地应力测量、第 5 章岩石断裂特性、第 6 章岩石孔隙与渗透特性、第 7 章岩体渗流特性、第 8 章岩石力学数值分析方法、第 9 章巷道围岩控制技术、第 10 章非常规储层致裂技术、第 11 章地热能开发与利用技术、第 12 章钻井技术与工艺、第 13 章矿山储能技术与应用。

新能源矿山岩体力学与工程作为一个交叉学科，融合了岩石力学、地质学、采矿工程、地质工程等多个学科的知识。本书从岩石(体)的力学性质、岩石的破裂与变形、岩石的渗流与渗透力学、矿山开采中的围岩稳定性分析等方面展开论述，力图为矿山工程领域的从业人员提供全面的理论指导和实践经验。在编写本书过程中，国内外矿山工程领域的专家、学者为本书的内容质量提供了重要支持和指导。同时，我们还充分借鉴了国内外优秀的矿山岩石力学教材和研究成果，以期将最新的科研进展和实践经验呈现给读者。为了能够编撰出一部高质量的教材，本书在编写过程中主要遵循以下四个原则。

一、灵活性与开放性

由于矿山环境的复杂性和未知性，因此在教材编写的过程中更注重对于新能源矿山岩石力学与工程学科灵活性的把控，旨在能够适应不同学生的学习需求和教学环境，书中内容除常见岩石力学基础知识外，还包括当下一些热门研究课题。本书对于新能源矿山岩石力学基础概念给予详尽解释的同时并附有英文注释，使学生在学习专业知识的同时培养专业学科外文阅读水平。同时，本书内容具有开放性特点，鼓励学生主动探索和思考，培养其创新能力和问题解决能力。

二、系统性与完整性

本书内容全面，系统地覆盖了新能源矿山岩石力学的各个方面，包括岩石力学基础知识、岩石力学参数测试与分析、岩石力学性质、地应力场及地应力测量方法、岩石相关性质的基础知识、矿山钻井技术和储能技术以及新能源开发问题等。本书作为岩石力学领域的一部基础著作，力求全面、系统地介绍岩石力学的基本概念、原理和方法，以便读者能够全面了解和掌握这一学科的核心知识，确保学生能够建立一个完整的知识体系。

三、实用性和广泛性

岩石力学作为一门探究岩石力学性状的理论与应用科学，旨在深入揭示岩石在各种外部作用下的力学行为，为工程实践提供坚实的理论基础和科学依据。随着人类社会的不断发展，对自然资源的开发和利用日益加强，岩石力学在各个工程领域中扮演着越来越重要的角色。无论是矿山开采、隧道施工，还是水利水电、交通建筑等工程，都离不开对岩石力学性状的深入研究和应用。同时，岩石力学理论广泛应用于分析岩石的力学性质、预测岩石的变形和破坏行为。因此，新能源矿山岩石力学与工程不仅是一门重要的学科，更是一门具有广泛应用价值的实用科学。

四、学科的交叉性

在本书编写过程中，我们分别涉及了新能源和矿山岩石力学与工程两个领域，并通过交叉原则将它们有机地结合在一起。新能源与岩石特性：新能源的开发和利用通常需要在岩石中进行，如地热能、页岩气和煤层气等，我们研究了岩石的物理、力学和流体特性，以理解新能源的勘探和开发过程中涉及的岩石行为。新能源技术与岩体支护：新能源的开发和利用往往需要进行大规模的地下工程，如地热能开采和深井开采等，我们探讨了围岩支护设计和施工技术，以确保地下工程的安全和稳定。岩石力学与地下储能：新能源领域中的地下储能（如地热能和储气库等）需要考虑岩石的力学特性和变形行为，我们研究了岩石的弹性力学、破裂力学和岩体变形等内容，以支持地下储能项目的设计和运行。岩石力学与采矿工程：矿山岩石力学与工程领域有着丰富的经验和应用，我们将这些经验和方法应用到新能源项目中，以解决类似的岩石工程问题，并将矿山岩石力学与新能源项目之间的交叉知识进行整合。

通过运用以上交叉原则，旨在为读者提供一个综合性的视角，使其能够更好地理解、应用新能源和矿山岩石力学与工程领域的知识，这有助于在新能源项目中更加有效地应对岩石特性和地下工程的挑战。

五、可持续性与更新性

随着时代科学技术发展的突飞猛进，相应与新能源矿山岩石力学与工程相关的各门学科与此同时也在不断地飞速发展，它们是新能源矿山岩石力学与工程快速发展的重要推动力量。同时，随着科学技术的发展和社会需求的变化，矿山开采面临着新的挑战和机遇。更新性意味着不断改进和更新岩石力学理论、技术和方法，以适应新的需求和解决新的问题。例如，现代的非线性理论、系统科学理论和现代化信息技术以及数值模拟分析、人工智能的广泛应用，这些已经成为新能源矿山岩石力学与工程理论研究的重要支柱，因而将这些新兴理论、新技术和新的工程实践成果介绍给学生。因为大学生已经具有一定的理论和知识基础，所以对于新理论、新技术、新方法的阐述应该做到通俗易懂、简洁明了，重视对于学生的启发、引导，为学生今后的深入学习以及科学研究提供理论基础。本书具有一定的可持续性，不仅能够适应当前新能源矿山岩石力学与工程的教学需求，也考虑了未来的发展趋势，今后需要及时更新内容，保持教材的活力和时效性。

通过以上努力，我们相信本书能够成为新能源矿山岩石力学与工程领域的权威参考书之一，为读者提供宝贵的学习和研究资源。

最后，我们要感谢所有参与本书编写和出版过程的人员，无论是作者、审稿人、编辑、出版商还是读者，都为本书的完成和推广做出了重要贡献。希望本书能够对新能源矿山岩石力学与工程领域的发展起到积极的推动作用，为解决矿山工程实践中的岩体力学问题提供帮助和支持。让我们共同努力，探索新能源矿山岩石力学与工程领域的未来，为矿山工程的可持续发展贡献自己的力量！

编 者

2024 年 1 月

目　录

第 1 章

绪　论

1.1　岩石力学与工程的含义

岩石力学(rock mechanics)是一门新兴的边缘学科，属于力学的一个分支学科。岩石力学是专门研究岩石(体)在各种力场作用下变形与破坏规律的理论及其实际应用的科学，是一门专业实践性很强的基础学科。岩石力学应用范围涉及诸如水利水电工程、采矿工程、隧道工程、海岸工程、海洋工程、重要工厂(如核电站、大型发电厂及大型钢铁厂等)以及地震地质学、地球物理学和构造地质学等众多与岩体有关的领域和学科。1964 年，美国岩石力学委员会将岩石力学定义为"研究岩石的力学性状的一门理论和应用科学，是力学的分支"。由于科学技术的发展和实际工程的需求，岩石性质无法严格代表岩体性质，因而在工程尺度上常常将岩石力学称为岩体力学。但是，岩石力学这个名词沿用已久，且使用很普遍，在许多研究岩体力学问题的著作中，都称其为岩石力学，包括世界各国研究岩体力学的协会也采用这一名词。为了便于区分，岩石力学的研究对象侧重于岩石块体本身，一般实验室内选取单一类型的岩石，其内部或多或少存在一定的节理、孔隙；而岩体力学的研究对象侧重于较大尺度的岩体，由岩块和结构面组成。因此，岩石力学可理解为广义的岩体力学，在无严格区分情况下，岩石力学又可称为岩体力学。

岩石力学的发展与人类工程实践是密不可分的。随着生产力水平及工程建筑的迅速发展，工程师和研究人员提出了大量的岩石力学问题，比如高坝坝基岩体及拱坝拱座岩体的变形和稳定性问题，大型露天采坑边坡、库岸边坡及船闸、溢洪道等边坡的稳定性问题，地下硐室围岩变形及地表塌陷，高层建筑、重型厂房和核电站等地基岩体的变形和稳定性问题，以及岩体性质的改善与加固技术等。对上述问题能否做出正确的分析和评价，将会对工程建设和运行的安全产生显著的影响，甚至带来严重的后果。

本书主要面向新能源科学与工程，其主要任务是研究工程活动作用下岩石的变形、破坏规律及工程岩体的稳定性。开采埋藏于地下的矿产资源往往需要建造竖井、巷道、硐室等地下工程，这些地下工程的稳定性和安全性通常与围岩体物理力学性质具有直接的关系。因此，厘清围岩体在矿产资源采收过程中的力学特征演变规律，预警围岩体失稳致灾过程，给出切实可行的建设方案，这些都是岩石力学与工程需要解决的关键科学问题。当前，可持续发展要求传统矿山转型升级，以绿色、健康、可持续的发展意识为导向，实现矿山经济综合效益提升的同时不破坏自然环境。根据矿山的特点，矿-热资源协同共采、矿山储能、矿山抽水蓄能等新能源领域开始兴起，在掌握传统岩石力学与工程基础上，国内外迫切需要能够解决与新能源矿山领域有关的岩石力学问题，为新能源矿山产业的发展提供技术支撑。

1.2 研究内容与研究方法

1.2.1 主要研究内容

岩石力学服务对象的广泛性和研究对象的复杂性决定了岩石力学研究内容的广泛性和复杂性。从工程观点出发，其研究内容大致可归纳为以下几方面。

(1) 岩块、岩体地质特征的研究。岩块与岩体的许多性质，都是在其地质历史过程中形成的。因此，岩块与岩体地质特征的研究是岩石力学分析的基础。内容包括：岩石的物质组成和结构特征；结构面特征及其对岩石力学性质的影响；岩体结构及其力学特征。

(2) 岩石的物理、水理与热力学性质的研究。

(3) 岩块的基本力学性质的研究。为了全面了解岩体的力学性质，对岩块的基本力学性质的研究十分必要。在岩体力学性质接近于岩块力学性质的条件下，也可通过岩块力学性质的研究，减少或替代原位岩体力学试验研究。内容包括：岩块在各种外力作用下的变形和强度特征以及力学参数的室内测试技术；荷载条件、时间等对岩块变形和强度的影响。

(4) 结构面力学性质的研究。内容包括：结构面在法向压应力及剪应力作用下的变形特征及其参数确定；结构面剪切强度特征及其测试技术与方法。

(5) 岩体力学性质的研究。岩体力学性质是岩石力学最基本的研究内容。内容包括：岩体的变形与强度特征及其原位测试技术与方法；岩体力学参数的弱化处理与经验估算；荷载条件、时间等因素对岩体变形与强度的影响；岩体在动荷载作用下的特性，岩体中地下水的赋存、运移规律及岩体的水力学特征。

(6) 岩体中天然应力分布规律及其量测的理论与方法的研究。

(7) 工程岩体分类及分类方法的研究。

(8) 岩体变形破坏机理及其本构关系与破坏判据的研究。

(9) 边坡岩体、地基岩体及地下硐室围岩等工程岩体的稳定性研究，这是岩石力学实际应用方面的研究。内容包括：各类工程岩体中重分布应力的大小与分布特征；各类工程岩体在重分布应力作用下的变形破坏特征；各类工程岩体的稳定性分析与评价等；岩体性质的改善与加固技术的研究，包括岩体性质、结构的改善与加固以及地质环境（地下水、地应力等）的改良等。

(10) 各种新技术、新方法与新理论在岩石力学中的应用研究。

(11) 工程岩体的模型、模拟试验及原位监测技术的研究。模型模拟试验包括数值模型模拟试验、物理模型模拟试验和离心模型模拟试验等，这是解决岩石力学理论和实际问题的一种重要手段。而原位监测既可以检验岩体变形与稳定性分析成果的正确与否，同时也可及时地发现问题。

1.2.2 研究方法

岩石力学的研究内容决定了在岩石力学研究中必须采用以下几种研究方法。

1.2.2.1 工程地质研究法

工程地质研究法旨在研究岩块和岩体的地质与结构特征，为岩石力学的进一步研究提供地质模型和地质资料。例如，用岩矿鉴定方法了解岩体的岩石类型、矿物组成及结构构造特征；用地层学方法、构造地质学方法及工程勘察方法等了解岩体的成因、空间分布及岩体中各种结构面的发育情况等；用水文地质学方法了解赋存于岩体中地下水的形成与运移规律等。

1.2.2.2 试验法

科学试验是岩石力学研究中一种非常重要的方法，也是岩石力学发展的基础，包括岩块物理力学性质的室内试验、岩石力学性质的原位试验、天然应力测量、模型模拟试验及原位岩体监测等方法。其目的是为岩体变形和稳定性分析计算提供必要的物理力学参数；同时，还可以用某些试验成果（如模拟试验及原位监测成果等）直接评价岩体的变形和稳定性，并且探讨某些岩石力学理论问题。因此，应当高度重视并大力开展岩石力学试验研究。

1.2.2.3 数学力学分析法

数学力学分析是岩石力学研究中的一个重要环节。它是通过建立岩石力学模型和利用适当的分析方法，预测岩体在各种力场作用下的变形与稳定性，为工程设计和施工提供定量依据。其中，建立符合实际的力学模型以及选择适当的分析方法和符合实际的岩石力学参数是数学力学分析中的关键。目前常用的力学模型有：刚体力学模型、弹性及弹塑性力学模型、断裂力学模型、损伤力学模型及流变模型等。常用的分析方法有：块体极限平衡法，有限元、边界元和离散元法，模糊聚类和概率分析法等。岩石力学性质参数的选取是岩石力学定量分析的重点和难点，目前常用试验数据、反分析数据和经验数据等，要结合具体工程地质条件分析综合选取。

1.2.2.4 多学科交叉的机器学习法

近年来，随着人工智能理论的快速发展，研究人员开始将善于处理复杂非线性问题和具有良好泛化能力的机器学习方法用来研究工程领域问题。机器学习可以从试验数据中挖掘变量之间的隐藏关系，不需要预先假定方程形式，从而可以突破传统经验回归模型局限性，为预测岩石力学性质和变形破坏特征提供一种全新的方法。以岩石力学的基本原理为背景，结合多学科的多源信息融合机器学习算法将是未来解决复杂岩石力学的重要工具。

1.2.2.5 综合分析法

综合分析法是岩石力学研究中极其重要的一套工作方法。由于岩石力学工作中每一环节都是多因素的，且信息量大，因此必须采用多种方法，考虑各种因素（包括工程、地质以及施工）进行综合分析和综合评价。只有这样才能得出符合实际情况的正确结论，而综合分析判断是力学研究常用的方法。

1.3 岩石力学与工程的发展历程

一般认为，岩石力学形成于 20 世纪 50 年代末，其主要标志是 1957 年法国的塔罗勃（J. Talobre）所著的《岩石力学》出版，以及 1962 年国际岩石力学学会（ISRM）的成立。岩石力学作为一门独立的学科至今才几十年的历史。尽管很短暂，但其形成的历史是漫长的，这与当时的生产力水平低、工程建设数量少、规模小有关。关于岩石力学的形成历史，这里仅就其形成前后的发展与特点做一简要介绍，使读者了解岩石力学的发展动态。

为了考察岩石力学的发展，先列举一些对岩石力学形成与发展有重要影响的事件如下：

1951 年，在奥地利萨茨堡创建了第一个岩石力学学术组织——地质力学研究组(Study Group for Geomechanics)，并形成了独具一格的奥地利学派，其基本观点是岩体的力学作用主要取决于岩体内不连续面及其对岩体的切割特征。

1951 年，国际大坝会议设立了岩石力学分会。

1956 年，美国召开了第一次岩石力学讨论会。

1957 年，第一部《岩石力学》专著(塔罗勃著)出版。

1959 年，法国马尔帕塞坝因左坝肩岩体沿软弱结构面滑移而溃决，这一事件引起了许多岩石力学工作者的关注和研究。

1962 年，在国际地质力学研究组的基础上成立了国际岩石力学学会，由奥地利岩石力学家缪勒(L. Muller)担任主席。

1963 年，意大利瓦依昂水库左岸岩体大滑坡，吸引了许多岩石力学工作者的关注。

1966 年，第一届国际岩石力学大会在葡萄牙里斯本召开，由葡萄牙岩石力学家罗哈(M. Rocha)担任主席。以后每四年召开一次大会，国际岩石力学学术会议涉及内容广泛，当代岩石力学的主要热点问题都得到了交流和讨论，无疑代表了当时国际岩石力学的水平。

受国际岩石(体)力学发展影响，并在我国工程建设需要的推动下，我国的岩石(体)力学研究也得到了长足的发展，陆续建立了中国科学院武汉岩土力学研究所、地质研究所工程地质研究室、长江科学院岩基室等科研机构。另外，我国于 1985 年正式成立了中国岩石力学与工程学会，并多次派团参加了国际岩石力学大会的学术交流活动。

这一时期的岩石力学研究工作具有如下特点：

(1) 对岩体及其力学属性的认识不断深入。在岩石力学形成的初期，人们将岩体视为一种地质材料。其研究方法是取小块试件，在室内进行物理力学性质测试，并用以评价其对工程建筑的适宜性。这种研究实质上还是材料力学方法，称为岩块力学或岩石力学。大量的工程实践表明，用岩块性质来表征作为建筑地基的大范围岩体特征是不合适的。自 20 世纪 60 年代起，国内外岩石力学工作者逐步认识到被结构面切割的岩体性质与完整的小岩块性质有本质的区别。在此前提下，人们开展了对岩体的研究，并重视原位试验在确定岩石力学参数中的作用。到了 20 世纪 70 年代中后期，岩石力学工作者越来越认识到岩体结构的实质及其在岩石力学作用中的重要性。

(2) 研究领域日益扩大，并强调在工程中的应用。在岩石力学形成初期，主要是针对矿山建设中的围岩压力问题进行工作。如今，岩石力学被广泛应用于采矿、能源开发、国防工程、水利水电工程、交通及海洋开发工程、环境保护及减灾防灾工程等领域。随着工程建设的增多和规模的不断加大，将给岩石力学带来许多新的复杂的课题，这对于岩石力学来说既是发展的机遇，也是一种挑战。

(3) 重视岩体结构与结构面的研究。在大量的岩体工程实践中，人们认识到由于岩体中存在大量的断层、节理和各种裂隙等结构面及由此形成的特殊的结构，使得岩体性质异常复杂，这不仅取决于结构面的组合特征，而且还与结构面的地质特征、几何特征及其自身的力学性质等密切相关。基于此，科研人员开展了大量的有关结构面及其对岩体性质控制作用的研究。在结构面统计、网络模拟及其力学性质试验等方面取得了重要进展，提出了各种结构面测量统计方法和三维网络模拟理论等。

(4) 重视岩体中天然应力的研究。起初，人们提到天然应力主要是指自重应力；随后，人们已经认识到在很多情况下只考虑自重应力是不够的，必须考虑除自重应力以外如构造应力等的影响。从20世纪60年代开始，逐渐重视和加强了岩体中天然应力及其测量技术的研究，积累了丰富的实测资料，并获得了一些非常有意义的结论；同时，天然应力的确定方法和量测手段也有了长足的发展。

(5) 岩体的测试技术和监测技术大力发展。在室内常规岩块力学参数测试的基础上，逐渐发展了岩石三轴试验、高温高压试验、刚性试验、伺服技术、结构面力学试验、原位岩体力学试验、原位监测技术和模型模拟试验等。另外，岩石微观结构研究等也逐渐应用于岩石力学研究中。

(6) 重视岩体动力学、水力学性质及流变性质的研究。随着地下爆炸试验、地震研究国防工程和水利水电工程的发展，岩体在振动、冲击等动荷载作用下的变形和强度特性、破坏规律、应力波传播与衰减规律及结构防护，岩体在长期荷载作用下的流变性能和长期强度，水岩耦合及水岩与应力耦合所表现出来的水力学性质等，都日益受到广泛的重视，并取得了一些研究成果。

(7) 新理论、新技术及新方法的应用，计算机技术的应用与普及，都为岩石力学解决复杂的岩石力学问题提供了有力的手段，提高了岩石力学解决生产实际问题的能力和效率。另外，从20世纪70年代末开始，块体理论、概率论、模糊数学、断裂力学、损伤力学、分形几何等理论相继引入岩石力学的基础理论与工程稳定性研究中，取得了一系列重大研究成果。近年来，还有不少学者将系统论、信息论、控制论、人工智能专家系统、灰色系统突变理论、耗散结构理论及协同论等软科学引入岩石力学研究中，取得了一系列研究成果。

在岩石力学基本理论基础上，20世纪80年代末，随着思维方法的变革，人们提出了“不确定系统分析方法”，为大型岩体工程分析与设计提供了较正确可靠的方法。这种方法也称为综合智能分析方法，它是在快速发展的系统科学、计算机科学、非线性理论、人工智能和信息技术等基础上建立起来的。工程岩体系统不仅因为多因素、多层次组合而具有复杂性，而且还在于它们大多具有很强的不确定性，即模糊性与随机性；同时，各因素之间和层次之间还通过相互耦合作用而表现出很强的非线性特征，只有将整个系统的非线性过程把握住，才能做出正确的理解与描述。

为促进不确定性系统分析方法的不断发展与完善，使之更加实用，在岩体工程系统研究中还必须强调如下两方面的工作：一是岩体工程地质条件及其资料采集工作，只有基础资料采集工作扎实了，才能有效减少岩体工程“黑箱”系统的黑度，提高研究的可靠性。为了使基础资料采集更全面、更深入，除采用传统的工程地质、岩石力学方法外，还必须采用高新技术手段，发展和采用新的探测技术和实验技术，如遥感技术、切层扫描技术、三维地震CT(电子计算机断层扫描)成像技术、高精度地应力测量技术、高温高压刚性伺服岩石试验系统和多功能高效率原位岩体试验系统等。二是信息化施工工作，在岩体工程施工与运行过程中除采用多点位移计、倾斜仪、收敛计和水准测量等常规应力、位移监测手段外，还须大力发展和完善GPS(全球定位系统)、GIS(地理信息系统)监测技术、声发射和微震监测技术及岩体损伤探测技术等。随着信息技术的发展和应用，完全可以对工程过程监测信息进行高效的理论分析和经验判断，将各种信息综合集成，并及时向工程施工和运行主管部门反馈，进行工程决策，逐步优化设计和施工工艺。

当前，随着科学技术的飞速发展，各门学科都将以更快的速度向前发展，岩石力学也不例外。然而，各门学科协同合作、相互渗透、不断引入相关学科的新思想、新理论和新方法是加速岩石力学学科发展的必要途径。

第 2 章

岩石物理力学性质

岩石是人类工程建设直接面对的对象，随着工程建设的向前发展，人类将前所未有地、广泛地接触和改造岩石或岩体。岩石在各种地球物理化学的作用下，包括地应力变化、各种构造地质作用、各种风化作用及人类各种营力的作用等，岩石(体)呈现明显的非线性、不连续性、不均质性和各向异性等复杂特性。岩石力学的任务就是认识并掌握岩石或岩体在各种环境作用下的变形、破坏规律，为工程建设提供理论支撑。在认识岩石力学之前，必须掌握岩石的基本物理力学性质及其影响这些性质的主要因素，这是解决复杂岩石力学问题的基础。其中，岩石或岩体的基本构成和基本分类尤为重要，它将从根本上影响岩石的物理性质和力学性质，是岩石力学计算模型的根本。因此，本章将系统地介绍岩石物理力学性质，并讨论影响这些性质的因素及基本的测试手段，最后介绍如何构建岩石的本构关系。

2.1 岩石的物理性质

2.1.1 岩石的定义

岩石是由矿物或岩屑在地质作用下按一定的规律聚集而形成的自然物体，是构成地壳和上地幔的物质基础，也是自然地质过程的产物。岩石的主要矿物包括长石、石英、黑云母、角闪石、辉石、方解石、高岭石、赤铁矿等，不同的岩石类型具有不同的矿物组合和含量。一般来说，大多数新鲜岩石坚硬致密，孔隙小而少，耐水性强，透水性弱，机械强度高。岩石是岩体的基本单元，与岩体相比，岩石可以看作一种连续、均匀、各向同性的介质。需要注意的是，由于各种地球物理化学作用，岩石中也存在一些内部缺陷。

岩石按其成因可分为岩浆岩、沉积岩和变质岩。其中，岩浆岩是由高温熔融的岩浆在地表或地下冷凝所形成的岩石，也称为火成岩；沉积岩是在地表条件下由风化作用、生物作用和火山作用的产物经水、空气和冰川等外力的搬运、沉积和成岩固结而形成的岩石；变质岩是由先成的岩浆岩、沉积岩或变质岩，由于其所处地质环境的改变经变质作用而形成的岩石。有关岩石的基本知识，读者可以从岩石学专著中进一步学习。

2.1.2 岩石的结构

岩石结构是指组成岩石的物质(矿物或玻璃质)的结晶程度、颗粒大小、形态以及它们之间相互关系的特征。在岩浆岩中，按岩石的结晶程度可分为全晶质结构、半晶质结构和玻璃质结构三大类；按岩石中矿物颗粒的绝对大小可分为粗粒、中粒、细粒、微粒等结构；按矿物颗粒的相对大小可分为等粒结构、不等粒结构、斑状结构、似斑状结构；按岩石中矿物的自形程度可分为自形结构、半自形结构及他形结构。岩石构造是指组成岩石的各部分(矿物集合体或玻璃质)的相互排列、配置与充填方式关系的特征。岩浆岩中常见的构造包括块状构造、条带状构造、斑杂构造、流纹构造、枕状构造、气孔及杏仁构造、原生片麻构造等。

岩石的强度受到岩石结构联结和微缺陷的影响。岩石中结构联结的类型主要包括结晶联结和胶结联结。

结晶联结是指岩石中矿物颗粒通过结晶相互嵌合在一起，如岩浆岩、大部分变质岩及部分沉积岩的结构联结。这种联结使晶体颗粒之间紧密接触，故岩石强度一般较大。但随结构的不同而有一定的差异，如在岩浆岩和变质岩中，等粒结构一般比非等粒结构的强度大，抗风化能力强。在等粒结构中，细粒结晶结构比粗粒的强度高。粗粒斑品的酸性深成岩强度最低，细粒微晶而无玻璃质的基性喷出岩强度最高。例如，粗粒花岗岩抗压强度一般只有120 MPa，而同一成分的细粒花岗岩则可达260 MPa。具有结晶联结的一些变质岩，如石英岩、大理岩等情况与岩浆岩类似。沉积岩中的化学沉积岩是以可溶的结晶联结为主，联结强度较大，一般以等粒细晶的岩石强度最高，如成分均一的致密细粒石灰岩其抗压强度可达260 MPa，但这种联结的缺点是抗水性差，能不同程度地溶于水中，对岩石的可溶性有一定的影响。固结黏土岩的联结有一部分是再结晶的结晶联结，其强度比其他坚硬岩石要差很多。

胶结联结是指颗粒与颗粒之间通过胶结物联结在一起。例如，沉积碎屑岩、部分黏土岩的结构联结。对于这种联结的岩石，其强度主要取决于胶结物及胶结类型。从胶结物来看，硅质、铁质胶结的岩石强度较高，钙质次之，而泥质胶结强度最低。从胶结类型来看，根据颗粒之间及颗粒与胶结物间的关系，碎屑岩具有3种基本类型(图2-1)。

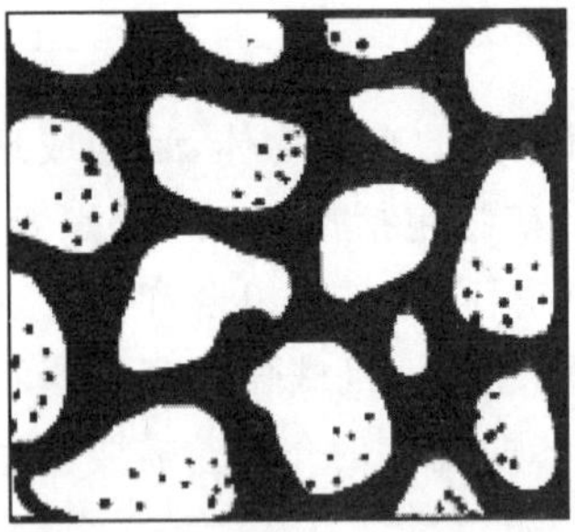

(a) 基底胶结

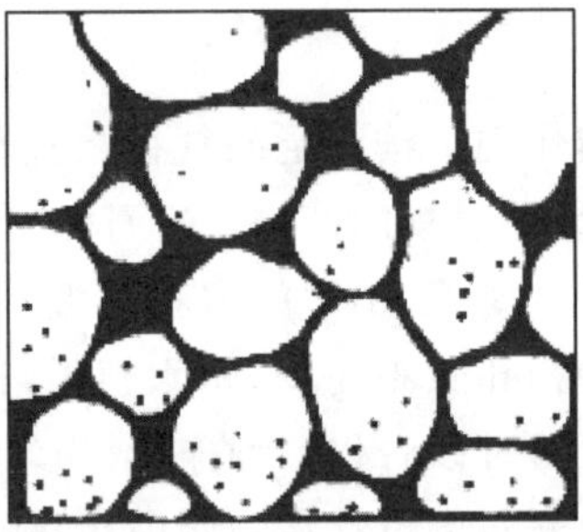

(b) 孔隙胶结

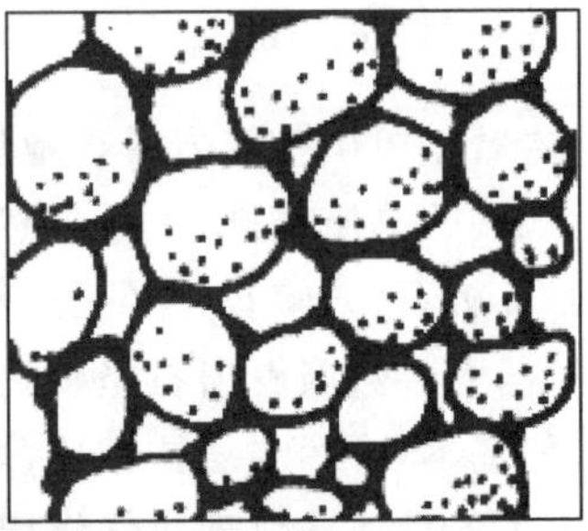

(c) 接触胶结

图2-1　碎屑岩胶结类型

(1) 基底胶结类型。颗粒彼此不直接接触，完全受胶结物包围，岩石强度基本取决于胶结物的性质，如图2-1(a)所示。

(2) 孔隙胶结类型。胶结物完全或部分地充填于颗粒间的孔隙中，胶结一般较牢固，岩石强度和透水性主要视胶结物性质和其充填程度而定，如图2-1(b)所示。

(3) 接触胶结类型。只有颗粒接触处才有胶结物胶结，胶结一般不牢固，故岩石强度低，透水性较强，如图2-1(c)所示。

2.1.3　岩石的主要物理性质

岩石的物理性质(physical properties of rock)是指由岩石固有的物质组成和结构特征所决定的密度、容重、相对密度、孔隙率、渗透性等基本属性。

2.1.3.1　岩石的密度(density)

岩石单位体积(包括岩石内孔隙体积)的质量称为岩石的密度。岩石密度的表达式为:

$$\rho = \frac{m}{V} \tag{2-1}$$

式中,ρ 为岩石的密度,kg/m^3;m 为被测岩样的质量,kg;V 为被测岩样的体积,m^3。

2.1.3.2　岩石的容重(unit weight)

岩石单位体积(包括岩石内孔隙体积)的重量称为岩石的容重。岩石的容重表达式为:

$$\gamma = \frac{W}{V} \tag{2-2}$$

式中,γ 为岩石的容重,kN/m^3;W 为被测岩样的重量,kN。

岩石容重和岩石密度之间存在如下关系:

$$\gamma = \rho g \tag{2-3}$$

式中,g 为重力加速度(可取 9.8 m/s^2)。

岩石容重取决于组成岩石的矿物成分,孔隙发育程度及其含水量。岩石容重的大小在一定程度上反映出岩体力学性质的优劣。一般来说,岩石容重越大,其力学性质也越好,反之则越差。常见岩石的容重见表 2-1。

表 2-1　常见岩石的天然容重表

岩石名称	天然容重 /($kN \cdot m^{-3}$)	岩石名称	天然容重 /($kN \cdot m^{-3}$)	岩石名称	天然容重 /($kN \cdot m^{-3}$)
花岗岩	23.0～28.0	玢岩	24.0～28.6	玄武岩	25.0～31.0
闪长岩	25.2～29.6	辉绿岩	25.3～29.7	凝灰岩	22.9～25.0
辉长岩	25.5～29.8	粗面岩	23.0～26.7	凝灰角砾岩	22.0～29.0
斑岩	27.0～27.4	安山岩	23.0～27.0	砾岩	24.0～26.6
石英砂岩	26.1～27.0	白云质灰岩	～28.0	片岩	29.0～29.2
硅质胶结砂岩	～25.0	泥质灰岩	～23.0	特别坚硬的石英岩	30.0～33.0
砂岩	22.0～27.1	灰岩	23.0～27.0	片状石英岩	28.0～29.0
坚固的页岩	～28.0	新鲜花岗片麻岩	29.0～33.0	大理岩	26.0～27.0
砂质页岩	～26.0	角闪片麻岩	27.6～30.5	白云岩	21.0～27.0
页岩	23.0～26.2	混合片麻岩	24.0～26.3	板岩	23.1～27.5
硅质灰岩	28.1～29.0	片麻岩	23.0～30.0	蛇纹岩	～26.0

岩石力学计算及工程设计中常用到岩石容重。根据岩石的含水状况,将容重分为天然容重(γ)、干容重(γ_d)和水饱和容重(γ_w)。

2.1.3.3 岩石的相对密度

岩石的相对密度是岩石固体部分的重量和 4 ℃时同体积纯水质量的比值，即

$$G_s = \frac{W_s}{V_s \gamma_w} \tag{2-4}$$

式中，G_s 为岩石的相对密度；W_s 为体积为 V 的岩石固体部分的重量，kN；V_s 为岩石固体部分（不包括孔隙）的体积，m^3；γ_w 为 4 ℃时单位体积水的容重，kN/m^3。

岩石的相对密度，在数值上等于其密度，它取决于组成岩石的矿物相对密度及其在岩石中的相对含量。成岩矿物的相对密度越大，则岩石的相对密度越大。反之，则岩石的相对密度越小。岩石的相对密度，可采用相对密度瓶法进行测定，试验时先将岩石研磨成粉末，烘干后用相对密度瓶法测定，其原理、方法与土工试验相同。岩石的相对密度一般在 2.50～3.30 范围内（表 2-2）。

表 2-2 常见岩石的相对密度

岩石名称	相对密度	岩石名称	相对密度	岩石名称	相对密度
花岗岩	2.50～2.84	辉绿岩	2.60～3.10	凝灰岩	2.50～2.70
闪长石	2.60～3.10	流纹岩	～2.65	砾岩	2.67～2.71
橄榄岩	2.90～3.40	粗面岩	2.40～2.70	砂岩	2.60～2.75
斑岩	2.60～2.80	安山岩	2.40～2.80	细砂岩	～2.70
玢岩	2.60～2.90	玄武岩	2.50～3.30	黏土质砂岩	～2.68
砂质页岩	～2.72	煤	～1.98	黏土质片岩	2.40～2.80
页岩	2.57～2.77	片麻岩	2.63～3.01	板岩	2.70～2.90
石灰岩	2.40～2.80	花岗片麻岩	2.60～2.90	大理岩	2.70～2.90
泥质灰岩	2.70～2.80	角闪片麻岩	～3.07	石英岩	2.53～2.84
白云岩	2.70～2.90	石英片岩	2.60～2.80	蛇纹岩	2.40～2.80

2.1.3.4 岩石的孔隙性

天然岩石中包含着数量不等、成因各异的孔隙裂隙，是岩石的重要结构特征之一。它们对岩体力学性质的影响基本一致，在工程实践中很难将两者分开，统称为岩石的孔隙性。岩石的孔隙性常用孔隙率 n 表示。

岩石的孔隙率 n 是指岩石孔隙的体积与岩石总体积的比值，用百分数表示。岩石的孔隙裂隙有的与大气相通，有的不相通。孔隙裂隙的开口也有大小之分，分为大开孔隙裂隙和小开孔隙裂隙。因此，岩石的孔隙性指标应根据孔隙裂隙的类型加以区分，分为总孔隙率 n、总开孔率 n_0、大开孔隙率 n_b、小开孔隙率 n_s 和闭孔隙率 n_c。

五种孔隙率可按下列公式分别计算：

$$n = \frac{V_p}{V} = \frac{1-\gamma_d}{G_s \gamma_w} \times 100\% \tag{2-5}$$

$$n_0 = \frac{V_{p,0}}{V} \times 100\% \tag{2-6}$$

$$n_b = \frac{V_{p,b}}{V} \times 100\% \tag{2-7}$$

$$n_s = \frac{V_{p,s}}{V} \times 100\% \tag{2-8}$$

$$n_c = \frac{V_{p,c}}{V} \times 100\% \tag{2-9}$$

式中，V 为岩石的体积，m^3；V_p 为岩石的孔隙总体积，m^3；γ_d 为岩石的干容重；G_s 为岩石的相对密度；γ_w 为 4 ℃时单位体积水的容重；$V_{p,0}$为岩石的开型孔隙体积，m^3；$V_{p,b}$为岩石的大开型孔隙体积，m^3；$V_{p,s}$为岩石的小开型孔体积，m^3；$V_{p,c}$为岩石的闭型孔隙体积，m^3。

孔隙率是衡量岩石工程质量的重要物理性质指标之一。岩石的孔隙率反映了孔隙裂隙在岩石中所占的百分率，孔隙率越大，岩石中的孔隙裂隙就越多，岩石的力学性能则越差。表 2-3 列出了几种常见岩石的孔隙率。

表 2-3　常见岩石的孔隙率

岩石名称	孔隙率/%	岩石名称	孔隙率/%	岩石名称	孔隙率/%
花岗岩	0.5～4.0	砾岩	0.8～10.0	石英片岩及角山岩	0.7～3.0
闪长岩	0.18～5.0	砂岩	1.6～28.0		
辉长岩	0.29～4.0	泥岩	3.0～7.0	云母片岩及绿泥石片岩	0.8～2.1
辉绿岩	0.29～5.0	页岩	0.4～10.0		
玢岩	2.1～5.0	石灰岩	0.5～27.0	千枚岩	0.4～3.6
安山岩	1.1～4.5	泥灰岩	1.0～10.0	板岩	0.1～0.45
玄武岩	0.5～7.2	白云岩	0.3～25.0	大理岩	0.1～6.0
火山集块岩	2.2～7.0	片麻岩	0.7～2.2	石英岩	0.1～8.7
火山角砾岩	4.4～11.2	花岗片麻岩	0.3～2.4	蛇纹岩	0.1～2.5
凝灰岩	1.5～7.5	—	—	—	—

2.1.3.5　岩石裂隙度与声波传播速度

岩石中的裂隙和孔隙影响声波的传播速度。通过测量纵波在岩石中的传播速度，可以对岩石中裂隙孔隙发育的程度做定量的评价。测量和计算步骤如下：

(1) 确定岩石试件的矿物组成，并测定每一种矿物的纵波传播速度。一些常见矿物的纵波传播速度见表 2-4。

表 2-4　常见矿物的纵波传播速度

矿物名称	纵波传播速度/($m \cdot s^{-1}$)	矿物名称	纵波传播速度/($m \cdot s^{-1}$)
石英	～6 050	正长石	～5 800
橄榄石	～8 400	斜长石	～6 250
辉石	～7 200	方解石	～6 600
角闪石	～7 200	白云石	～7 500
白云母	～5 800	磁铁矿	～7 400

(2) 根据下式计算出岩石试件在没有裂隙和孔隙条件下的纵波传播速度 v_l^*：

$$\frac{1}{v_l^*} = \sum_{i=1} \frac{C_i}{v_{l,i}} \tag{2-10}$$

式中，v_l^* 为假设没有裂隙和孔隙条件下岩石试件中的纵波传播速度；$v_{l,i}$ 为第 i 种矿物的纵波传播速度；C_i 为第 i 种矿物在岩石试件中所占的比例。几种常见岩石在没有裂隙和孔隙条件下的纵波传播速度见表 2-5。

表 2-5　常见岩石的纵波传播速度

岩石名称	v_l^* /(m·s^{-1})	岩石名称	v_l^* /(m·s^{-1})
辉长岩	～7 000	砂岩	～6 000
玄武岩	6 500～7 000	石英岩	5 500～6 000
石灰岩	6 000～6 500	花岗岩	4 500～6 500
白云岩	6 500～7 000		

(3) 测量纵波在实际岩石试件中的传播速度。根据纵波在实际岩石条件下的传播速度与纵波在假设没有裂隙、孔隙岩石条件下的传播速度之比将评价与裂隙度相关的岩石质量指标定义为：

$$\mathrm{RQI} = \frac{v_l}{v_l^*} \times 100\% \tag{2-11}$$

式中，RQI 为岩石质量指标(rock quality index)；V_l 为实际岩石试件中的纵波传播速度。

声波在岩石中的传播速度不仅受裂隙的影响，而且受孔隙的影响。综合考虑裂隙和孔隙的影响，根据 RQI 和不含裂隙的岩石孔隙度 η_p，可以将岩石中裂隙发育程度划分成 5 个等级：Ⅰ无裂隙至轻微裂隙；Ⅱ轻微裂隙至中等程度裂隙；Ⅲ中等程度裂隙至严重裂隙；Ⅳ严重裂隙至非常严重裂隙；Ⅴ极度裂隙化。岩石裂隙程度分级见图 2-2。

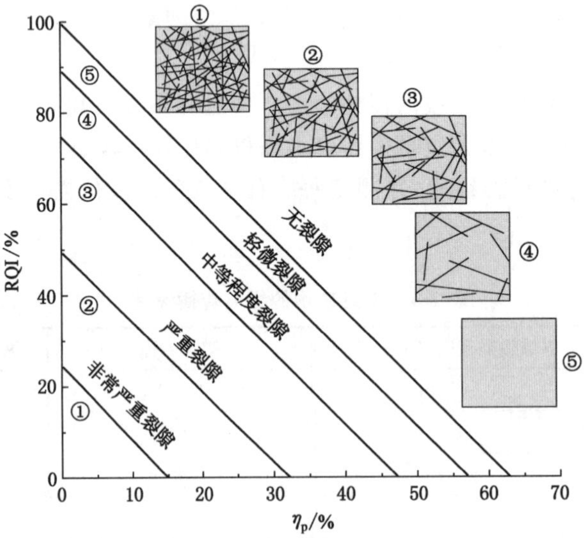

图 2-2　岩石裂隙程度分级图

2.1.3.6　岩石的渗透性

岩石中存在的各种裂隙、孔隙为流体和气体的通过提供了通道。度量岩石允许流体和气体通过的特性称为岩石的渗透性。岩石的渗透性对很多岩石工程有非常重要的影响。例如，在水利、水电、采矿、隧道等工程中，岩石的高渗透性可能导致溃坝、溃堤、涌水等重大渗透破坏现象的发生；而在油气田工程中，岩石的低渗透性将会导致油气采出率低下，甚至无法正常生产。

绝大多数岩石的渗透性可用达西定律(Dracy's law)来描述：

$$Q_x = \frac{\kappa}{\mu}\frac{\mathrm{d}p}{\mathrm{d}x}A \tag{2-12}$$

式中，Q_x 为单位时间从 x 方向通过流体的量，L^3/s；p 为流体的压力，Pa 或 MPa；μ 为流体的动力黏度，Pa · s，对于 20 ℃的水，$\mu=1.005$ Pa · s；A 为垂直于 x 方向的横截面积；κ 为用面积表示的渗透率，m^2，其值只取决于岩石的渗透性(率)，与流体性质无关。通常将 Darcy 定义为渗透系数的一个基本单位，1 Darcy$=9.87\times10^{-9}$ cm^2。

如果流体是 20 ℃的水，达西定律可以表示为：

$$Q_x = K\frac{\mathrm{d}h}{\mathrm{d}x}A \tag{2-13}$$

式中，h 为水头高度，m；K 为用流体速度表示的渗透系数，cm/s。对应于渗透率为 1 Darcy 的岩石和流体是 20 ℃的水，转换成用速度表示的渗透系数约为 10^{-3} cm/s，将其定义为用速度表示的渗透系数的基本单位 D，即 1 D$\approx10^{-3}$ cm/s。

几种常见岩石在流体为 20 ℃的水的条件下，其渗透系数见表 2-6。

表 2-6　常见岩石的渗透系数(流体为 20 ℃的水)

岩石类型	渗透系数/($cm \cdot s^{-1}$)	
	实验室	现场
砂岩	$8\times10^{-8}\sim3\times10^{-8}$	$3\times10^{-8}\sim1\times10^{-3}$
页岩	$5\times10^{-13}\sim10^{-9}$	$10^{-11}\sim10^{-8}$
石灰岩	$10^{-13}\sim10^{-5}$	$10^{-7}\sim10^{-3}$
玄武岩	$\sim10^{-12}$	$8\times10^{-7}\sim10^{-2}$
花岗岩	$10^{-11}\sim10^{-7}$	$10^{-9}\sim10^{-4}$
片岩	$\sim10^{-8}$	$\sim2\times10^{-7}$
裂变化的片岩	$3\times10^{-4}\sim1\times10^{-4}$	

2.1.3.7　岩石的水理性

岩石与水相互作用时所表现的性质称为岩石的水理性，包括岩石的吸水性、透水性、软化性和抗冻性。

2.1.3.8　岩石的天然含水率

天然状态下岩石中水的质量与岩石的烘干质量的比值，称为岩石的天然含水率，用百分率表示为：

$$\omega = \frac{m_w}{m_{dr}} \times 100\% \tag{2-14}$$

式中，ω 为岩石的天然含水率；m_w为岩石中水的质量；m_{dr}为岩石的烘干质量。

2.1.3.9 岩石的吸水性

岩石在一定条件下吸收水分的性能称为岩石的吸水性，它取决于岩石孔隙的数量、大小、开闭程度和分布情况。表征岩石吸水性的指标有吸水率、饱和吸水率和饱水系数。岩石吸水率是岩石在常温常压下吸入水质量与其烘干质量的比值，用百分数表示为：

$$\omega_a = \frac{m_0 - m_{dr}}{m_{dr}} \times 100\% \tag{2-15}$$

式中，ω_a 为岩石的天然含水率；m_{dr}为烘干岩石的质量；m_0 为烘干岩样浸水 48 h 后的总质量。

岩石吸水率 ω_a 的大小取决于岩石中孔隙的多少及其连通情况。岩石的吸水率越大，表明岩石中的孔隙大，数量多，并且连通性好，岩石的力学性质差。表 2-7 列出了几种常见岩石的吸水率。

表 2-7 常见岩石的吸水率

岩石名称	吸水率/%	岩石名称	吸水率/%	岩石名称	吸水率/%
花岗岩	0.1～4.0	砾岩	0.3～2.4	石英片岩及角闪片岩	0.1～0.3
闪长岩	0.3～5.0	砂岩	0.2～9.0		
辉长岩	0.5～4.0	泥岩	0.7～3.0	云母片岩及绿泥石片岩	0.1～0.6
玢岩	0.4～1.7	页岩	0.5～3.2		
辉绿岩	0.8～5.0	石灰岩	0.1～4.5	板岩	0.1～0.3
安山岩	0.3～4.5	泥灰岩	0.5～3.0	大理岩	0.1～1.0
玄武岩	0.3～2.8	白云岩	0.1～3.0	页英岩	0.1～1.5
火山集块岩	0.5～1.7	片麻岩	0.1～0.7	蛇纹岩	0.2～2.5
火山角砾岩	0.2～5.0	花岗片麻岩	0.1～0.85	—	—
凝灰岩	0.5～7.5	千枚岩	0.5～1.8	—	—

岩石的饱和吸水率也称为饱水率，是岩石在强制状态(高压或真空，煮沸)下，岩石吸入水的质量与岩样烘干质量的比值，用百分数表示为：

$$\omega_{sa} = \frac{m_{sa} - m_{dr}}{m_{dr}} \times 100\% \tag{2-16}$$

式中，ω_{sa}为岩石的饱和吸水率；m_{sa}为真空抽气饱和或煮沸后试件的质量；m_{dr}为岩样在 105～110 ℃的温度下烘干 24 h 后的质量。

在高压条件下，通常认为水能进入岩石所有张开的孔隙和裂隙中。国外采用高压设备，测定岩石的饱和吸水率；国内常用真空抽气法或煮沸法测定饱和吸水率。饱水率反映岩石中总的张开型孔隙和裂隙的发育程度，对岩石的抗冻性和抗风化能力具有较大影响。

岩石饱和系数 k_ω 是指岩石吸水率与饱和率的比值，用百分数表示为：

$$k_\omega = \frac{\omega_a}{\omega_{sa}} \times 100\% \tag{2-17}$$

表 2-8 列出了几种常见岩石的吸水性指标范围。

表 2-8　几种常见岩石的吸水性指标值

岩石名称	ω_a/%	ω_{sa}/%	k_ω
花岗岩	0.46	0.84	0.55
石英闪长岩	0.32	0.54	0.59
玄武岩	0.27	0.39	0.69
基性斑岩	0.35	0.42	0.83
云母片岩	0.13	1.31	0.10
砂岩	7.01	11.99	0.58
石灰岩	0.09	0.25	0.36
白云质灰岩	0.74	0.92	0.80

2.1.3.10　岩石的透水性

岩石能被水透过的性能称为岩石的透水性。岩石透水性是岩石渗透性的一部分，所以岩石透水性同样服从达西定律。水只能沿连通孔隙渗透，因此岩石的透水性主要取决于岩石孔隙的大小、方向及其相互连通情况。岩石透水性大小可用渗透系数衡量。部分典型岩石的渗透系数值见表 2-6。

2.1.3.11　岩石的软化性

岩石浸水后强度降低的性能称为岩石的软化性。岩石的软化性常用软化系数来衡量。软化系数是岩样饱水状态的抗压强度与自然风干状态抗压强度的比值，用小数表示为：

$$\eta_c = \frac{\sigma_{cw}}{\sigma_c} \tag{2-18}$$

式中，η_c 为岩石的软化系数；σ_{cw} 为饱水岩样的抗压强度，kPa；σ_c 为自然风干岩样的抗压强度，kPa。

通常岩石的软化系数总是小于 1。表 2-9 列出了几种常见岩石的软化系数的试验值。

表 2-9　常见岩石的软化系数 η_c 的试验值

岩石种类	η_c	岩石种类	η_c
花岗岩	0.80～0.98	砂岩	0.60～0.97
闪长岩	0.70～0.90	泥岩	0.10～0.50
辉长岩	0.65～0.92	页岩	0.55～0.70
辉绿岩	～0.92	片麻岩	0.70～0.96
玄武岩	0.70～0.95	片岩	0.50～0.95
凝灰岩	0.65～0.88	石英岩	0.80～0.98
白云岩	0.83	千枚岩	0.76～0.95
石灰岩	0.68～0.94	砂岩	0.60～0.97

2.1.4　岩石的热物理性质

岩石作为一种固相材料，其具备温度传递的属性。地壳岩石圈的结构和构造的差异，导致岩层中的热流密度具有空间各向异性。探索岩石的热物理性质，可以为地热工程、高温巷道工程等深地工程提供理论指导，揭示岩石圈温度的分布和温度的迁移。岩石的热物性系数包括导热系数、比热容、热扩散率、膨胀系数。

2.1.4.1 导热系数

导热系数是指物质在单位时间内单位面积、单位温度差下传热的能力，是描述材料传递热量能力的一个物理量，单位为 W/(m·K)或 W/(m·℃)。导热系数仅针对存在导热的传热形式，当存在其他形式的热传递形式时，如辐射、对流和传质等多种传热形式时的复合传热关系，复合传热关系通常被称为表观导热系数、显性导热系数或有效导热系数(thermal transmissivity of material)。此外，导热系数是针对均质材料而言的，实际情况下，还存在有多孔、多层、多结构、各向异性材料，此种材料获得的导热系数实际上是一种综合导热性能的表现，也称之为平均导热系数。

2.1.4.2 比热容

比热容，简称比热，是指一定质量的某种物质，在温度升高时吸收的热量与它的质量和升高的温度乘积之比，单位为 J/(kg·℃)。例如，单位质量的某种物质温度降低 1 ℃放出的热量与它温度升高 1 ℃所吸收的热量相等，在数值上也等于它的比热容。

2.1.4.3 热扩散率

热扩散率(m^2/s)是导热系数与比热容和密度的乘积之比。热导率只说明物体传导热量速度快慢。比如，水的导热系数是空气的 22.8 倍，但空气的比热容只是水的 1/3 483，所以同体积的空气比水增温快得多。热扩散率可表示为：

$$\alpha = \frac{\lambda}{\rho c} \tag{2-19}$$

式中，λ 为导热系数；ρ 为密度；c 为比热容。

2.1.4.4 热膨胀系数

热膨胀系数是指岩石材料在单位温度变化量下体积的变化量，通常使用线膨胀系数和体膨胀系数来表示。

2.2 岩石的强度与变形

2.2.1 岩石的强度及其测试方法

岩石在各种荷载作用下，达到破坏时所能承受的最大应力称为岩石的强度(strength of rock)。例如，在单轴压缩荷载作用下所能承受的最大压应力称为单轴抗压强度或非限制性抗压强度；在单轴拉伸荷载作用下所能承受的最大拉应力称为单轴抗拉强度；在纯剪力作用下所能承受的最大剪应力称为非限制性剪切强度；等等。

2.2.1.1 单轴抗压强度

岩石在单轴压缩荷载作用下达到破坏前所能承受的最大压应力称为岩石的单轴抗压强度(uniaxial compressive strength)或称为非限制性抗压强度(unconfined compressive strength)。所以试件只受到轴向压力作用，侧向没有压力，因此试件变形没有受到限制，如图 2-3(a)所示。

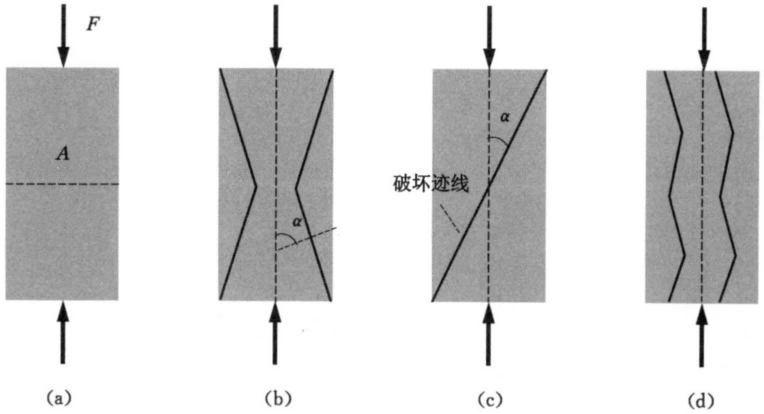

图 2-3 单轴压缩试验试件受力和破坏状态示意图

国际上通常将单轴抗压强度表示为 UCS，我国习惯于将单轴抗压强度表示为 σ_c，其值等于达到破坏时的最大轴向荷载(F)除以试件的横截面积(A)，即：

$$\sigma_c = \frac{F}{A} \tag{2-20}$$

试件在单轴压缩荷载作用下破坏时，在测件中可产生 3 种破坏形式。

(1) X 状共轭斜面剪切破坏，如图 2-3(b)所示。破坏面法线与荷载轴线(即试件轴线)的夹角为 $\alpha = \frac{\pi}{4} + \frac{\varphi}{2}$，式中 φ 为岩石的内摩擦角。这种破坏形式是最常见的破坏形式。

(2) 单斜面剪切破坏，如图 2-3(c)所示。α 的定义与图 2-3(b)相同。这两种破坏都是由破坏面上的剪应力超过极限引起的，因而被视为剪切破坏。但破坏前破坏面所需承受的最大剪应力也与破坏面上的正应力有关，因而也可称该类破坏为压-剪破坏。

(3) 拉伸破坏，如图 2-3(d)所示。在轴向压应力作用下，在横向将产生拉应力，这是泊松效应的结果。这种类型的破坏就是横向拉应力超过岩石抗拉极限所引起的。

试件形状可以是立方体(50 mm×50 mm×50 mm 或 70 mm×70 mm×70 mm)，但最好采用国际岩体力学学会推荐的圆柱体，圆柱体直径一般不小于 50 mm。圆柱体试件高度与直径之比(L/D)对试验结果有很大影响。以 σ_c 表示实际的岩石单轴抗压强度，以 σ_c' 表示试验所测得的岩石单轴抗压强度，则 σ_c 和 σ_c' 之间的关系可由式(2-21)和图 2-4 表示。

$$\sigma_c = \frac{\sigma_c'}{0.778 + 0.222\dfrac{L}{D}} \tag{2-21}$$

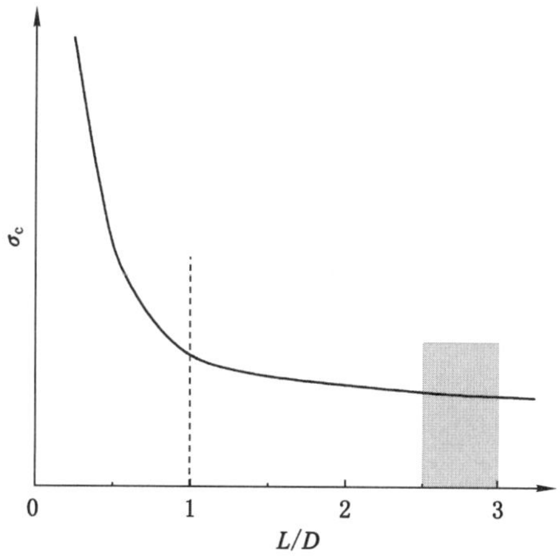

图 2-4 单轴抗压强度 σ_c 与试件 L/D 的关系曲线

由图 2-4 可见，当 $L/D \geqslant 2.5 \sim 3$ 时，σ_c 曲线趋于稳定，试验结果（σ_c'）不随 L/D 的变化而明显变化。因此，ISRM 建议进行岩石单轴抗压强度试验时所使用的试件高度 L 与直径 D 之比为 2.5～3。

图 2-5　单轴压缩试验设备示意图

进行压缩试验时，试件的端部效应也必须予以注意。如图 2-5 所示，当试件由上、下两个端头加压时，由于端头与试件端面之间存在摩擦力，在试件端部存在剪应力，并阻止试件端部的侧向变形，所以试件端部的应力状态不是非限制性的，也不是均匀的。只有在离开端面一定距离的部位，才会出现均匀应力状态。为了减少“端部效应”，必须在试件和端头之间加润滑剂，以充分减少端头与试件端面之间的摩擦力，同时必须使试件长度达到规定要求，以保证在试件中部出现均匀应力状态。如果端头与试件端面之间不存在摩擦力，则均匀应力状态将在整个试件中出现。

几种常见岩石的单轴抗压强度值见表 2-10。

表 2-10　常见岩石的单轴抗压强度值

岩石名称	岩石标本	岩石结构情况	UCS/MPa
砂岩		细颗粒、轻度孔隙 细到中粗石英颗粒、胶结状态好 中等颗粒、胶结状态一般	50～150
砾岩		碎屑组分主要是岩屑，只有少量矿物碎屑，填隙物为砂、粉砂、黏土物质和化学沉淀物质	10～150
灰绿岩		泥质结构，块状构造，主要矿物组成为方解石、黏土矿物	200～350
大理岩	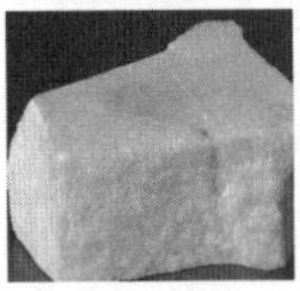	一般具有典型的粒状变晶结构，粒度一般为中、细粒，有时为粗粒，岩石中的方解石和白云石颗粒之间成紧密镶嵌结构	100～250

表 2-10(续)

岩石名称	岩石标本	岩石结构情况	UCS/MPa
玄武岩		黑色，斑状结构，气孔构造，主要矿物：由橄榄石、辉石、斜长石斑晶和基质组成，含绿色橄榄岩包体	150～300
石英岩		白色，粒状结构，块状构造，主要矿物：石英、含少量长石、云母	150～350
花岗岩		花岗岩中的颗粒大小通常较大，可分为粗粒花旦质、中等粒花旦质和细粒花旦质	100～250
石灰岩		非常细颗粒，结晶体相互咬合状胶结，轻度孔隙、生物碎屑状细颗粒、胶结状态较好	50～200

2.2.1.2　三轴抗压强度

岩石在三向压缩荷载作用下，达到破坏时所能承受的最大压应力称为岩石的三轴抗压强度(triaxial compressive strength)。与单轴压缩试验相比，试件除受轴向压力外，还受侧向压力。侧向压力限制试件的横向变形，因而三轴试验是限制性抗压强度(confined compressive strength)试验。

三轴压缩试验的加载方式有两种。一种是真三轴加载，试件为立方体，加载方式如图 2-6(a)所示。其中 σ_1 为主压应力，σ_2 和 σ_3 为侧向压应力。这种加载方式试验装置繁杂，且 6 个面均可受到由加压铁板所引起的摩擦力，对试验结果有很大影响，因而在较长一段时间内，很少有人做这样的三轴试验。但是，真三轴试验对研究岩石在三向应力状态下的力学行为是极其重要的，国内外学者在这方面完成了此项工作，取得了一批成果。另一种常用的三轴压缩试验是伪三轴试验，试件为圆柱体，试件直径为 25～150 mm，长度与直径之比为 2∶1 或 3∶1。加载方式如图 2-6(b)所示，轴向应力 σ_1 的加载方式与单轴压缩试验时相同。但由于有了侧向应力，其加载时的端部效应比单轴加载时要轻微得多。侧向应力($\sigma_2=\sigma_3$)由圆形液压油缸施加。由于试件侧表面已被加压油缸的橡皮套包住，液压油不会在试件表面造成摩擦力，因而侧向应力可以均匀施加到试件中。其试验装置示意图见图 2-7。在上述两种试验条件下，三轴抗压强度均为试件达到破坏时所能承受的最大 σ_1 值。

莫尔强度包络线的形状一般是抛物线等曲线形的，如图 2-8(a)所示。但也有试验得出某些岩石的莫尔强度包络线是直线形的，如图 2-8(b)所示。与此相对应的强度准则为库仑强度准则。

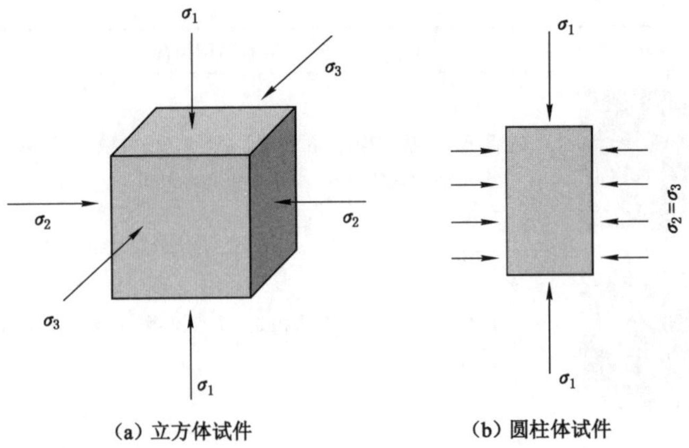

图 2-6　三轴压缩试验加载示意图

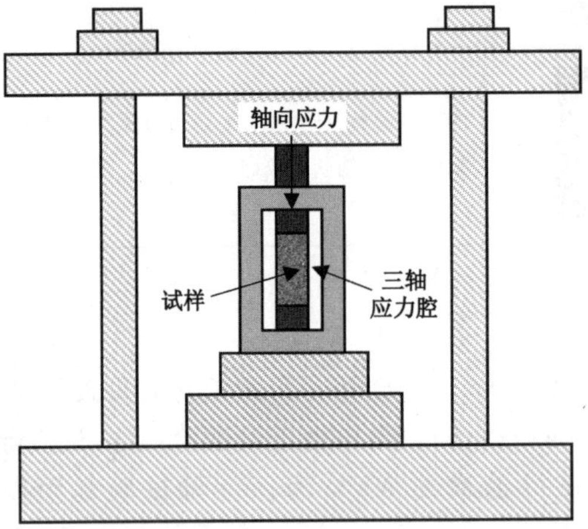

图 2-7　常规三轴压缩试验装置图

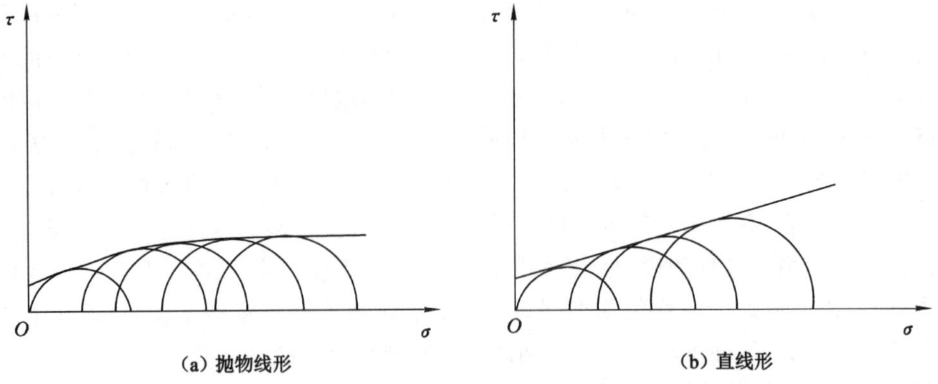

图 2-8　莫尔强度包络线

直线形强度包络线与 τ 轴的截距称为岩石的黏结力（内聚力），记为 c(MPa)，与 σ_1 轴的夹角称为岩石的内摩擦角，记为 φ(°)。

对曲线形强度包络线，曲线斜率是变化的，对于如何确定 c 和 φ，一种方法是将包络线和 τ 轴的截距定为 c，将包络线与 τ 轴相交点的包络线外切线与 σ 轴夹角定为内摩擦角；另一种方法建议根据实际应力状态在莫尔包络线上找到相应点，在该点作包络线外切线，外切线与 σ 夹角为内摩擦角，外切线及其延长线与 τ 轴相交之截距即为 c。实践中采用第一种方法的居多。

2.2.1.3 点荷载强度指标

点荷载强度指标（point load strength index）试验是布克（Broch）和弗兰克林（Franklin）于 1972 年发明的，是一种最简单的岩石强度试验。其试验所获得的强度指标值可用作岩石分级的一个指标，有时可代替单轴抗压强度。

点荷载强度试验的设备比较简单，小型点荷载试验装置由一个手动液压泵、一个液压千斤顶和一对圆锥形加压头组成，加载方式如图 2-9(a)所示。压力由液压千斤顶提供。加压千斤顶和压力头结构见图 2-9(b)。

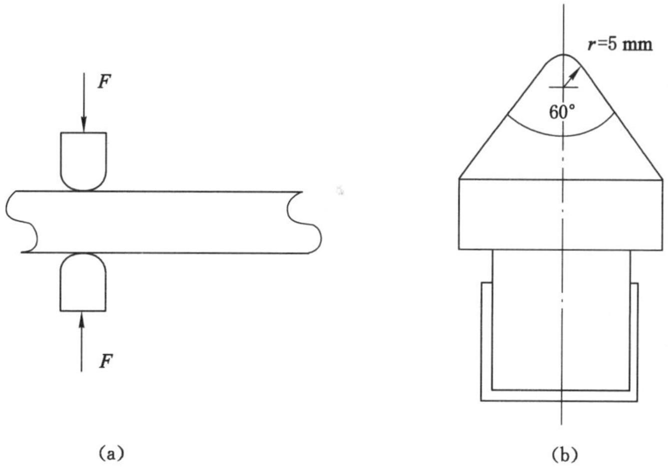

图 2-9 点荷载试验示意图

这种小型点荷载试验装置是便捷式的，可带到岩土工程现场去做试验，这也是点荷载试验能够广泛采用的重要原因。大型点荷载试验装置的原理和小型点荷载试验装置的原理是相同的，只是能提供更大的压力，适合于大尺寸的试件。点荷载试验的另一个重要优点是对试件的要求不严格，不需像做抗压强度试验那样精心准备试件。最好的试件就是直径为 25～100 mm 的岩芯。没有岩芯时，石块也可以。对试件尺寸的要求见图 2-10。若岩芯中包含节理、裂隙，在加载时要合理布置加载部位和方向，使强度指标能均匀地考虑到节理、裂隙的影响。

点荷载试验所获得的强度指标用 I_s 表示，即

$$I_s = \frac{F}{y^2} \tag{2-22}$$

ISRM 将直径为 50 mm 的圆柱体试件径向加载点荷载试验的强度指标值 $I_s(50)$ 确定

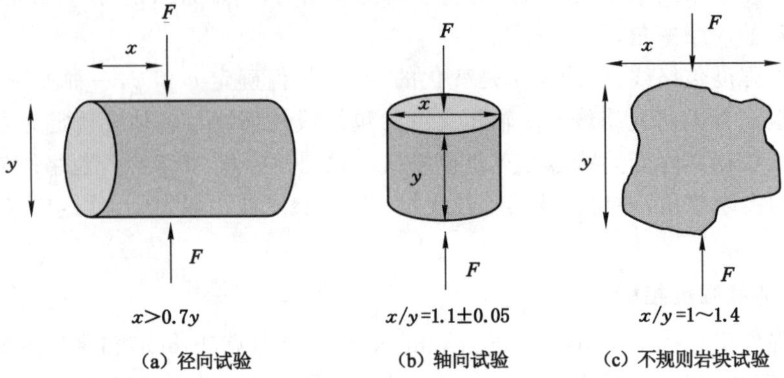

图 2-10　点荷载试验对试件形状和尺寸的要求

为标准试验值，其他尺寸试件的试验结果需根据式(2-23)进行修正：

$$I_s(50)=kI_s(D) \tag{2-23}$$

$$k=0.2717+0.01457D \quad (当 D\leqslant 55\ \text{mm} 时) \tag{2-24}$$

$$k=0.7540+0.0058D \quad (当 D>55\ \text{mm} 时) \tag{2-25}$$

式中，$I_s(50)$为直径 50 mm 的标准试件的点荷载强度指标值，MPa；$I_s(D)$为直径为 D 的非标准试件的点荷载强度指标值，MPa；k 为修正系数；D 为试件直径，mm。

进行现场岩石分级时，需用 $I_s(50)$作为点荷载强度标准值。$I_s(50)$可由下式转换为单轴抗压强度：

$$\sigma_c=24I_s(50) \tag{2-26}$$

式中，$I_s(50)$为直径 50 mm 的标准试件的点荷载强度指标值，MPa；$I_s(D)$为直径为 D 的非标准试件的点荷载强度指标值，MPa；k 为修正系数；D 为试件直径，mm。

进行现场岩石分级时，需用 $I_s(50)$作为点荷载强度标准值。$I_s(50)$可由下式转换为单轴抗压强度：

$$\sigma_c=24I_s(50) \tag{2-27}$$

式中，σ_c 为 $L:D=2:1$ 的试件单轴抗压强度值。

2.2.1.4　抗拉强度

岩石在单轴拉伸荷载作用下达到破坏时所能承受的最大拉应力称为岩石的单轴抗拉强度(tensile strength)，简称抗拉强度。理想化的试验受力状态如图 2-11(a)所示。通常以 T 或 σ_t 表示抗拉强度，其值等于达到破坏时的最大轴向拉伸荷载(F_t)除以试件的横截面积(A)，即

$$\sigma_t=\frac{F_t}{A} \tag{2-28}$$

试件在拉伸荷载作用下的破坏通常是沿其横截面的断裂破坏，岩石的拉伸破坏试验分直接试验和间接试验两类。要直接进行如图 2-11(a)所示的拉伸试验是很困难的，因为不可能像压缩试验那样将拉伸荷载直接施加到试件的两个端面上，而只能将两端固定在材料机的拉伸夹具内，如图 2-11(b)所示。由于夹具内所产生的应力过于集中，往往引起试件两端破裂，造成试验失败。若夹具施加夹持力不够大，试件就会从夹具中拉出，这也是不行的。

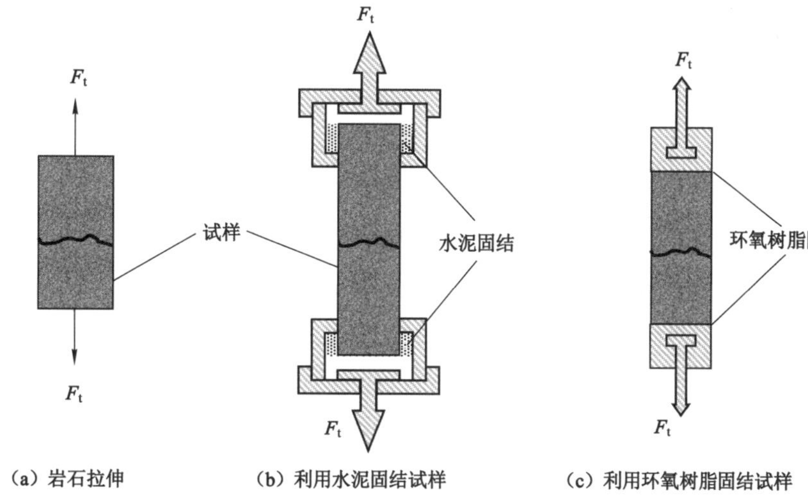

图 2-11　拉伸试验加载和试件示意图

通常直接试验所用的岩石试件其两端胶结在水泥或环氧树脂中，如图 2-11(b)和图 2-11(c)所示。拉伸荷载是施加在强度较高的水泥、环氧树脂或金属连接端上。这样就保证在试件拉伸断裂前，它的其他部位不会先行破坏而导致试验失败。

另一种直接拉伸试验的装置如图 2-12 所示，该试验使用“狗骨头”形状的岩石试件。在液压 p 的作用下，由于试件两端和中间部位截面积的差距，在试件中引起拉伸应力 σ_3，其值等于：

$$\sigma_3 = \frac{p(D_2^2 - D_1^2)}{D_1^2} \tag{2-29}$$

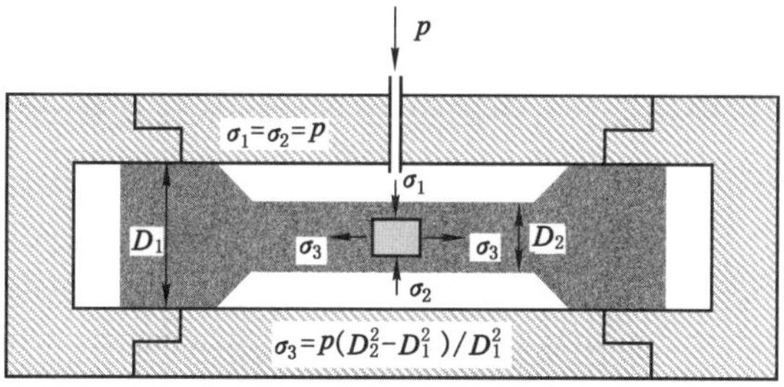

图 2-12　限制性直接拉伸装置示意图

试件断裂时的 σ_3 值就是岩石的抗拉强度。然而，这是一种限制性的抗拉强度，因为在此试验条件下，试件除受到轴向拉伸应力外，还受到 $\sigma_2=\sigma_3=p$ 的侧向压应力。

由于进行直接拉伸试验在准备试件方面要花费大量的人力、物力和时间，因而代之而起的一些间接拉伸试验方法涌现出来。在间接试验方法中，最著名的是巴西试验法(Brazilian test)，俗称劈裂试验法。劈裂试验的试件为一岩石圆盘，加载方式如图 2-13(a)所示。在实际试验中，荷载 F 并不是如图 2-13(a)所示沿着平行于轴线的一条线加到试件上的，那样会造成沿线加载不均匀。由于加工精度所限，压板和圆盘间不可能保持全线紧密接触，并且线荷载还会造成圆盘表面破坏。实际上，荷载是沿着一条弧线加载的，但弧高不能超过圆盘直径的 1/20。

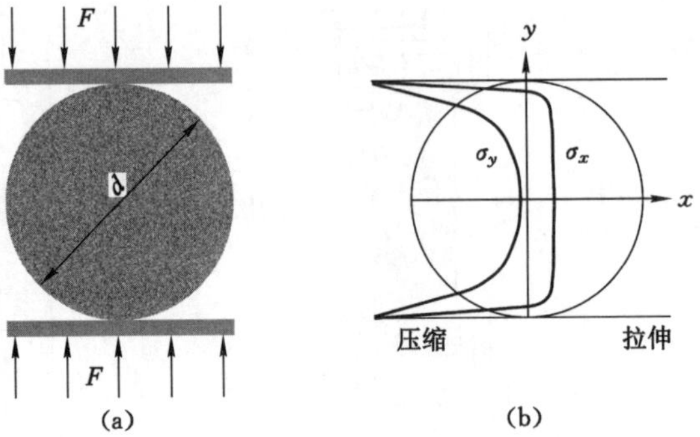

图 2-13　劈裂试验加载和应力分布示意图

图 2-13(b)所示为在压应力的作用下沿圆盘直径 $y—y$ 的应力分布图。在圆盘边缘处，沿 $y—y$ 方向(σ_y)和垂直于 $y—y$ 方向(σ_x)均为压应力。而离开边缘后，沿 $y—y$ 方向仍为压应力，但应力值比边缘处显著减少，并趋于均匀化；垂直于 $y—y$ 方向(σ_x)变成拉应力，并在沿 $y—y$ 的很长一段距离上呈均分布状态。由图 2-13(b)可以看出，虽然拉应力的值比压应力值低很多，但由于岩石的抗拉强度很低，所以试件还是因 x 方向的拉应力而导致试件沿直径的劈裂破坏。破坏是从直径中心开始的，然后向两端发展，反映了岩石的抗拉强度比抗压强度要低得多的事实。

由劈裂试验求岩石抗拉强度的公式为：

$$\sigma_t = \frac{2F}{\pi dh} \tag{2-30}$$

式中，F 为试件劈裂破坏发生时的最大压力，N；d 为岩石圆盘试件的直径，m；h 为岩石圆盘试件的厚度，m。

另外一种间接拉伸试验是梁的弯曲试验，试件可以是圆柱梁，也可以是长方形截面棱柱梁，如图 2-14 所示。

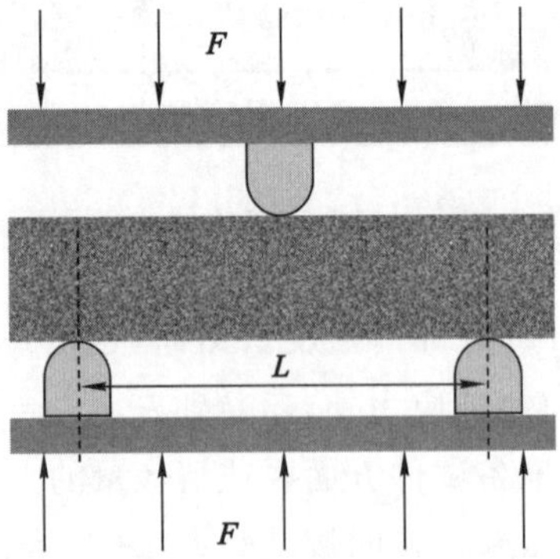

图 2-14　三点加载弯曲试验示意图

在压力 F 的作用下，梁的下部(中性线以下)出现拉伸应力，当拉伸应力超过极限时，从梁的中部下边缘处开始出现拉伸断裂。出现弯曲拉伸断裂时试件所能承受的最大应力称为岩石的弯曲强度，记为 R_0。

对于圆柱梁试件：

$$R_0 = \frac{8FL}{\pi D^3} \tag{2-31}$$

式中，D 为梁的横截面直径。

对于长方形截面棱柱梁：

$$R_0 = \frac{8FL}{2ba^2} \tag{2-32}$$

式中，a，b 分别为梁的横截面高度和宽度；R_0 为直接拉伸试验所获得的抗拉强度的 2～3 倍。

岩石的抗拉强度一般为抗压强度的 1/25～1/4，一般取 1/10。由于岩石的抗拉强度很低，所以在重大工程设计中应尽可能避免拉应力的出现。

2.2.1.5 抗剪切强度

岩石在剪切荷载作用下达到破坏前所能承受的最大剪应力称为岩石的抗剪切强度(shear strength)。剪切强度试验分为非限制性剪切强度试验(unconfined shear strength test)和限制性剪切强度试验(confined shear strength test)两类。非限制性剪切试验在剪切面上只有剪应力存在，没有正应力存在；限制性剪切试验在剪切面上除了存在剪应力外，还存在正应力。

典型的非限制性剪切强度试验有 4 种：单面剪切试验、双面剪切试验、冲击剪切试验和扭转剪切试验，如图 2-15 所示。

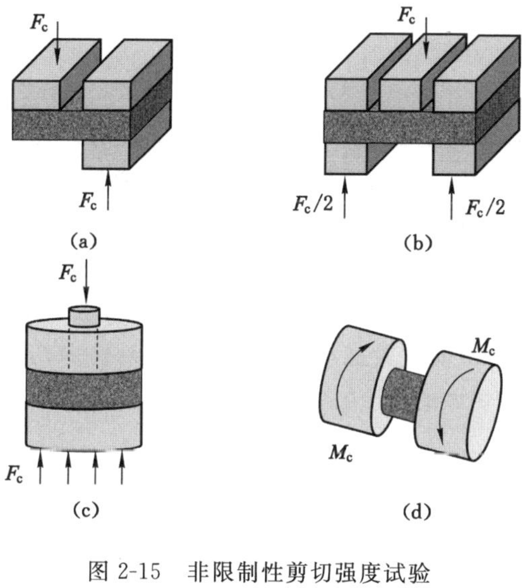

图 2-15 非限制性剪切强度试验

非限制性剪切强度记为 S_o，其值由下列公式计算。

(1) 单面剪切试验

$$S_o = F_c/A \tag{2-33}$$

(2) 双面剪切试验

$$S_o = F_c/(2A) \tag{2-34}$$

(3) 冲击剪切试验

$$S_o = F_c/(2\pi ra) \tag{2-35}$$

式中，a 为试件厚度，m；r 为冲击孔半径，m。

(4) 扭转剪切试验

$$S_o = 16M_c/(\pi D^3) \tag{2-36}$$

式中，M_c 为试件被剪短前达到的最大扭矩，N·m；D 为试件直径，m。

几种典型的限制性剪切强度试验见图 2-16。

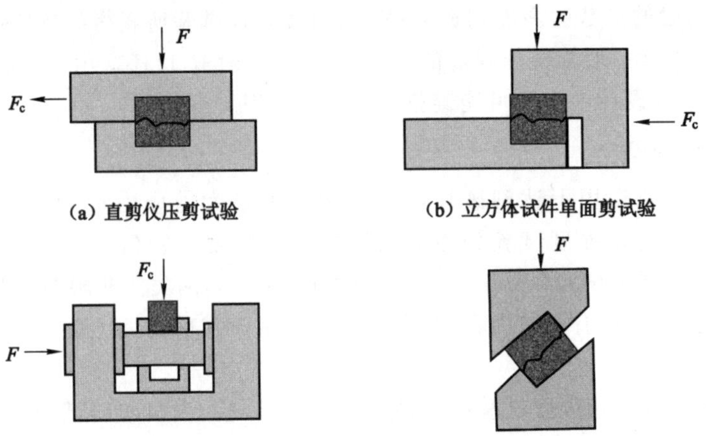

(a) 直剪仪压剪试验　(b) 立方体试件单面剪试验

(c) 试件端部受压双面剪试验　(d) 角膜压剪试验

F_c——剪切力；F——正向压力。

图 2-16　限制性剪切强度试验

在上述四种限制性剪切强度试验中，直剪仪压剪试验是典型的标准的限制性剪切试验，试验装置功能多，精度高。图 2-17 所示为一种便携式的直剪仪(剪切盒)装置示意图。岩石试件是事先浇筑在水泥或石灰膏等材料中的，剪切面位于试件中部。这种方法对进行弱面剪切试验是极为有用的和方便的。因为若要对某弱面做剪切试验，只要事先将弱面置于被剪切位置即可。剪切面所受剪切力和正压力分别由两个油压千斤顶施加。

图 2-16(d)所示的角模压前试验是一种最简单的限制性剪切强度试验。在压力 F 的作用下，剪切面上可分解为沿切面的剪应力 $\tau = F\sin\alpha/A$ 和垂直剪切面的正应力 $\sigma = F\cos\alpha/A$，如图 2-18 所示。

试验表明，剪切面上所受的正应力越大，试件被剪破坏前剪切面上所能承受的剪应力也越大。在剪切破坏发生前，一要克服黏结力(内聚力)，二要克服剪切面上的摩擦力，正应力越大，摩擦力也越大。将限制性剪切强度试验试件被剪破坏时的剪应力和正应力标注到 σ - τ 应力平面上就是一个点，不同的正、剪应力组合就是不同的点。将所有点连接起来就获得了莫尔强度包络线，如图 2-8 所示。这是除三轴抗压强度试验外，获得莫尔强度包络线的另一途径。

当剪切面上的剪应力超过峰值剪切强度时，剪切破坏发生，然后在较小的剪切力作用下就可使岩石沿剪切面滑动。能使破坏面保持滑动所需的较小剪应力就是破坏面的残余强

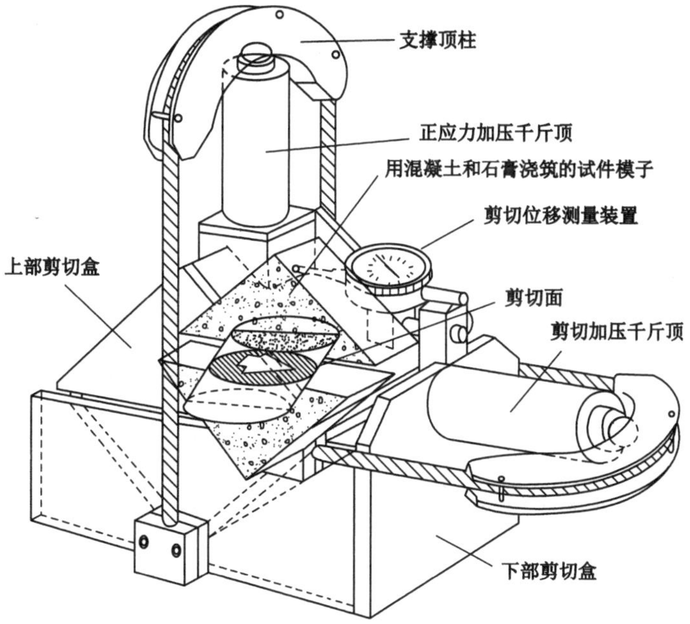

图 2-17 Hoek 剪切盒试验装置

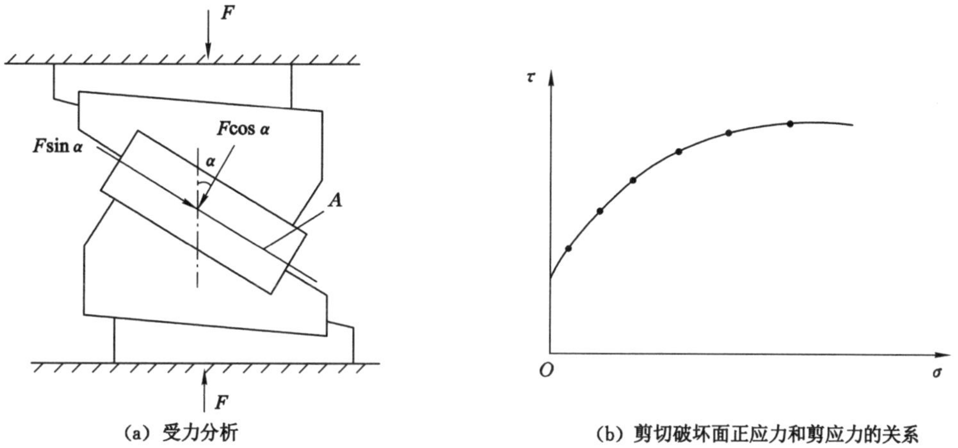

图 2-18 角模压剪试验试件受力示意图

度，正应力越大，残余强度越高，如图 2-19 所示。图中 $\sigma_a > \sigma_b > \sigma_c$。所以，只要有正应力存在，岩石剪切破坏面仍具有抗剪切的能力。

2.2.1.6 破坏后强度

单轴抗压强度试验是在材料试验机上进行的，通过对岩石试件连续施加轴向压缩荷载，直到岩石试件破坏。根据破坏发生时达到的最大荷载，即可计算出岩石的单轴抗压强度。在通常的材料试验机条件下，在试件达到峰值强度前，试件的变形是逐步的和缓慢的，当达到峰值强度后，试件将发生突发性的破坏，试件被崩裂，岩石碎块向四面飞射，并伴随很大的

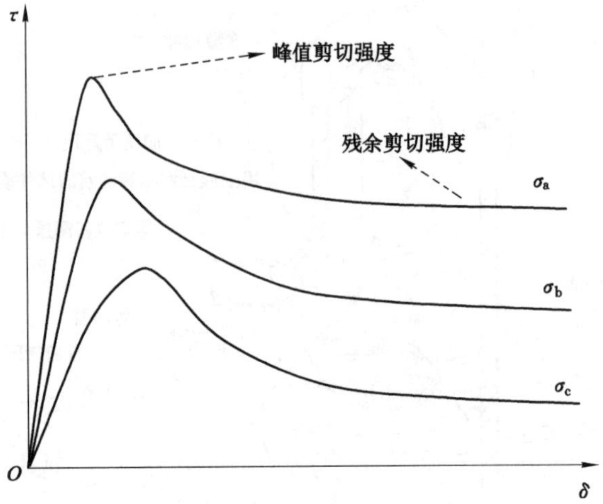

图 2-19　剪切面正应力和残余剪切强度关系示意图

声响，试验突然停止，如图 2-20(a)所示。这意味着岩石超过其峰值强度后就完全破坏了，且没有任何承载能力，这与实际情况是不相符的。事实上，岩石超过其峰值强度后，发生了破坏，内部出现破裂，其承载能力因而下降，但并没有降到零，而是仍然具有一定的强度。特别是在具有限制应力的条件下，情况更是如此。岩石开挖工程的围岩一般都处在周围岩石的限制中，因而破坏时不可能发生突然崩解现象。另一方面，地下岩石在漫长的地质年代中受到过各种力场的作用，经历过多次破坏，因而我们在岩石工程中面对的就是已经发生过破坏的岩石(岩体)。所以，研究岩石超过其峰值强度破坏后的强度特征对岩石工程本身具有重要意义。为此，必须改进试验系统，将图 2-20(a)所示的半程压缩试验变成图 2-20(b)所示的全程压缩试验。

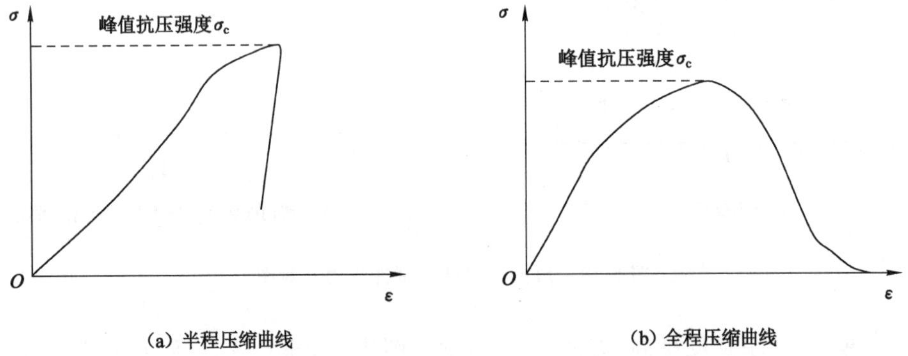

图 2-20　单轴压缩试验应力-应变曲线

在传统的压缩试验中，岩石达到其峰值强度后发生突发性破坏的根本原因是试验机的刚度不够大，这类试验机称为“软”性试验机(soft testing machine)。由于试验机的刚度不够大，在试验过程中试件受压，试验机框架受拉，如图 2-21 所示。试验机受拉产生的弹性变形以应变能的形式存在机器中。当施加的压缩应力超过岩石抗压强度后，试件破坏。此时，

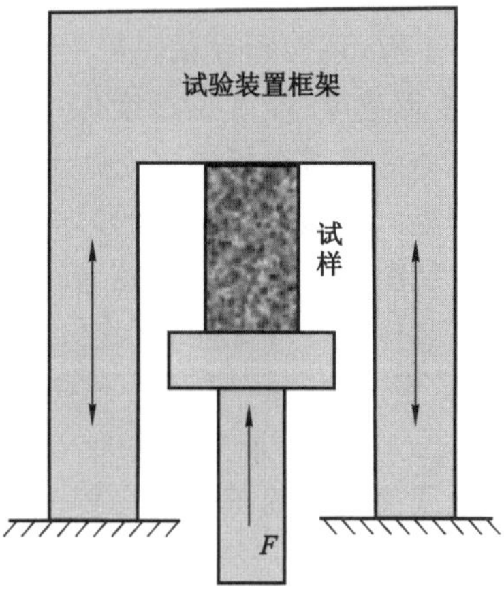

图 2-21　压缩试验系统受力图

试验机架迅速回弹，以便返回其原始位置，并将其内部储存的应变能释放到岩石试件上，从而引起岩石试件的急剧破裂和崩解。如果没有大量的应变能储存在试验机内，就不会引起试件的突发性破坏。

为了减少在试验过程中试验机的弹性变形及储存在其中的变形能，就必须增加试验机的刚度。为此，出现了刚性试验机(stiff testing machine)。使用刚性试验机就能获得岩石在受压过程中的全应力-应变曲线，从而获得岩石在超过峰值强度破坏后的变形和强度特征。

试验机是由两类部件组成的：一类部件是钢构件；另一类部件是液压柱。对于钢部件，其刚度系数 k_s 为：

$$k_s = \frac{AE}{L} \tag{2-37}$$

式中，A 为钢构件的截面积，m^2；L 为钢构件的长度，m；E 为钢的弹性模量，Pa。

为了增加钢构件刚度，就必须增加钢构件的截面积 A，减小其长度 L。因此，在许多刚性试验机上使用了几个粗矮钢柱以加强试验机框架的刚度。

对于液压柱，其刚度系数 k_f 为：

$$k_f = \frac{kA}{H} \tag{2-38}$$

式中，k 为液压油的体积模量，Pa；A 为液压柱截面积，m^2；H 为液压柱长度，m。

为了增加液压柱刚度，应增加液压柱的截面积，减小其长度；同时，还要增大液压油的体积模量。为此，在少数刚性试验机的液压系统中用水银代替普通液压油。

如图 2-21 所示，在试验过程中，试验机和岩石试件组成一个系统，只有试验机刚度大大高于岩石试件刚度，试验机的变形才会小，试件破坏时才是稳定的。因此，试验机刚度是相对于岩石试件刚度而言的。为了提高试验机的刚度，也可考虑减少岩石试件的刚度。减少岩石试件的刚度就是要减小试件截面积，增加其长度。

但是，从实际使用出发，试验机不可能太庞大和笨重，试件也不可能太细长，因为试件尺寸是有标准的。因此，上述的措施虽然可以大大提高试验机的刚度，并能满足部分岩石(如软岩)的全程压缩试验要求。但对于部分坚硬岩石,为了实现岩石试件的稳定破坏,完成全程压缩试验,只提高试验机刚度还不够,还必须在试验机中采用液压伺服系统。伺服系统可以根据岩石破坏和变形情况控制变形速度,使变形速度保持为恒定值。因为伺服系统有一个反馈信号系统,它检查当前施加的荷载是否保持事先确定的变形速度,否则它会自动调整施加的荷载,以保持变形速度的恒定。反馈信号响应的时间为 2～3 μs,这个速度远大于裂隙传播速度。即使出现过量荷载,裂隙还未来得及传播,荷载就被减小了,岩石破坏得到有效控制。但是,为了减少储存在试验机中的应变能,试验机仍需足够的刚度。对非常坚硬的岩石,裂隙传播速度也是非常快的,因而只靠伺服系统不能有效地加以控制。通常情况下,为了完成全程压缩试验,获得全应力-应变曲线,采用带有伺服系统的刚性试验机是必要的。在岩石特别坚硬的情况下,给试件施加围压也是必要的。围压可使破坏后的变形得到有效控制。

2.2.2 岩石的变形特性

岩石在荷载作用下,首先发生的物理现象是变形。随着荷载的不断增加,或者在恒定荷载作用下随时间的增长,岩石变形逐渐增大,最终导致岩石破坏。

岩石变形分为弹性变形、塑性变形和黏性变形 3 种。

(1) 弹性(elasticity)。物体在受外力作用的瞬间即产生全部变形,而去除外力(卸载)后又能立即恢复其原有形状和尺寸的性质,称为弹性。产生的变形称为弹性变形,具有弹性性质的物体称为弹性体,如图 2-22(a)所示。

(2) 塑性(plasticity)。物体受力后产生变形,在外力去除(卸载)后变形不能完全恢复的性质,称为塑性。不能恢复的那部分变形称为塑性变形,或者称永久变形、残余变形。在外力作用下只发生塑性变形的物体,称为理想塑性体。理想塑性体的应力-应变关系如图 2-22(b)所示,当应力低于屈服极限时,材料没有变形,应力达到后,变形不断增大而应力不变,应力-应变曲线呈水平直线。

(3) 黏性(viscosity)。物体受力后变形不能在瞬时完成,且应变速率随应力增加而增加的性质,称为黏性。其应力-应变速率关系为过坐标原点的直线的物质,称为理想黏性体(如牛顿流体),如图 2-22(c)所示。

岩石是矿物的集合体,具有复杂的组成成分和结构,其力学属性也是很复杂的。同时,岩石的力学属性还与受力条件、温度等环境因素有关。在常温常压下,岩石既不是理想的弹性体,也不是简单的塑性体和黏性体,往往表现出弹-塑性、塑-弹性、弹-黏-塑性或黏-弹性等复合性质。

2.2.2.1 单轴压缩条件下岩石变形特征

岩石试件在单轴压缩荷载作用下产生变形的全过程可由图 2-23 所示的全应力-应变曲线表示。由全应力-应变曲线可将岩石的变形分为 4 个阶段,见图 2-23。

(1) 孔隙裂隙压密阶段(OA 段)。试件中原有张开性结构面或微裂隙逐渐闭合岩石被压密,形成早期的非线性变形,σ-ε 曲线呈上凹形。在此阶段试件横向膨胀较小,试件体积随荷载增大而减小。本阶段变形对裂隙化岩石来说较明显,而对坚硬少裂隙的岩石则不明显,甚至不显现。

(2) 弹性变形至微弹性裂隙稳定发展阶段(AC 段)。该阶段的应力-应变曲线呈近似

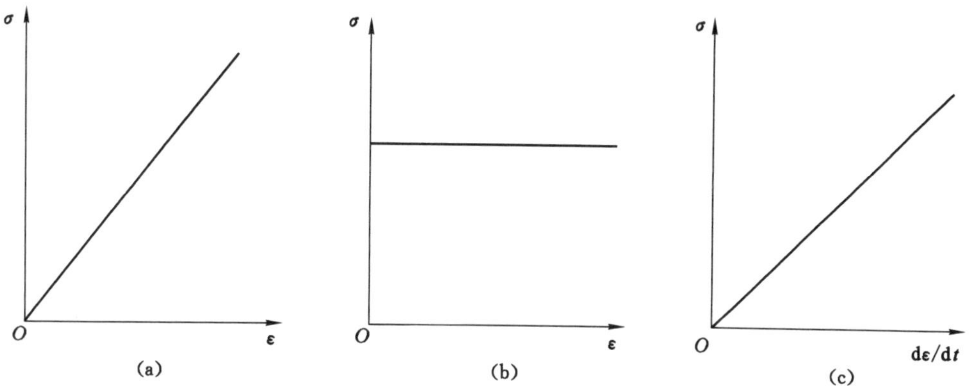

图 2-22　材料的变形形状示意图

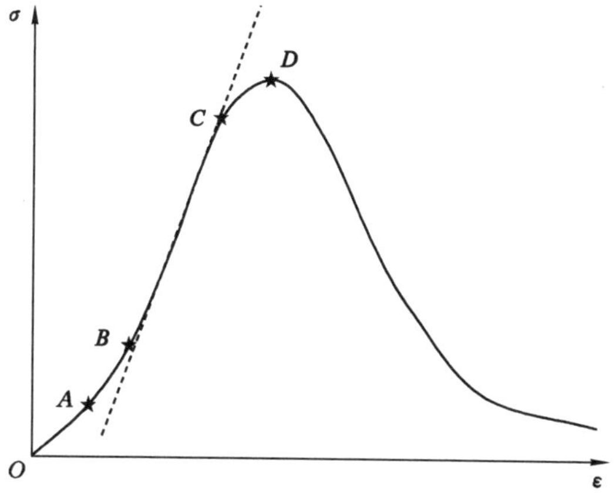

图 2-23　岩石变形的典型全应力-应变曲线

直线形，直线的平均斜率可估算岩石的弹性模量。其中，*AB* 段为弹性变形阶段，*BC* 段为微破裂稳定发展阶段，应力-应变曲线上任意切线的斜率定义为切线模量。

(3) 非稳定破裂发展阶段，又称为累进性破裂阶段(*CD* 段)。*C* 点是岩石从弹性变为塑性的转折点，称为屈服点。相应于该点的应力为屈服应力(屈服极限)，其值约为峰值强度的 2/3。进入本阶段后，微破裂的发展出现了质的变化，破裂不断发展，直至试件完全破坏。试件由体积压缩转为扩容，轴向应变和体积应变速率迅速增大。本阶段的上界应力称为峰值强度。

(4) 破裂后阶段(*D* 点以后)。岩块承载力达到峰值强度后，其内部结构遭到破坏，但试件基本保持整体状。进入本阶段，裂隙快速发展，交叉且相互联合形成宏观断裂面。此后，岩块变形主要表现为沿宏观断裂面的块体滑移，试件承载力随变形增大迅速下降，但并不降到零，说明破裂的岩石仍有一定的承载力。岩石的应力-应变曲线随着岩石性质不同有各种不同的类型。米勒(Muller)采用 28 种岩石进行大量的单轴试验后，根据峰值前的应力-应变曲线将岩石分成 6 种类型，如图 2-24 所示。

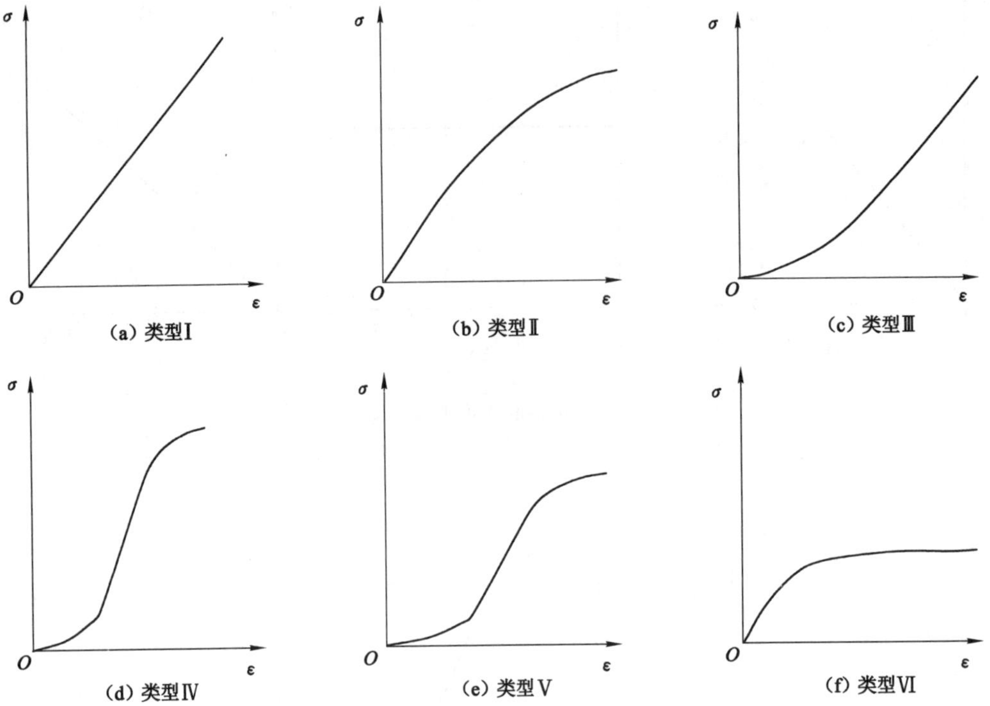

图 2-24　峰值前岩石的典型应力-应变曲线

① 类型Ⅰ:应力与应变呈直线或近似直线,直到试件发生突然破坏为止。具有这种变形性质的岩石有玄武岩、石英岩、白云岩以及极其坚固的石灰岩。由于塑性阶段不明显,这些材料被称为弹性体,见图 2-24(a)。

② 类型Ⅱ:在应力较低时,应力-应变曲线近似于直线。当应力增加到一定数值后,应力-应变曲线向下弯曲,随着应力逐渐增加而曲线斜率也就越变越小,直至破坏。具有这种变形性质的岩石有较弱的石灰岩、泥岩及凝灰岩等,这些材料被称为弹-塑性体,见图 2-24(b)。

③ 类型Ⅲ:在应力较低时,应力-应变曲线略向上弯曲。当应力增加到一定数值后,应力-应变曲线逐渐变为直线,直至发生破坏。具有这种变形性质的代表岩石有砂岩、花岗岩、片理平行于压力方向的片岩及某些辉绿岩等,这些材料被称为塑-弹性体,见图 2-24(c)。

④ 类型Ⅳ:在应力较低时,应力-应变曲线向上弯曲。当压力增加到一定值后,变形曲线成为直线,最后,曲线向下弯曲,曲线近似 S 形。具有这种变形特性的岩石大多数为变质岩,如大理岩、片麻岩等,这些材料被称为塑-弹-塑性体,见图 2-24(d)。

⑤ 类型Ⅴ:基本上与类型Ⅳ相同,也呈 S 形,不过曲线斜率较平缓,一般发生在压缩性较高的岩石中。应力垂直于片理的片岩具有这种性质,见图 2-24(e)。

⑥ 类型Ⅵ:应力-应变曲线开始先有很小一段直线部分,然后有非弹性的曲线部分,并继续不断地蠕变。这是岩盐的应力-应变特征曲线,某些软弱岩石也具有类似特性。这类材料被称为弹-黏性体,见图 2-24(f)。

2.2.2.2 反复加载与卸载(循环荷载)条件下的岩石变形特征

在岩石工程中，通常会遇到循环荷载作用，岩石这种条件下破坏时的应力往往低于其静力强度。

对于线弹性岩石，加载路径与卸载路径完全重合，多次反复加/卸载时，其应力 - 应变路径是相同的，都沿同一直线往返。对于完全弹性的岩石，其加/卸载路径也完全重合，但应力 - 应变呈曲线，反复多次加/卸载，其应力 - 应变路径仍服从此曲线关系。对于弹性岩石，虽然加/载曲线不重合，但是反复加/卸载时，应力 - 应变曲线总是服从环路/规律。

对于非弹性岩石，如弹塑性岩石，如果卸载点 P 超过屈服点，则卸载曲线不与加载曲线重合，形成塑性滞回环。根据经验，卸载曲线的平均斜率一般与加载曲线直线段的斜率相同，或者与原点切线斜率相同。如果反复加/卸载，且每次施加的最大荷载与第一次施加的最大荷载一样，则每次加/卸载曲线都形成一个塑性滞回环(图 2-25)。这些塑性滞回环随着加卸载的次数增加而变得越来越狭窄，并且彼此越来越近，岩石越来越接近弹性变形，一直到某次循环没有塑性变形为止，如图 2-25 中的 HH' 环。当循环应力峰值小于某一数值时，循环次数即使很多，也不会导致试件破坏；而超过这一数值岩石将在某次循环中发生破坏(疲劳破坏)，这一数值称为临界应力。临界应力与岩石种类有关，当循环应力峰值超过临界应力时，反复加/卸载的应力 - 应变曲线将和岩石全应力 - 应变曲线的峰后段相交，并导致岩石破坏。此时，给定的应力称为疲劳强度。

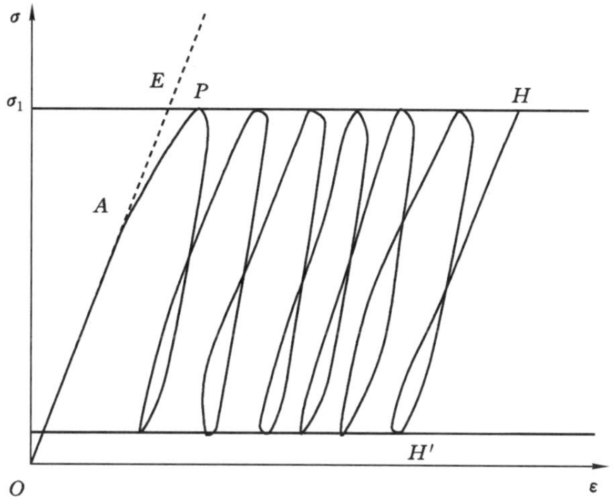

图 2-25 等荷载循环加/卸载时的应力 - 应变曲线

如果反复加/卸载循环，每次施加的最大荷载比前一次循环的最大荷载大，则可得到如图 2-26 所示的曲线。随着循环次数的增加，塑性滞回环的面积也有所扩大，卸载曲线的斜率(它代表着岩石的弹性模量)也逐次略有增加，表明卸载应力下的岩石材料弹性有所增强。此外，每次卸载后再加载，在荷载超过上一次循环的最大荷载以后，变形曲线仍沿着原来的单调加载曲线上升(图 2-26)，好像不曾受到反复加载的影响似的，这种现象称为岩石的变形记忆。

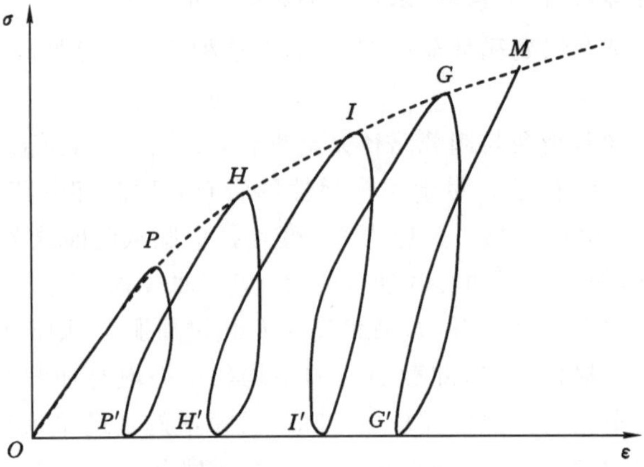

图 2-26 不断增大荷载循环加/卸载时的应力-应变曲线

2.2.2.3 三轴压缩条件下的岩石变形特征

三轴压缩条件下的岩石变形通过三轴试验进行研究，其试验装置已在前文做了介绍。

常规三轴试验条件的试验研究结果表明：有围压作用时，岩石的变形性质与单轴压缩时不尽相同。图 2-27 和图 2-28 分别为大理石和花岗岩在不同围压下的(σ_1-σ_3)-ε 曲线。

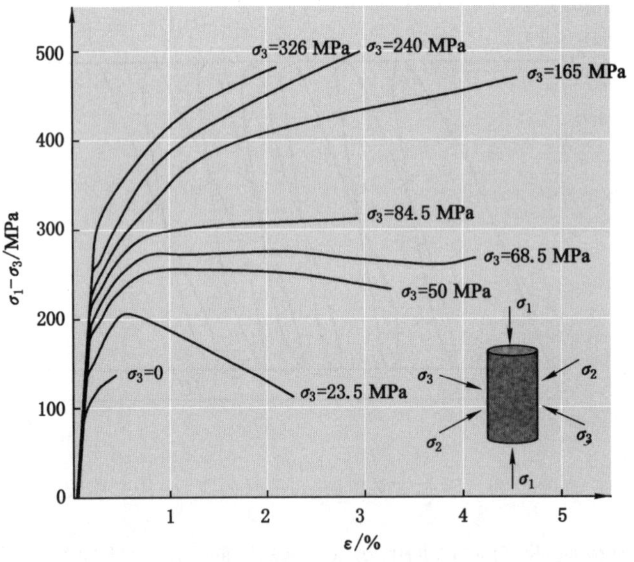

图 2-27 不同围压下大理岩的应力-应变曲线

由图 2-27 可知，破坏前岩石的应变随围压增大而增加；另外，随围压的增大，岩石的塑性也不断增大，且由脆性逐渐转化为延性。如图 2-28 所示，在围压为零或较低的情况下，岩石呈脆性状态；当围压增大至 50 MPa 时，岩石显示出由脆性到塑性转化的过渡状态；当围压增加到 68.5 MPa 时，呈现出塑性流动状态；当围压增至 165 MPa 时，试件承载

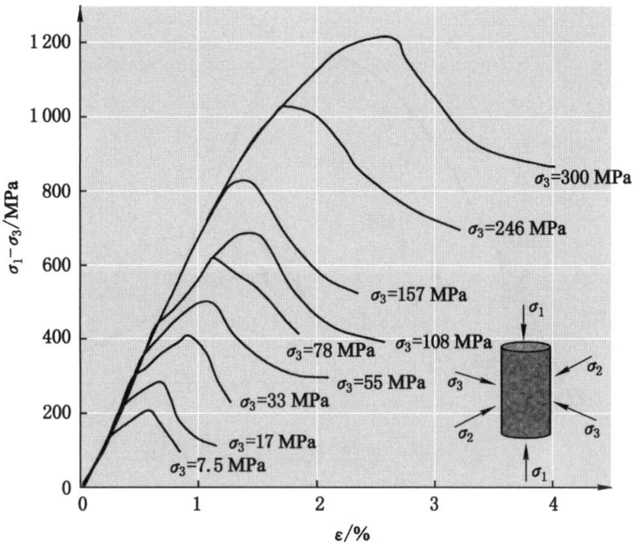

图 2-28 不同围压下花岗岩的应力-应变曲线

力则随围压稳定增长，出现所谓应变硬化现象。这说明围压是影响岩体力学属性的主要因素之一，人们通常将岩石由脆性转化为塑性的临界围压称为转化压力。图 2-28 所示的花岗岩也有类似特征，不同的是其转化压力比大理石大得多，且破坏前的应变随围压增加更为明显。某些岩石的转化压力见表 2-11。由表 2-11 可知，岩石越坚硬，转化压力越大；反之亦然。

表 2-11 几种岩石的转化压力(室温)

岩石类型	转换压力/MPa	岩石类型	转化压力/MPa
盐岩	0	石灰岩	20～100
白垩	＜10	砂岩	＞100
密实页岩	0～20	花岗岩	≥100

由图 2-27 和图 2-28 分析可对围压对岩石变形的影响得出如下结论：

(1) 随着围压($\sigma_2=\sigma_3$)的增大，岩石的抗压强度显著增加。

(2) 随着围压($\sigma_2=\sigma_3$)的增大，岩石的变形显著增大。

(3) 随着围压($\sigma_2=\sigma_3$)的增大，岩石的弹性极限显著增大。

(4) 随着围压($\sigma_2=\sigma_3$)的增大，岩石的应力-应变曲线形态发生明显改变岩石的性质发生了变化，即弹脆性→弹塑性→应变硬化。

2.2.3 岩石的塑性变形

塑性与弹性一样，也是材料的一种基本属性，塑性变形是弹性变形后的一个阶段，材料进入塑性的特征是当荷载卸载以后存在不可恢复的永久变形，如图 2-29 所示。与弹性本构关系相比，塑性本构关系具有如下特点。

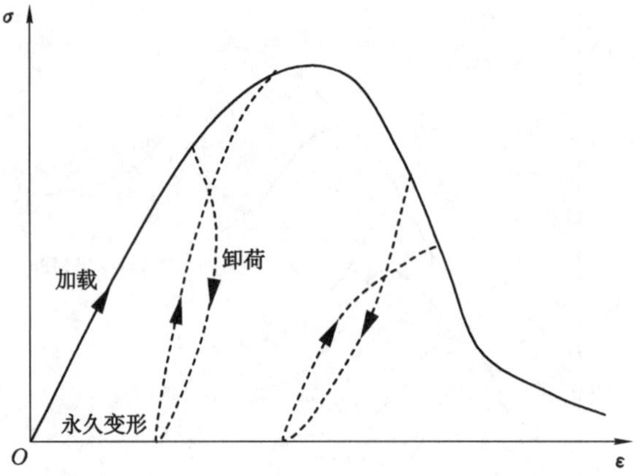

图 2-29　加/卸载应力-应变曲线

2.2.3.1　应力-应变关系的多值性

对于同一应力状态,往往有多个应变值与之相对应。因此,它不能像弹性本构关系那样建立应力和应变的一一对应关系,通常只能建立应力增量和应变增量间的关系。要描述塑性材料的状态,除了要用应力和应变这些基本状态变量外,还需用能够刻画塑性变形历史的内状态变量(塑性应变、塑性功等)。

2.2.3.2　本构关系的复杂性

描述塑性阶段的本构关系不能像弹性力学那样只用一组物理方程,它通常包括两组方程:

(1) 屈服条件。材料最先达到塑性状态的应力条件。

(2) 加-卸载准则。材料进入塑性状态以后继续塑性变形或回到弹性状态的准则,通式写为:

$$\varphi(\sigma_{ij}, H_\alpha) = 0 \tag{2-39}$$

式中,σ_{ij}为应力张量分量,表示垂直于 i 轴的平面上平行于轴的应力($i=x,y,z;j=x,y,z$);φ 为某一函数关系;H_α 为与加载历史有关的参数,$\alpha=1,2,\cdots,n$。

(3) 本构方程。材料在塑性阶段的应力应变关系或应力增量与应变增量间的关系,通式写为:

$$\varepsilon_{ij} = R(\sigma_{ij}) \text{ 或 } d\varepsilon_{ij} = R(d\sigma_{ij}) \tag{2-40}$$

2.2.4　岩石的弹塑性破坏行为

流变性质是指材料的应力-应变关系与时间因素有关的性质,材料变形过程中具有时间效应的现象称为流变现象。

岩石的变形不仅呈现弹性和塑性,而且也具有流变性质,岩石的流变包括蠕变、松弛和弹性后效。其中,蠕变是当应力保持不变时,变形随时间增加而增长的现象。松弛是当应变保持不变时,应力随时间增加而减小的现象。弹性后效是加载或卸载时,变形滞后于应力延迟恢复的现象。

由于岩石的蠕变特性对岩石工程稳定性有重要意义,本书重点分析岩石的蠕变曲线。如图 2-30 所示，3 条蠕变曲线是在不同应力下得到的，其中 $\sigma_a > \sigma_b > \sigma_c$。蠕变试验表明，当岩石在某一较小的恒定荷载持续作用下，其变形量虽然随时间增长有所增加，但蠕变变形的速率则随时间增长而减少，最后变形趋于一个稳定的极限值。这种蠕变称为稳定蠕变。当荷载较大时，如图 2-30 中的 *abcd* 曲线所示，蠕变不能稳定于某一极限值而是无限增长直到破坏，这种蠕变称为不稳定蠕变。这是典型的蠕变曲线。根据应变速率的不同，其蠕变过程可分为 3 个阶段。

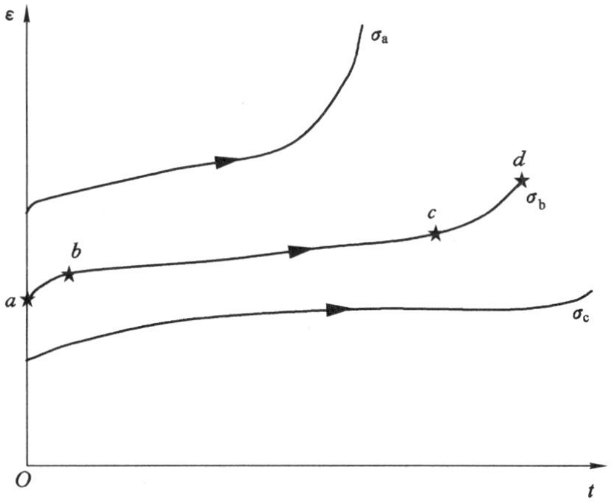

图 2-30　岩石蠕变曲线

第一蠕变阶段：如曲线中 *ab* 段所示，应变速率随时间增加而减小，故又称为减速蠕变阶段或初始蠕变阶段。

第二蠕变阶段：如曲线中 *bc* 段所示，应变速率保持不变，又称为等速蠕变阶段。

第三蠕变阶段：如曲线中 *cd* 段所示，应变速率迅速增加直到岩石破坏，又称为加速蠕变阶段。

岩石既可发生稳定蠕变，也可发生不稳定蠕变，这取决于岩石应力的大小：超过某一临界应力时，蠕变向不稳定蠕变发展；小于此临界应力时，蠕变按稳定蠕变发展。通常将临界应力称为岩石的长期强度。

2.3　岩石的强度理论

岩石的强度理论是用于描述岩石在受力条件下发生破坏和破裂的力学行为的理论体系，旨在预测岩石在各种外部荷载作用下的响应，特别是岩石的破坏模式和强度极限。由于岩石的复杂性，包括其不均匀的结构、不同的矿物组成以及孔隙率等因素，因而岩石的强度理论比单纯的金属或混凝土材料更为复杂。在岩石力学中，强度理论主要涉及岩石的破坏模式和岩石的强度指标，常见的岩石强度理论包括莫尔-库仑(Mohr-Coulomb)理论、莫尔圆(Mohr's Circle)、特里茨(Terzaghi-Wegman)理论、格里菲斯(Griffith)强度理论和比哈-普斯顿(Baker-Popov)理论。岩石的强度理论帮助我们理解岩石在不同力学环境中的行为，对于岩土工程、矿山开采、隧道设计等领域的安全性评估至关重要。不同的强度理论和试验方法可以根据具体的工程背景来选择，从而优化岩石破坏的预测和风险控制。本节重点介绍莫尔-库仑理论。

2.3.1 摩尔-库仑强度理论

在强度理论中，最简单和最重要的准则乃是库仑于1773年提出的摩擦准则。库仑认为，岩石的破坏主要是剪切破坏，岩石的强度，即抗摩擦强度等于岩石本身抗剪切摩擦的黏结力和剪切面上法向力产生的摩擦力。平面中的剪切强度准则为：

$$|\tau| = c + \sigma \tan\varphi \tag{2-41}$$

式中，τ为剪切面上的剪应力(剪切强度)；σ为剪切面上的正应力；c为黏结力(内聚力)；φ为内摩擦角。

对于无摩阻材料，其$\varphi=0$，式(2-41)退化为特雷斯卡(Tresca)准则。

库仑强度准则可以用莫尔极限应力圆直观的图解表示。如图2-31所示，式(2-41)确定的准则由直线AL(通常称为强度曲线)表示，其斜率$f=\tan\varphi$，且在τ轴上的截距为c。如果应力圆上的点落在强度曲线AL之下，则说明该点表示的应力还没有达到材料的强度值，故材料不发生破坏；如果应力圆上的点超出了上述区域，则说明该点表示的应力已超过了材料的强度极限并发生破坏；如果应力圆上的点正好与强度曲线AL相切(图中D点)，则说明材料处于极限平衡状态，此时岩石所产生的剪切破坏将可能在该点所对应的平面(指其法线方向)间的夹角为θ(称为岩石破断角)。由图2-31可得：

$$2\theta = \frac{\pi}{2} + \varphi \tag{2-42}$$

将σ和τ以第一、第三主应力表示，对应图2-31，有：

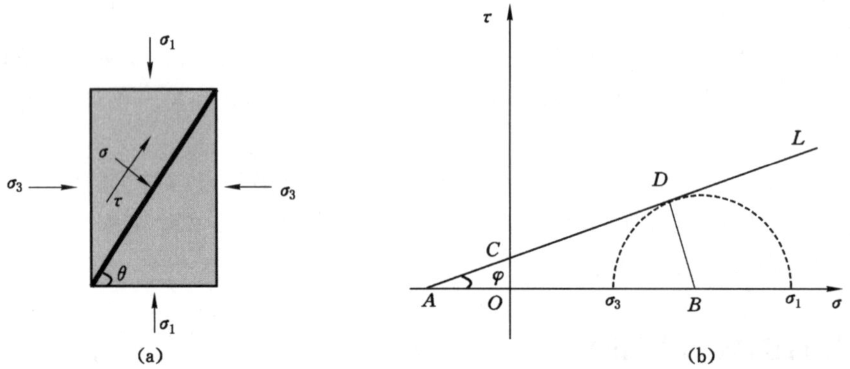

图2-31 σ-τ坐标下库仑强度准则

$$\sigma = \frac{1}{2}(\sigma_1 + \sigma_3) + \frac{1}{2}(\sigma_1 - \sigma_3)\cos 2\theta \tag{2-43}$$

$$\sigma_1 = \frac{1+\sin\varphi}{1-\sin\varphi}\sigma_3 + \frac{2c\cos\varphi}{1-\sin\varphi} \tag{2-44}$$

若取$\sigma_3=0$，则极限应力σ_1为岩石单轴抗压强度σ_c，有：

$$\sigma_c = \frac{2c\cos\varphi}{1-\sin\varphi} \tag{2-45}$$

利用三角恒等式

$$\frac{1+\sin\varphi}{1-\sin\varphi}=\cot^2\left(\frac{\pi}{4}-\frac{\varphi}{2}\right)=\tan^2\left(\frac{\pi}{4}+\frac{\varphi}{2}\right) \tag{2-46}$$

及剪切破断角关系式，可得：

$$\frac{1+\sin\varphi}{1-\sin\varphi}=\tan^2\theta \tag{2-47}$$

则：

$$\sigma_1=\sigma_3\tan^2\theta+\sigma_c \tag{2-48}$$

需要指出的是，在式(2-48)中不能令 $\sigma_1=0$ 的方式去直接确定岩石抗拉强度与内聚力和内摩擦角之间的关系。在以下的讨论中可以证明这一点。

下面讨论 σ_1-σ_3 坐标系统中库仑准则的完整强度曲线。在式(2-47)中，取 $\tan\varphi=f$，并将式(2-48)代入，得：

$$|\tau|-f_\sigma=\frac{1}{2}(\sigma_1-\sigma_3)(\sin 2\theta-f\cos 2\theta)-\frac{1}{2}f(\sigma_1+\sigma_3) \tag{2-49}$$

由式(2-49)对 θ 求导，可得极值 $\tan 2\theta=-\frac{1}{f}$，这与莫尔应力圆极限分析式相一致，且 2θ 值在$\frac{\pi}{2}$和 π 之间，并有 $\sin 2\theta=1/\sqrt{f^2+1}$，$\cos 2\theta=-f/\sqrt{f^2+1}$。由此给出 $|\tau|-f\sigma$ 的最大值为：

$$\{|\tau|-f\sigma\}_{\max}=\frac{1}{2}(\sigma_1-\sigma_3)\sqrt{f^2+1}-\frac{1}{2}f(\sigma_1+\sigma_3) \tag{2-50}$$

此时令：

$$\{|\tau|-f\sigma\}_{\max}=c \tag{2-51}$$

则式(2-51)变为：

$$2c=\sigma_1\left[\sqrt{f^2+1}-f\right]-\sigma_3\left[\sqrt{f^2+1}+f\right] \tag{2-52}$$

该直线交 σ_1 轴于 σ_c，交 σ_3 轴于 s_0(注意：s_0 并不是单轴抗拉强度)，因此：

$$\sigma_c=2c[\sqrt{f^2+1}+f] \tag{2-53}$$

$$s_0=-2c[\sqrt{f^2+1}-f] \tag{2-54}$$

现在确定岩石发生破裂(处于极限平衡)时 σ_1 取值的下限。考虑到剪切面(图 2-32)AB 上的正应力 $\sigma>0$ 的条件，这样在任意 θ 值的条件下，得：

$$2\sigma=\sigma_1(1+\cos 2\theta)+\sigma_3(1-\cos 2\theta) \tag{2-55}$$

由：

$$\cos 2\theta=-f/\sqrt{f^2+1} \tag{2-56}$$

有：

$$2\sigma=\sigma_1\left[1-f/\sqrt{f^2+1}\right]+\sigma^3\left[1+f/\sqrt{f^2+1}\right] \tag{2-57}$$

或：

$$2\sigma=\sigma_1\left[\sqrt{f^2+1}-f\right]/\sqrt{f^2+1}+\sigma_3\left[\sqrt{f^2+1}+f\right]/\sqrt{f^2+1} \tag{2-58}$$

由于 $\sqrt{f^2+1}>0$，故若 $\sigma>0$，则：

$$\sigma_1[\sqrt{f^2+1}-f]+\sigma_3[\sqrt{f^2+1}+f]>0 \tag{2-59}$$

将式(2-58)与式(2-59)联立求解，可得：

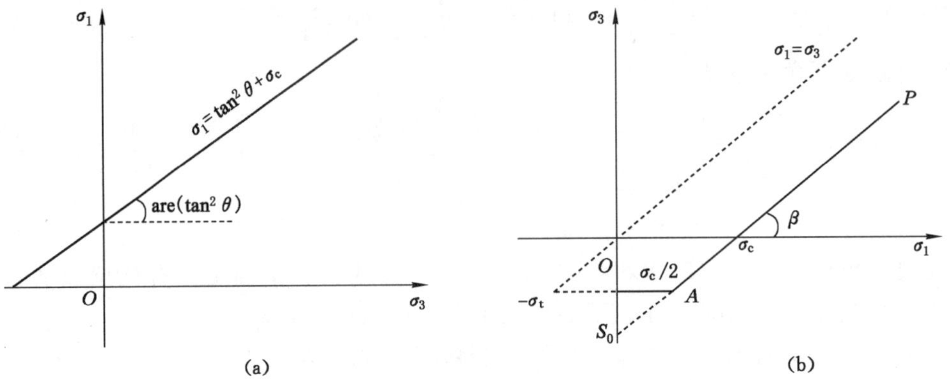

图 2-32　σ_1-σ_3 坐标系的库伦准则

$$\sigma_1[\sqrt{f^2+1}-f]>c \tag{2-60}$$

或：

$$\sigma_1>\frac{c}{\sqrt{f^2+1}-f}=c[\sqrt{f^2+1}+f] \tag{2-61}$$

由此可得：

$$\sigma_1>\frac{1}{2}\sigma_c \tag{2-62}$$

由此可见，图 2-32 中间直线的 AP 部分代表 σ_1 的有效取值范围。

对于 σ_3 负值(拉应力)，由试验知：可能会在垂直于 σ_3 平面内发生张性破裂，特别在单轴拉伸($\sigma_1=0,\sigma_3<0$)中，当拉应力值达到岩石抗拉强度 σ_t 时，岩石发生张性断裂。但是，这种破裂行为完全不同于剪切破裂，而这在库仑强度准则中没有描述。

基于库仑强度准则和试验结果分析，由图 2-32 给出的简单而有用的准则可以用方程表示为：

$$\sigma_1\left[\sqrt{f^2+1}-f\right]-\sigma_3\left[\sqrt{f^2+1}+f\right]=2c\cdots\left(\sigma_1>\frac{1}{2}\sigma_c\right) \tag{2-63}$$

$$\sigma_3=-\sigma_1\left(\sigma_1\leqslant\frac{1}{2}\sigma_c\right) \tag{2-64}$$

从图 2-32(a)中的强度曲线可以清楚地看到，在由式(2-64)给出的库仑强度准则条件下，岩石可能发生以下 4 种方式的破裂：

(1) 当 $0<\sigma_1\leqslant\sigma_c/2(\sigma_3=-\sigma_t)$时，岩石属于单轴拉伸破坏。

(2) 当 $\sigma_c/2<\sigma_1<\sigma_c(-\sigma_t<\sigma_3<0)$时，岩石属于双轴拉伸破断。

(3) 当 $\sigma_1=\sigma_c(\sigma_3=0)$时，岩石属于单轴压缩破断。

(4) 当 $\sigma_1>\sigma_c(\sigma_3>0)$时，岩石属双轴压缩破断。

另外，由图 2-32(b)中强度曲线上 A 点坐标$(\sigma_c/2,-\sigma_t)$可得，直线 AP 的倾角 β 为：

$$\beta=\arctan\frac{2\sigma_t}{\sigma_c} \tag{2-65}$$

由此看来，在主应力 $\sigma_1-\sigma_3$ 坐标平面内的库仑强度准则可以利用单轴抗压强度和抗拉强度来确定。

2.3.2　格里菲斯强度理论

格里菲斯(Griffith)于 1920 年认为，诸如钢和玻璃之类的脆性材料，其断裂的起因是分布在材料中的微小裂纹尖端有拉应力集中(这种裂纹被称为格里菲斯裂纹)所致。格里菲斯还建立了确定断裂扩展的能量不稳定原理。该原理认为，当作用力的势能始终保持不变时，裂纹扩展准则可写为：

$$\frac{\partial}{\partial L}(W_{d}-W_{e})\leqslant 0 \tag{2-66}$$

式中，L 为裂纹长度参数；W_{d} 为裂纹表面的表面能；W_{e} 为储存在裂纹周围的弹性应变能。

课后思考题

1. 什么是胶结联结？从胶结类型来看，碎屑岩具有哪几种基本类型？
2. 岩石试件在单轴压缩载荷中，会产生哪几种破坏形式？
3. 什么是“端部效应”？其产生的原因是什么？如何降低“端部效应”对试验的影响？
4. 岩石是否超过其峰值强度发生破坏后，就没有任何承载力了？为什么？
5. 采用劈裂法试验时，岩石承受对称压缩，为什么在破坏面上出现拉应力？
6. 常见的岩石强度理论包括哪些？
7. 岩石的强度指标有哪些？

第3章 岩体力学性质

3.1 岩体的表征

3.1.1 岩体结构面成因与分类

结构面(structural plane)是漫长地质作用的过程中岩体内形成并不断发育的地质界面,具有一定的延伸方向和长度、厚度相对较小的地质界面或带,在连续介质力学理论中被视为不连续面。

3.1.1.1 结构面地质成因

结构面按照地质成因可分为原生结构面、构造结构面和次生结构面3类。原生结构面是岩体在成岩过程中形成的结构面,主要包括沉积结构面、岩浆结构面和变质结构面。沉积结构面是沉积岩在沉积和成岩过程中形成的,包括层理面、软弱夹层、沉积间断面和不整合面等;岩浆结构面是岩浆侵入及冷凝过程中形成的结构面,包括岩浆岩体与围岩的接触面、各期岩浆岩之间的接触面和原生冷凝节理等;变质结构面在变质过程中形成,分为残留结构面和重结晶结构面。构造结构面是岩体形成后在构造应力作用下形成的各种破裂面,包括劈理、节理、断层和层间破碎带等。次生结构面是岩体形成后在外应力作用下产生的结构面,包括卸荷裂隙、爆破裂隙、风化裂隙、次生夹泥层和泥化夹层等。各类结构面的主要特征见表3-1至表3-3。

表3-1 原生结构面性质

原生结构面	地质类型	主要特征
沉积结构面	层面、层理、沉积间断面(不整合面、假整合面)、原生软弱夹层	1. 产状与岩层一致,随岩层变化而变化,为层间结构面; 2. 一般呈层状分布,延展性强,海相沉积中分布稳定,陆相及滨海相沉积中易于尖灭,形成透镜体、扁豆体,原生层面为波浪起伏状; 3. 一般层面结合良好,层面新鲜时只能显示黯淡或黑白条纹,风化后才能剥开,若经后期构造运动常形成层间错动带

表 3-1(续)

原生结构面	地质类型	主要特征
岩浆结构面	流纹、流层、岩浆岩流接触面,软弱蚀变带、挤压破碎带、原生节理	1. 产状受岩体与围岩接触面控制,随侵入岩体或岩脉形态而异; 2. 流纹、流层在新鲜岩体中不易剥开,但经风化后易剥离或脱落,接触面延伸较远,原生节理延续性不强,但密集; 3. 冷凝原生节理常常是平行或垂直接触面,为平缓或高倾角张裂面,较不平整,且粗糙。在浅成岩体及岩浆岩体内常发育特殊的节理及柱状节理; 4. 软弱蚀变带和挤压破碎带的形态、产状、规模及特性均受侵入岩体及围岩性质所控制
变质结构面	板理、片理、片麻理、软弱夹层	1. 产状与岩层一致,或受其控制; 2. 残留结构面主要为沉积岩经浅变质后形成,层理、层面仍保留,只在层面上有绢云母、绿泥石等鳞片状矿物富集并呈定向排列,如板岩中的板理面; 3. 重结晶结构面主要有片理和片麻理面等,这是由于岩石发生深度变质和重结晶作用,致使片状或柱状矿物富集并呈定向排列形成的结构面; 4. 片理结构面光滑,但形态波浪起伏,一般分布密集。在新鲜岩体中片理面多呈闭合状,岩层深部往往闭合成隐蔽结构面; 5. 软弱夹层中主要是片状矿物,如黑云母、绿泥石、滑石等富集带,抗剪强度低,也是岩体中的薄弱部位

表 3-2 原生结构面性质

次生结构面	主要特征
卸荷裂隙	1. 产状与临空面有关,一般近水平,多为曲折不连续状态; 2. 延续性不强,常在地表 20～40 m 内发育; 3. 结构面粗糙不平,常张开,充填物有气、水、泥质碎屑,宽窄不一,变化多样
爆破裂隙	1. 在边坡岩体中最为常见; 2. 产状与爆破设计参数有关,延展有一定范围,视爆破力大小而异; 3. 多为张开型,松散、破碎,其状态受原生结构面、构造结构面及岩性控制,一般呈弧状分布
风化裂隙/风化夹层	1. 一般沿原生夹层和原有结构面发育,短小密集,延续性弱,仅限于地表一定深度; 2. 风化夹层产状与岩层一致,在风化带内延展
泥化夹层	1. 产状与岩层一致,沿软弱岩层表部发育; 2. 延展性强,但各段泥化程度可能不一,视地下水作用条件而异

表 3-3　原生结构面性质

构造结构面	主要特征
劈理	短小、密集的剪切破裂面，影响局部地段的岩体完整性及强度
节理	1. 在走向延展及纵深发展上其范围是有限的； 2. 一般分为张节理和剪节理，张节理延续性弱，剪节理延伸较长； 3. 张节理一般具有陡立或陡倾产状，常垂直岩层走向；剪节理斜交岩层走向，其节理倾角随岩层倾角变陡而变缓； 4. 张节理面粗糙，参差不齐，宽窄不一；剪节理平直光滑，部分可见擦痕镜面，常有各种泥质薄膜，如高岭石、绿泥石、滑石、石墨等，尽管接触面紧闭，但易于滑动
断层	1. 规模悬殊，有的深切岩石圈几十千米，有的仅限于地表数十米，断层为延续性较强的结构面，对岩体稳定性影响较大； 2. 大多数断层为剪切作用导致的引张脆性破裂所形成； 3. 一般断层带内存在构造岩，如断层泥、糜棱岩、角砾岩、压碎岩，构造岩后期被侵染、胶结，如形成方解石或石英脉络网络则对岩体稳定有利
层间破碎带	1. 在层状岩体中沿软弱夹层发育，产状与岩层一致； 2. 一般呈层状分布，延展性较强，有时也呈透镜状或尖灭； 3. 结构面物质破碎，呈鳞片状，含泥质物，呈条带状分布

3.1.1.2　结构面力学成因

拉应力、剪应力、压应力都可能在岩石中形成结构面，岩石的拉伸、剪切、拉剪复合效应产生的三类破裂模式如图 3-1 所示。结构面按力学成因可分为压性结构面、张性结构面、扭性结构面、压扭性结构面和张扭性结构面。

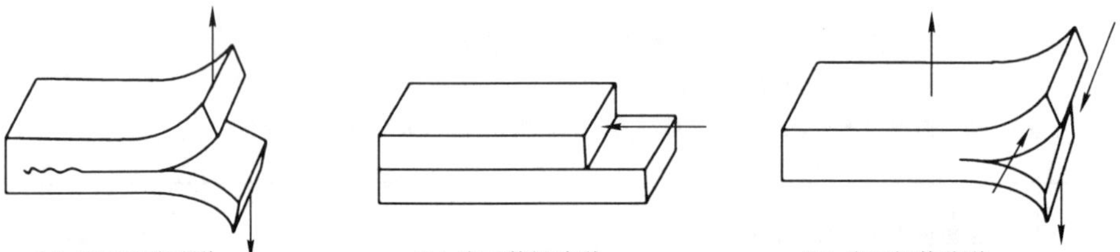

(a) 岩石拉伸破裂　(b) 岩石剪切破裂　(b) 岩石拉剪破裂

图 3-1　岩石的三类破裂模式

(1) 压性结构面简称挤压面。它主要由压应力形成，是走向垂直主应力方向，具有明显挤压特征的结构面，如单式或复式褶皱轴面、逆断层或逆掩断层面、片理面、挤压带和一部分劈理等。总体上讲，压性结构面一般沿走向和倾向均呈舒缓波状，断层面上经常有与走向大致垂直的逆冲擦痕。

(2) 张性结构面简称张裂面。它主要由拉应力形成，单纯张裂面的表面粗糙，不甚整齐，有时呈锯齿状，单纯的张裂面很少出现擦痕，每一个张裂面延伸范围不大；平行的张裂面往往形成张裂带，一般宽度较大，张裂带中偶尔有破碎角砾，角砾多具棱角状且大小不一；张性断裂面附近往往出现次生断裂。

(3) 扭性结构面简称扭裂面。其走向与主压应力和主张应力斜交，大致平行最大剪应力方向，具有明显扭动特征的破裂面，如平移断层、剪节理等属于此类。扭裂面一般较光滑，且有大量擦痕出现；扭裂面一侧或两侧常有扭性或张性羽状节理出现，且与扭裂面呈一定方位，但不穿过扭裂面；平行的扭裂面常成群出现形成扭裂带，扭裂面也常成对出现，两者相互交切。

(4) 压扭性结构面。它包括以压为主兼有扭性、以扭为主兼有压性两种。结构面多呈倾斜状舒缓波状，具有斜冲擦痕，次生结构面与主面交线和擦痕方向垂直，轴线斜向的牵引褶皱，往往成群出现，组成压扭性结构带，带内存在的破碎角砾形成角砾岩带。

(5) 张扭性结构面。它兼有扭性与张性结构面的双重特性。张扭性结构面往往是不对称的，形成一边长、一边短的锯齿状，两侧岩石有的被拉开，有的被错断。从断面上看，部分结构面存在的斜向擦痕，以群出现的张扭性结构面形成张扭断裂带。

3.1.2 岩体结构面表征方法

岩体的赋存环境对岩体的力学性质有重要的影响。其赋存环境主要包括地应力、地下水和地温三部分。

地应力具有双重性，不仅是岩体的赋存条件，又赋存于岩体之内，与岩体组成成分一样，决定着岩体的特性，是岩体力学特性的组成部分。地应力对岩体力学性质的影响主要体现在以下几个方面：

(1) 地应力影响岩体的承载能力。对赋存于一定地应力环境中的岩体来说，地应力对岩体形成的围压越大，其承载能力越大。矿山岩柱及井巷间的夹壁破坏的原因往往如此。

(2) 地应力影响岩体的变形和破坏机制。岩体力学试验结果表明，许多低围压下呈脆性破坏的岩石在高围压下呈剪塑性变形，这种变形和破坏机制的变化说明岩体赋存的条件不同，岩体本构关系也不同。

(3) 地应力影响岩体中的应力传播的法则。严格来说，岩体是非连续介质，但由于岩块间存在摩擦作用，赋存于高应力地区的岩体，在地应力围压的作用下则变为具有连续介质特征的岩体。也就是说，地应力可以使不连续变形的岩体转化为连续变形的岩体。

地下水作为岩体的赋存环境因素之一，影响岩体的变形和破坏，影响岩体工程的稳定性。据统计，大约90%的自然边坡和人工边坡的破坏与地下水的活动有关。膨胀性软岩是地下岩体工程的灾难，其力学性质取决于软岩与水的相互作用程度。

地温场是岩体力学性质的重要因素之一，在研究深部岩体力学性质时尤为如此。

在相同级序之内又可按结构体地质特征再划分为不同结构类型，如软弱结构面切割成的Ⅰ级岩体结构，按Ⅰ级结构体类型，又可将Ⅰ级岩体结构划分为块裂结构及板裂结构。具体来说，岩体结构划分的第一个依据是结构面类型；第二个依据是结构面切割程度或结构体类型。这个分类依据可以具体说明如下：

① 第一依据——结构面类型，它规定结构级序：

$$\begin{cases}\text{软弱结构面——Ⅰ级岩体结构}\\ \text{坚硬结构面——Ⅱ级岩体结构}\end{cases}$$

② 第二依据——结构面切割程度及结构体类型，它规定岩体结构基本类型：

- 块状结构体——块裂结构
- Ⅰ级岩体结构
  - 板状结构体——板裂结构
  - 结构面贯通切割——碎裂结构
- Ⅱ级岩体结构
  - 结构面断续切割——断续结构
  - 无显结构面切割——完整结构
- 过渡型岩体结构：软硬结构面混杂、结构面无序状排列——散体结构

③ 亚类划分依据——亚类的划分主要是依据岩体的原生结构。例如，碎裂结构可划分为：

- 块状的——块状碎裂机构
- 层状的——层状碎裂结构

根据上述的岩体结构分类依据，首先依据结构面的类型将岩体结构划分为Ⅰ级、Ⅱ级及过渡型岩体结构3大类。

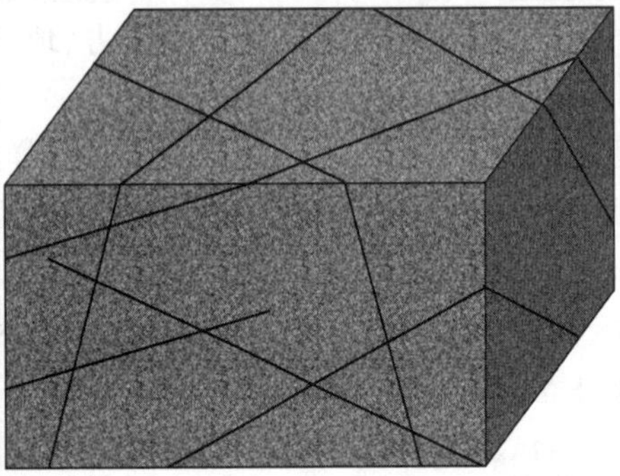

图3-2　碎裂结构岩体示意图

Ⅰ级结构岩体的结构体大多数不是完整一块，而又受Ⅳ级结构面不同程度切割。有的被切割成大小不等、形状不一的碎块，它们被切割成的形状及块度与区域构造运动强度有关。对于层状岩体来说，还与岩层可分离的单层厚度密切有关，这类结构的岩体称为碎裂结构岩体。它的特点主要是由可分离的结构体组成的，如果它处于无围压的空间时，那么其结构体可以分离取出。实际上，在自然界这样典型的岩体是不多见的，而多半如图3-2所示，有的切割成分离的块体；有的并没有切割成分离的块体，在剖面上呈贯通切割，在层面上呈不连续切割。而且结构面连续性越大，切割性越高；结构面连续性越低，切割的贯通性越低，即切割不成分离的结构体。

这种切割程度很低，形不成结构体的岩体均具较好的完整性，称为完整结构岩体。真正的完整结构是很少见的，而多数是碎裂结构岩体面被愈合，残留部分Ⅴ级结构面，如黏土岩、石灰岩、石英岩等常可见到这种情况。确切地说，将其命名为断续结构比较恰当。真正的天衣无缝的完整结构岩体在地壳表层比较少见，但在地下深部还是存在的。

断层破碎带及强风化带内存在有另一种结构类型，它们具有两个特点：一是结构面和结构体呈无序状排列；二是结构面有的为软弱结构面，有的为坚硬结构面，有的为软硬混杂。这种岩体结构既不是Ⅰ级结构，也不属于Ⅱ级结构。在级序上属于一种过渡型，称为散体结构。一般来说，这种结构的岩体规模不大，常呈夹层或带状存在。尽管规模不大，但比较常见，也是一种不可忽视的结构类型，也是应力消散、地下水畅通、岩体失稳的关键地段。以一个与工程建筑有关联的地区为对象，就结构面对岩体力学的影响程度来说，根据分类依据，可以将岩体结构划分为如表3-4所列的一些级序和类型，这就是Ⅰ级的块裂结构、板裂结构，Ⅱ级的完整结构、断续结构、碎裂结构及过渡类型的散体结构。实际的岩体是比较复杂的，不是绝对地属于哪一种结构，多数介于一种结构与另一种结构之间。在实际岩体结构划

分时,需要有一种模糊的观点,只能择其趋向性而定,这也是岩体力学性质具有不确定性的一个方面。

表 3-4 岩体结构类型

级	序	结构类型	划分依据	亚类	划分依据
Ⅰ	2	板裂结构	一组软弱结构面切割,板状结构体	块状板裂结构	原生岩体结构呈块状
				层状板裂结构	原生岩体结构呈层状
Ⅱ	1	完整结构	无显结构面切割	块状完整结构	原生岩体结构呈块状
				板状完整结构	原生岩体结构呈层状
	2	断续结构	显结构面断续切割	块状断续结构	原生岩体结构呈块状
				层状断续结构	原生岩体结构呈层状
	3	碎裂结构	坚硬结构面贯通切割,结构体为块状	块状碎裂结构	原生岩体结构呈块状
				层状碎裂结构	原生岩体结构呈层状
过渡型		散体结构	软、硬结构面混杂结构面无序分布	碎屑状散体结构	结构体为角砾,原生岩体结构特征已消失
				糜棱化散体结构	结构体为糜棱质,原生岩体结构特征已消失

完整结构岩体多半是碎裂结构岩体中结构面被后生作用愈合而成。后生愈合分为两种:一是压力愈合;二是胶结愈合。具有黏性成分物质,如黏土岩、长石质、石灰质矿物成分组成的岩体,在高围压作用下,其结构面可以重新黏结到一起,形成完整结构。黏土岩、页岩、石灰岩及富含长石的岩浆岩中可以见到这种结构岩体。胶结愈合的岩体也极常见,其胶结物有硅质、铁质、钙质及后期侵入的岩浆等。在胶结愈合作用下,碎裂结构岩体可以转化为完整结构,但后期愈合面的强度仍低于原岩强度在后期振动、热力胀缩作用下又可开裂,开裂程度高者可恢复为碎裂结构岩体,低者可转化为断续结构岩体如图 3-3(a)所示。在自然界中,这种情况极为常见。

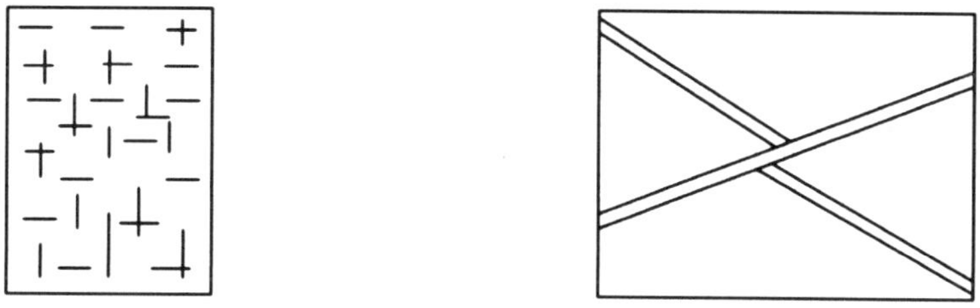

(a) (b)

图 3-3 错动坚硬结构面图

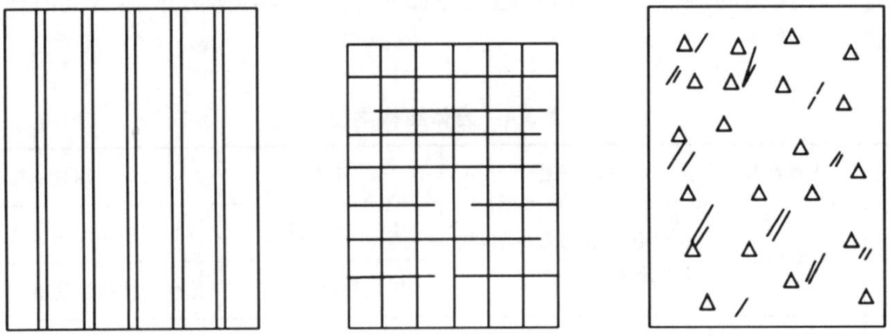

(c) (d) (e)

图 3-3 （续）

块裂结构岩体是多组或至少有一组软弱结构面切割及坚硬结构面参与制成块状结构体的高级序岩体结构。其结构体有的是由岩浆岩、变质岩及厚层大理岩、灰岩、砂岩等块状原生结构岩体构成，有的为薄至中厚层沉积岩，层状浅变质岩及岩浆喷出岩等层状原生结构岩体组成。其软弱结构面主要为断层，层间错动也是重要的软弱结构面之一。参与切割的坚硬结构面一般延展较长，且多数为错动的坚硬结构面，如图 3-3(b)所示。

板裂结构岩体主要发育于经过褶皱作用的层状岩体内，受一组软弱结构面切割，结构体呈板状。软弱结构面主要为层间错动面或块状原生结构岩体内的似层间错动面。结构体多数为组合板状结构体，有的也为完整板状结构体，如图 3-3(c)所示。

碎裂结构岩体尽管可以划分为块状碎裂结构岩体及层状碎裂结构岩体两种亚类，但它们的共同点是切割岩体的结构面是有规律的，即主要为原生结构面及构造结构面。块状碎裂结构主要形成于岩浆岩侵入体、深变质的片麻岩、混合岩、大理岩、石英岩及层理不明显的巨厚层灰岩、砂岩等岩体内。其特点是结构体块度大，大多为 1～2 m，但块度较均匀。层状碎裂结构的特点是块度小，其块度与岩层厚度有关。浅海相及海陆交互相沉积岩多数为这种结构。有时还可分为一种镶嵌状碎裂结构，大多发育于强烈构造作用区内的硬脆性岩体内，结构面组数多，当结构面组数多于 5 组时可形成这种结构，如图 3-3(d)所示。

断续结构岩体特点是显结构面不连续，对岩体切而不断，个别部分也有连续贯通结构。但这种部位很少，多数为不连续切割，形不成结构体。从力学角度来说，宏观上具有连续介质特点；微观上多数不连续，应力集中现象明显，这种应力集中对岩体破坏具有特殊意义，断裂力学判据对这种岩体也具有特殊意义。

散体结构有两种类型：一是碎屑状散体结构岩体；二是糜棱化散体结构岩体。

碎屑状散体结构岩体特点是结构面无序分布，结构面中有软弱的，也有坚硬的。结构体主要为角砾，角砾中常充填夹杂有泥质成分。一般来说，以角砾成分为主，即“块夹泥”。也有的泥质成分局部集中，但角砾仍起主导作用。其成因有两种类型：一是构造型；二是风化型。结构体块度不等，形状不一。“杂乱无序”可用来描述这类岩体的结构特征，如图 3-3(e)所示。

糜棱化散体结构岩体主要指断层泥。断层泥主要是由糜棱岩风化而成，而糜棱岩主要为压力愈合联结。当压力卸去后，又转化为糜棱岩粉，糜棱岩体风化后便转化为断层泥，这种现象在岩浆岩体剖面内极为常见。还有一种断层泥是泥质沉积岩在构造错动下直接形成的，如黏土岩中的断层泥便属于此类。这种岩体中次生错动面常极大发育，易被误视为均质体。然而，在次生错动作用下形成的擦痕面对其力学性质仍具有一定的控制作用，但这种控制作用由于结构面强度与断层泥强度相差不大，并不十分显著。

岩体结构分类的最终目的在于为岩石工程的建设服务。对于工程岩体而言，由于工程规模和尺寸的变化，岩体结构也发生相对变化。图 3-4 所示为一工程岩体其中发育着近于正交的两组节理。对于该工程岩体，其岩体结构类型随工程尺寸的变化而不同。图中 1、2、3、4、5 分别为待建的规模不同的硐室。由图可以明显地看出，相对于 1 号硐室，未切割任何结构面，岩体可以视为整体结构；而相对于 2 号硐室，仅切割 1 个结构面，可视为板裂结构；而相对于 3、4、5 号硐室，岩体结构应分别视为块裂结构、断续结构和碎裂结构。因此，岩体结构是相对的，只有在确定的地质条件和工程尺寸条件下，工程岩体结构才是唯一确定的。工程岩体结构不同，岩体的力学机制和工程的稳定性分析方法也是不一样的。

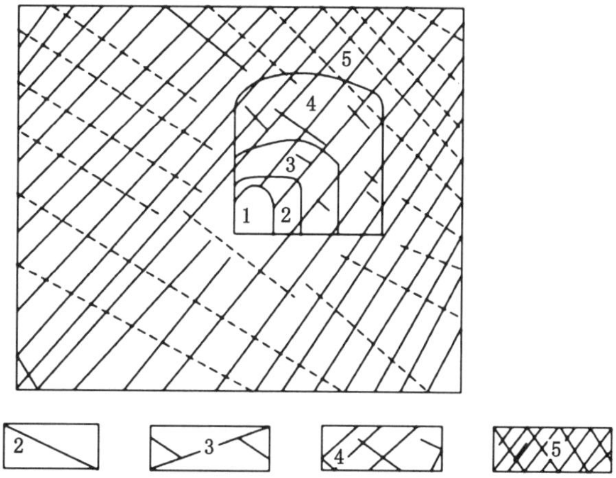

1—完整结构；2—板裂结构；3—块裂结构；4—断续结构；5—碎裂结构。

图 3-4　岩体结构与工程尺寸之间的关系

3.2　岩体力学特性

对于岩体，特别是工程尺度范围的岩体，通常被一组或若干组节理裂隙切割成不连续体。由于结构面的成因、尺寸、产状、密度及力学性质不同以及岩体所处的应力环境的变化，岩体的力学性质不仅取决于岩石本身力学性质，在很大程度上取决于结构面力学性质和结构面的空间组合情况。

3.2.1　岩体变形特性

3.2.1.1　岩体的单轴和三轴压缩变形特性

现场岩体单轴和三轴压缩试验的应力 - 应变全过程曲线如图 3-5 所示。岩体在加载过程中，由于岩体内部的结构调整、结构面压密与闭合，应力 - 应变曲线呈上凹形；中途卸载回弹变形有滞后现象，并出现不可恢复的残余变形。这是由结构面受压过程中产生闭合、滑移与错动造成的。每一级加载与卸载循环曲线都是开环形，伴随外荷载增加，残余变形量的增长速度变小，累积残余变形增大。而且岩体内结构面数量越多，岩体越破碎，岩体的弹性越差，回弹变形能力越弱，因而卸载变形曲线有较大的滞后变形量。岩体弹性变形差的原因是，结构面非弹性变形部分消耗一定的能量，这部分能量完全用于岩体结构调整、结构面压密，或者用于结构体相对滑移与错动。

当加载达到岩体峰值强度后，岩体开始出现破坏，岩体的破坏过程一般呈柔性特征，应力下降比较缓慢。岩体的应力下降取决于岩体的完整性。岩体越破碎，应力下降，脆性度越低。从岩体整个变形过程来看，岩体受载后应力上升比较缓慢，由于岩体的结构效应，破坏后显示出岩体保留有一定的残余应力。

岩体在循环荷载作用下，而卸载下限又不至零荷载时，相应的变形过程将出现闭环形式。随着外荷载加大或循环次数的增多，闭环曲线逐级向后移动(图 3-6)，这是岩体裂隙结构面逐级被压密与啮合所致。重复加、卸载次数越多，结构体与结构面压密程度越高，闭环曲线上的滞后变形量越小，甚至将闭环曲线演变成一条线。岩体变形由结构控制转变为结构效应的消失。当外荷载降至零时，并且持续一定时间后，岩体将产生较大的回弹变形，即岩体弹性变形能释放。在图 3-7 中，b 段称为岩体的弹性变形量，a 段称为岩体的残余变形量。岩体的变形模量可通过下式计算：

$$E = \frac{\sigma}{\varepsilon_a + \varepsilon_b} \tag{3-1}$$

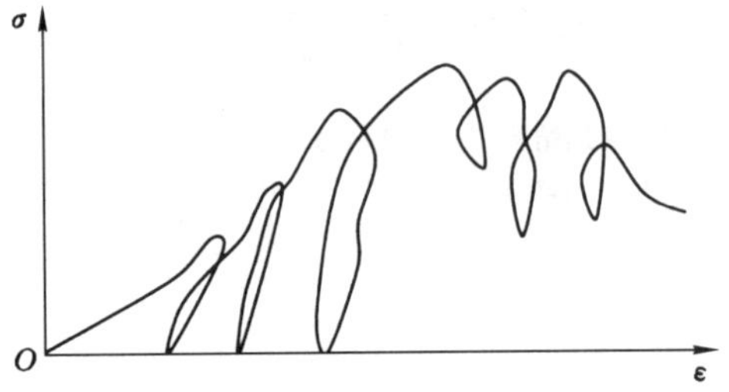

图 3-5　现场岩体循环压缩应力-应变全过程曲线

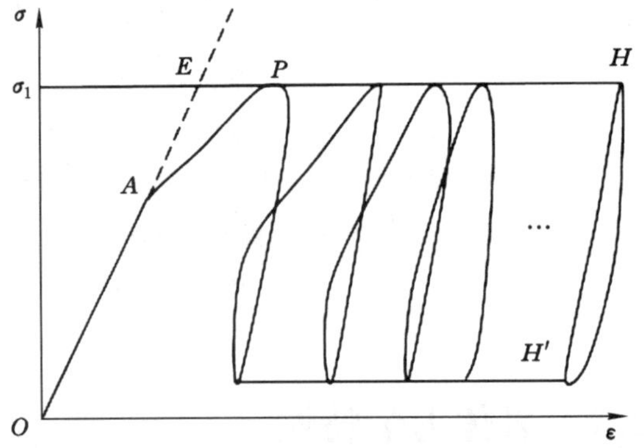

图 3-6　等荷载循环加载、卸载时的应力-应变曲线

3.2.1.2　岩体剪切变形特征

岩体的剪切变形是许多岩体工程特别是边坡工程中最常见的一种变形模式，如坝体基底部剪滑、巷道拱肩失稳、边坡滑坡等。实际岩体变形有可能是单因素的，如沿某一组结构面剪切滑移、追踪某一组结构面剪切滑移或追踪岩体内部薄弱部位剪断，也可以是几种变形兼而有之。图 3-8 所示为岩体剪切变形的特征。在屈服点以下，变形曲线与抗压变形相似。屈服点之后，岩体内某个结构体或结构面可能首先被剪坏，随之出现一次应力下降，峰值前可能出现多次应力下降，应力下降程度与被剪坏的结构体或结构面有关。岩体破碎程度高，应力下降反而不明显了。当剪应力增加到一定水平时，岩体的剪

切变形已积累到一定程度，没被剪坏部位以瞬间破坏的方式出现并伴有一次大的应力下降，然后可能产生稳定的滑移。

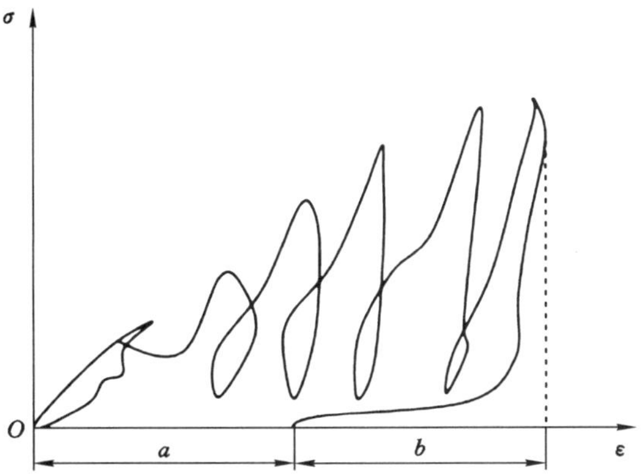

图 3-7　现场岩体变形模量测量过程曲线图

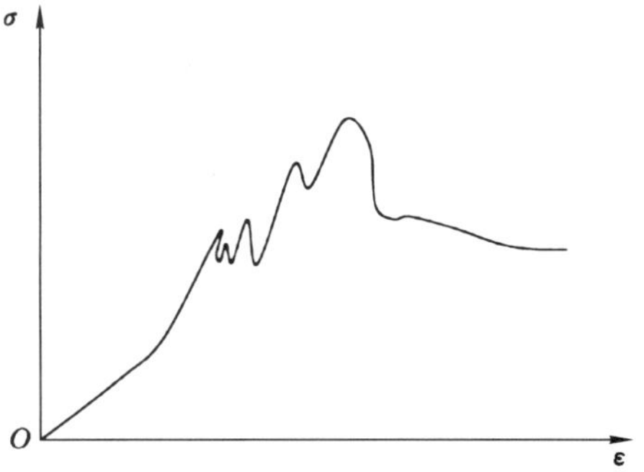

图 3-8　岩体原位抗剪试验曲线

3.2.1.3　岩体各向异性变形特征

岩体变形的另一个主要特征是各向异性。竖直向分布的节理岩体变形模量明显大于水平分布节理岩体的变形模量，这种区别主要是变形机制不同。垂直层面的压缩变形量主要是由岩块和结构面（软弱夹层）压密汇集而成，平行层面方向的压缩变形量主要是岩块和少量结构面错动构成。

层状岩体中，不仅开裂层面压缩变形量大，而且成岩过程中由于沉积韵律的变化，层面出现在矿物联结力弱、致密度又低的部位，它是层面方向压缩变形量大的又一个原因。因此，构成岩体变形的各向异性的两个基本要素：一是物质成分和物质结构的方向性；二是节理、结构面和层面的方向性。节理岩体各方向力学性质的差异均由此而产生。

3.2.2　岩体强度特性

岩体强度（rock strength）是指岩体抵抗外力破坏的能力，有抗压强度、抗拉强度和抗剪强度之分。对于裂隙岩体来说，其抗拉强度很小，加上岩体抗拉强度测试技术难度大，目前对岩体抗拉强度研究很少。本节主要讨论岩体的抗压强度和抗剪强度。

岩体是由岩块和结构面组成的地质体，其强度必然受到岩块和结构面强度及其组合方式（岩体结构）的控制。一般情况下，岩体的强度不同于岩块的强度，也不同于结构面的强度。如果岩体中结构面不发育、呈完整结构，则岩体强度大致等于岩块强度；如果岩体将沿某一结构面滑动时，则岩体强度完全受该结构面强度的控制。本节着重讨论被各种节理、裂隙切制的裂隙（节理化）岩体强度的确定问题。研究表明，裂隙岩体的强度介于岩块强度和结构面强度之间。它一方面受岩石材料性质的影响，另一方面受结构面特征（数量、方向、间距、性质等）和赋存条件（地应力、水、温度等）的控制。

霍克（Hoek）曾指出，m 与库仑-莫尔判据中的内摩擦角 φ 非常类似，而 s 则相当于内聚力 c 值。这样，根据霍克-布朗（Hoek-Brown）提供的常数（表 3-5），m 最大为 25，显然这时用式（3-2）估算的岩体强度偏低，特别是在低围压下及较坚硬完整的岩体条件下，估算的强度明显偏低。但对于受构造扰动及结构面较发育的裂隙化岩体，Hoek 认为，用这一方法估算是合理的。

$$\sigma_1 = \sigma_3 + \sqrt{m\sigma_c\sigma_3 + s\sigma_c^2} \tag{3-2}$$

式中，σ_1 为破坏时的最大主应力；σ_3 为作用在岩石试样上的最小主应力；σ_c 为岩块的单轴抗压强度；m，s 分别为与岩性及结构面有关的常数，由表 3-5 可得出。

表 3-5　岩体质量和经验常数之间的关系

岩体状况	具有很好结晶节理的碳酸盐类岩石，如白云岩、灰岩、大理岩	成岩的黏土质岩石，如泥岩、粉砂岩、页岩、板岩	强烈结晶，结晶节理不发育的砂质岩石，如砂岩、石英岩	细粒、多矿物结晶岩浆岩，如安山岩、辉绿岩、玄武岩、流纹岩	粗粒、多矿物结晶岩浆岩和变质岩，如角闪岩、辉长岩、片麻岩
完整岩块试件，实验室试件尺寸，无节理，RMR=100，Q=500	m=7.0，s=1.0	m=10.0，s=1.0	m=15.0，s=1.0	m=17.0，s=1.0	m=25.0，s=1.0
非常好质量岩体，紧密互锁，未扰动，未风化岩体，节理间距 3 m 左右，RMR=85，Q=100	m=3.5，s=0.1	m=5.0，s=0.1	m=7.5，s=0.1	m=8.5，s=0.1	m=12.5，s=0.1
好的质量岩体，新鲜至轻微风化，轻微构造变化岩体，节理间距为 1～3 m，RMR=65，Q=10	m=0.7，s=0.004	m=1.0，s=0.004	m=1.5，s=0.004	m=1.7，s=0.004	m=2.5，s=0.004
中等质量岩体，中等风化，岩体中发育有几组节理，间距为 0.3～1 m，RMR=44，Q=1.0	m=0.14，s=0.000 1	m=0.20，s=0.000 1	m=0.30，s=0.000 1	m=0.34，s=0.000 1	m=0.50，s=0.000 1
坏质量岩体，大量风化节理，间距为 30～500 mm，并含有一些夹泥，RMR=23，Q=0.1	m=0.04，s=0.000 01	m=0.05，s=0.000 01	m=0.08，s=0.000 01	m=0.09，s=0.000 01	m=0.13，s=0.000 01
非常坏岩体，具有大量严重风化节理，间距小于50 mm，充填夹泥，RMR=3，Q=0.01	m=0.007，s=0	m=0.010，s=0	m=0.015，s=0	m=0.017，s=0	m=0.025，s=0

3.3 岩体力学性能的原位测试方法

实验室一般使用小尺寸试样，不能完全确切地反映天然状态下的岩土性质，特别是对于难以采急原状结构样品的岩土体，则有必要在现场进行试验，测定岩土体在原位状态下的力学性质及其他指标，以弥补实验室测试的不足。野外试验亦称现场试验、就地试验、原位测试。许多试验方法是随着对岩土体的深入研究而发展起来的。

3.3.1 岩体变形参数原位测试

岩体变形参数测试方法有静力法和动力法两种。静力法的基本原理是：首先在选定的岩体表面、槽壁或钻孔壁面上施加一定的荷载，并测定其变形；然后绘制出压力-变形曲线，计算岩体的变形参数。据其方法的不同，静力法又可分为承压板法、狭缝法、钻孔变形法和水压法等。动力法是用人工方法对岩体发射或激发弹性波，并测定弹性波在岩体中的传播速度，然后通过一定的关系式求岩体的变形参数。据弹性波的激发方式的不同，动力法又可分为声波法和地震法。下面介绍承压板法和狭缝法两种常见岩体变形参数的原位测试方法。

3.3.1.1 承压板法

承压板法可分为刚性承压板法和柔性承压板法，我国多采用刚性承压板法。该方法的优点是简便、直观，能较好地模拟建筑物基础的受力状态和变形特征。除常规的承压板法外，还有一种承压板下中心孔变形测试的方法，即在承压板下试体中心打一测量孔，采用多点位移计测定岩体不同深度处的变形值。此外，国际岩体力学学会测试委员会还推荐了一种现场孔底承压板法变形试验。

刚性承压板法是通过刚性承压板（其弹性模量大于岩体一个数量级以上）对半无限空间岩体表面施加压力并量测各级压力下岩体的变形，按弹性理论公式计算岩体变形参数的方法，现场典型静力加卸荷变形曲线如图3-9所示。该方法视岩体为均质、连续、各向同性的半无限弹性体：根据布辛涅斯克公式，刚性承压板下各点的垂直变形量（W）可表示为：

$$W=\frac{mF(1-\nu^2)\sqrt{A}}{E_0} \tag{3-3}$$

式中，A为承压板面积；E_0为岩体的变形模量；F为承压板上的压力；ν为岩体的泊松比；m为与承压板形状、刚度有关的系数。

根据式(3-3)测量出某级压力下岩体表面任意一点的变形量，即可求出岩体的变形模量E_0。

通过现场静力加卸荷，测定F-W曲线，取得岩体变形比例极限（F_0）以内的某一定压力下的总变形量（W_0）及弹性变形量（W_e），然后计算E_0、E_s：

$$W_0=W_p+W_e \tag{3-4}$$

式中，W_p为永久变形（残余变形），裂隙及充填物的变形。

3.3.1.2 狭缝法

狭缝法又称为狭缝扁千斤顶法，是在选定的岩体表面刻槽，然后在槽内安装扁千斤顶

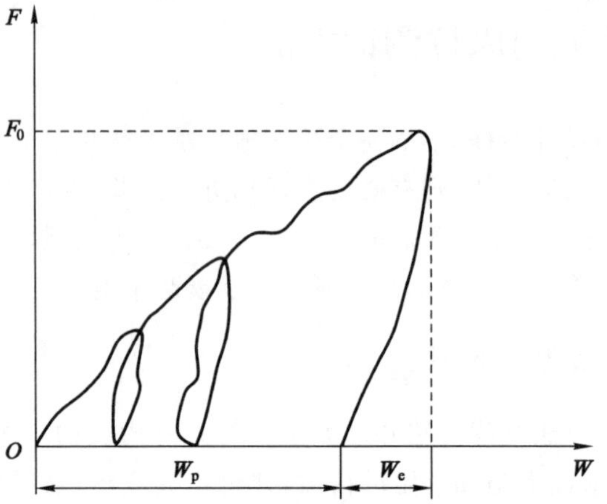

图 3-9　现场静力加卸荷变形图

(压力枕)进行试验。试验时,利用油泵和千斤顶对槽壁岩体分级施加法向压力,同时利用百分表测记相应压力下的变形值 W_R。岩体的变形模量 E_m 按下式计算:

$$E_m = \frac{Fl}{2W_R}[(1-\nu_m)(\tan\theta_1 - \tan\theta_2) + (1+\nu_m)(\sin 2\theta_1 - \sin 2\theta_2)] \tag{3-5}$$

式中,F 为作用于刻槽壁上端的压力;W_R 为测量点的相对位移。其中,$W_R = \Delta y_2 - \Delta y_1$,$\Delta y_2$ 和 Δy_1 分别为测量点的绝对值位移,cm。

3.3.1.3　钻孔变形法

钻孔变形法是利用钻孔膨胀计等设备,通过水泵对一定长度的钻孔壁施加均匀的径向荷载,同时测记各级压力下的径向变形 U。利用厚壁筒理论可推导出岩体的变形模量 E_m 与 U 的关系为:

$$E_m = \frac{dp(1+\nu_m)}{U} \tag{3-6}$$

式中,d 为钻孔直径,cm;p 为流体的压力,MPa;其余符号意义同前。

3.3.2　岩体强度试验

岩体的强度参数是工程岩体破坏机理分析及稳定性计算不可缺少的参数,目前主要依据现场岩体力学试验求得。特别是在一些大型工程的详勘阶段,大型岩体力学试验占有很重要的地位,是主要的勘察手段。原位岩体强度试验主要有直剪试验、单轴和三轴抗压试验等。由于原位岩体试验考虑了岩体结构及其结构面的影响,因此其试验成果较室内岩块试验更符合实际。下面介绍原位直剪和原位三轴两种常见岩体强度参数的原位测试方法。

3.3.2.1　原位直剪试验

(1) 基本原理与方法

岩体原位直剪试验(图 3-10)是岩体力学试验中常用的方法,可分为岩体本身、岩体沿结构面及岩体与混凝土接触面剪切 3 种。每种试验又可细分为抗剪断试验、摩擦试验和抗切试验。

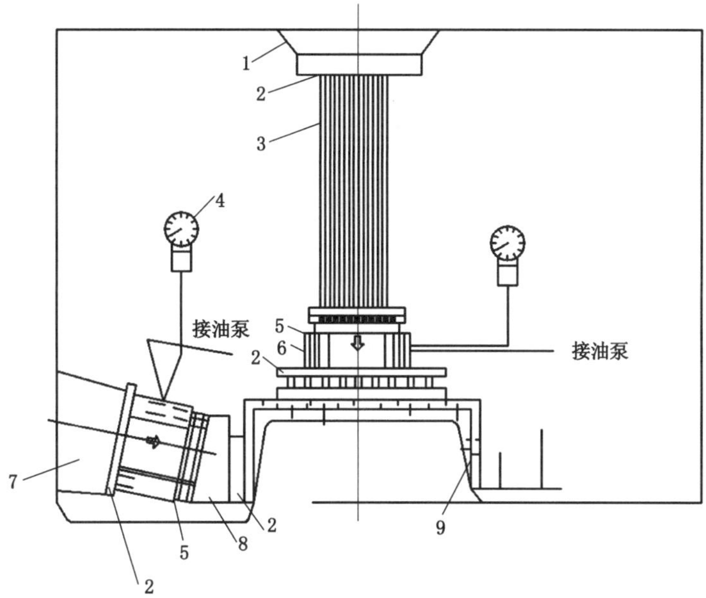

1—砂浆顶板;2—钢板;3—传力柱;4—压力表;5—液压千斤顶;6—滚轴排;7—混凝土后座;
8—斜垫板;9—钢筋混凝土保护罩。

图 3-10 岩体原位抗剪强度试验安装示意图

① 抗剪断试验是试件在一定的法向应力作用下沿某一剪切面剪切破坏的试验,所求得的强度为试体沿该剪切面的抗剪断强度。

② 摩擦试验是试件剪断后沿剪切面继续剪切的试验所求得的强度为试件沿该剪切面的残余剪切强度。

③ 抗切试验是法向应力为零时试件沿某一剪切面破坏的试验。

直剪试验一般在平硐中进行,如果在试坑或大口径钻孔内进行,则需要设置反力装置。图 3-11 所示为常见的直剪试验布置方案。当剪切面水平或近水平时,采用图 3-11 中(a)、(b)、(d)方案,其中(a)、(b)、(c)为平推法,(d)为斜推法。

(2) 试件制备与地质描述

① 试件制备。在选定的试验部位切割出方柱形试件,要求如下:

a. 同一组试件的地质条件应基本相同且尽可能不受开挖的扰动;每组试件宜不少于 5 块;每块试件面积不小于 2 500 cm^2,最小边长不小于 50 cm,高度为最小边长的 1/2,试件之间的距离应大于最小边长的 1.5 倍。

b. 试件各面需凿平整,对裂隙岩体、软弱岩体或结构面试件应设置钢筋混凝土保护罩,罩底预留 0.5～2 cm 的剪切缝。

c. 对斜推法试件,在施加剪应力的一面应用混凝土浇筑成斜面,也可在试件受剪力面放置一块夹角约 15°的楔形钢垫板。

② 地质描述。具体内容与要求如下:

a. 试验及开挖、试件制备的方法及其情况。

b. 岩石类型、结构构造及主要矿物成分。

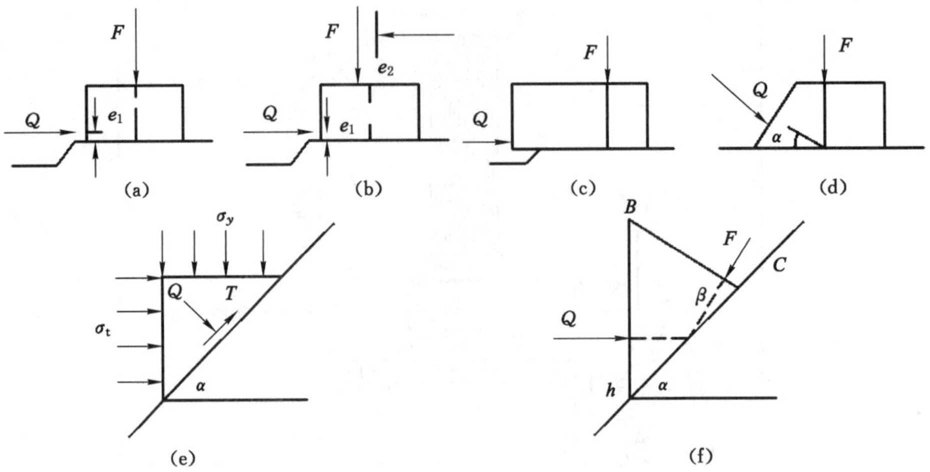

图 3-11　直剪试验布置方案

c. 岩体结构面类型、产状、宽度、延伸性密度及充填物性质等。

d. 试验段岩体风化程度及地下水情况。

e. 应提交的图件为试验地段工程地质图及试体展示图、照片等。

3.3.2.2　三轴试验

(1) 基本原理

原位岩体三轴试验一般是在平硐中进行的，即在平硐中加工试件，并施加三向压力，然后根据莫尔理论求岩体的抗压强度及 E_0、ν 等参数。试验又分为等围压($\sigma_1>\sigma_2=\sigma_3$)三轴试验和真三轴($\sigma_1>\sigma_2>\sigma_3$)试验两种，可根据实际情况选用。因此，为了确定围压和轴向压力的大小和加荷方式，试验前应了解岩体的天然应力状态及工程荷载情况。

(2) 试件制备与地质描述

① 试件制备。在选定的试验部位切割出立方体或方柱形试件一面与岩体相连，试件的最小边长应不小于 30 cm，每组 5 块。同一组试件的地质条件应基本相同且尽可能不受开挖扰动。

② 地质描述，同直剪试验。

岩体应力是工程岩体稳定性分析及工程设计的重要参数，岩体应力主要靠实测求得，特别是构造活动较强烈及地形起伏复杂的地区，自重应力理论将无力解决岩体应力问题。由于岩体应力不能直接测得，只能通过量测应力变化而引起的诸如位移、应变等物理量的变化值，然后基于某种假设反算出应力值。因此，目前国内外使用的所有应力量测方法，均是在平硐壁面或地表露头面上打钻孔或刻槽，引起岩体中应力扰动然后用各种探头量测由于应力扰动而产生的各种物理量变化值的方法来实现。常用的应力量测方法主要有：应力解除法、应力恢复法和水压致裂法等。这些方法的理论基础是弹性力学。因此，岩体应力测试均视岩体为均质、连续、各向同性的线弹性介质。

3.4　工程岩体强度分级

3.4.1　岩体强度分级的基本概念

工程岩体强度分级是根据岩体在工程中的强度表现进行分类的过程。岩体的强度分级对于岩土工程、地下工程、矿山开采、隧道建设等领域非常重要，因为岩体强度直接影响着设计的安全性、施工方法和成本。工程岩体的强度分级考虑了岩体的抗压强度、抗剪强度、变形特性、结构性和裂隙等因素。

岩体强度分级是根据岩体的抗压强度、抗拉强度、抗剪强度以及岩体结构、裂隙和孔隙等特性来确定的。分级体系通常由几种等级组成，涵盖从弱到强的不同级别。根据岩体的不同强度水平，可以选择合适的设计参数和施工方法。

3.4.2　常见的岩体强度分级方法

3.4.2.1　岩体质量分类法

岩体质量分类法(rock nass rating，RMR)是由比尼亚夫斯基(Bieniawski)于1973年提出的一种岩体质量评估方法，用于描述岩体的力学性质和工程适用性，特别是在地下工程和矿山开采中。RMR系统通过对岩体的若干主要参数进行定量评价，将岩体的质量分为多个等级，帮助工程师判断岩体的稳定性、设计支护结构和选择施工方法。

(1) RMR评分系统综合了岩体的6个关键参数分别为：

① 岩石的抗压强度：单轴抗压强度反映了岩石的基本强度，常用于评估岩石的抗压能力。

② 结构面间距：岩体中的节理或层理的间距，间距越大，岩体越稳定，通常对岩体的强度有较大影响。

③ 结构面倾角：岩体结构面(如节理、层理)的倾斜角度，倾角较大时，岩体的稳定性较差。

④ 结构面表面粗糙度：结构面粗糙度影响岩体间的摩擦力，粗糙度较高时，岩体更难发生滑动。

⑤ 结构面填充物：结构面的填充物影响岩体的强度，填充物如果是粘土或其他软性物质，会显著降低岩体的强度。

⑥ 水文条件：地下水的存在和流动会对岩体产生影响，特别是在软岩和破碎岩体中，水的作用往往会降低岩体的强度和稳定性。

每个参数根据其实际情况会被赋予一个分值。RMR的总分是各个参数分值的加权和，通常计算方法为：

$$\mathrm{RMR} = R_1 + R_2 + R_3 + R_4 + R_5 + R_6 \tag{3-7}$$

式中，R_1 为岩石的抗压强度评分；R_2 为结构面间距评分；R_3 为结构面倾角评分；R_4 为结构面表面粗糙度评分；R_5 为结构面填充物评分；R_6 为水文条件评分。

(2) 根据RMR的总分，可以将岩体分为6个质量等级，从非常差到非常好。具体分类如下：

① RMR≥81：非常好，适合大规模开采或施工，无需特别支护。

② RMR 61～80：良好，适合多数工程，但可能需要轻度支护或适当的监控。

③ RMR 41～60：中等，需要中等强度的支护结构，施工时需要注意岩体的稳定性。

④ RMR 21～40：差，支护结构需要较高强度，施工中需要大量考虑岩体破碎性和稳定性。

⑤ RMR 0-20：极差，岩体非常松散或极易破碎，支护要求极高，施工困难。

(3) RMR 广泛应用于岩土工程领域，尤其在以下方面：

① 隧道与地下工程设计：根据 RMR 值确定所需的支护类型和结构强度。

② 矿山开采：帮助评估开采过程中岩体的稳定性，选择开采方法。

③ 水库与大坝工程：分析岩基的质量和稳定性，确定是否需要加固或改进设计。

④ 地下储存与废料处置：评估岩体的稳定性，以确保废料储存不会引发污染或破坏。

(4) RMR 的优点：简单易用，通过标准化的评分系统可以较为准确地评估岩体质量；能够为设计提供定量依据，帮助选择适当的支护结构和施工方法。

(5) RMR 的缺点：主要适用于较为简单的岩体结构，对于复杂的岩体条件可能不完全适用。RMR 没有考虑岩体的应力状态和变形特性，可能在某些特殊情况下不够准确。

岩体质量分类法是一个非常有用的工具，能够帮助工程师快速评估岩体的稳定性和工程适用性。通过对岩体的多个关键参数进行定量分析，RMR 系统提供了一个系统化的分类方式，广泛应用于隧道建设、矿山开采及其他地下工程项目中。

3.4.2.2 Q 系统

Q 系统(Q-system)是由 Norwegian Geotechnical Institute(NGI)的 Norsk Geoteknisk Institutt 团队于 1974 年提出的一种岩体质量评估方法，主要用于评估岩体的质量，并指导地下工程(如隧道、矿山开采、地基支护等)设计。Q 系统是基于岩体的结构面特性，特别是节理、裂隙和水文条件等因素，综合考虑岩体的抗压强度和其他结构性特征来计算岩体质量指数(Q)。

Q 系统的基本理念是将岩体的质量与结构面(裂隙、节理、层理等)的几何、表面性质及水文条件等因素联系起来，评估岩体的可使用性。Q 值越高，表示岩体质量越好，施工时需要的支护结构越轻；Q 值越低，表示岩体质量较差，可能需要加强支护或使用更高强度的支护材料。

(1) Q 系统通过以下 6 个主要参数来评估岩体质量，每个参数都可以在一个特定的范围内得到评分。具体参数包括：

① 岩石的抗压强度：评估岩石本身的强度，一般通过单轴抗压试验得到。强度高的岩石通常更加稳定，Q 值较高。

② 节理面间距：反映了节理或层理的密度。节理面越稀疏，岩体结构越致密，岩体质量越好，Q 值较高。

③ 节理面粗糙度：评估节理面的粗糙程度。粗糙的节理面提供更大的摩擦力，增强岩体的稳定性，Q 值较高。平滑的节理面则可能导致岩体更容易发生滑动，Q 值较低。

④ 节理面填充物：评估节理面是否被黏土或其他软性物质填充。填充物的类型和数量对岩体强度有显著影响。填充物多的节理面通常降低岩体的强度，Q 值较低。

⑤ 水流状态：评估岩体中的水文条件，包括地下水的流动和渗透性。水的存在可能会

弱化岩体，特别是在软岩中，因此水流状态对岩体的稳定性有重要影响。

⑥ 结构面压应力：评估岩体中节理面的压力状态。通常情况下，较高的压应力会导致节理面的开裂或滑动，从而影响岩体的稳定性。

Q 值是通过上述参数的乘积计算得到的。具体公式如下：

$$Q = \frac{R_s J_n J_r J_a}{J_w S_0} \tag{3-8}$$

式中，R_s 为岩石抗压强度的评分；J_n 为节理面间距的评分；J_r 为节理面粗糙度的评分；J_a 为节理面填充物的评分；J_w 为水流状态的评分；S_0 为结构面压应力的评分。

(2) 根据计算出的 Q 值，岩体质量被划分为不同的等级。Q 值的范围和分级如下：

① $Q>10$：优良岩体，岩体质量非常好，支护需求低，可直接进行开采或施工。

② $Q=4\sim10$：中等岩体，岩体质量较好，但可能需要一定的支护。适用于大部分地下工程，但需要注意岩体的稳定性。

③ $Q=1\sim4$：差岩体，岩体质量较差，一般需要较强的支护。施工时，需要考虑更多的稳定性问题。

④ $Q<1$：极差岩体，岩体质量极差，一般不适合开采或施工，必须采用强支护设计来确保安全。

(3) Q 系统在多个工程领域都有广泛应用，主要用于地下工程、矿山开采及其他岩土工程的设计与分析。具体应用如下：

① 隧道与地下工程设计：根据岩体质量 Q 值选择适当的支护设计。例如，在 Q 值较高的岩体中，可以采用较轻的支护结构(如喷射混凝土、钢支撑等)；而在 Q 值较低的岩体中，则需要更强的支护措施(如锚索、钢架支护等)。

② 矿山开采：在矿山开采中，Q 值帮助评估岩体的稳定性，合理选择开采方法和支护方式，确保矿山的安全开采。

③ 地基与基础设计：通过分析岩体质量 Q 值，判断基础承载力和岩土工程稳定性，确保工程的长期安全。

④ 地质灾害评估：Q 系统还可用于评估滑坡、崩塌等地质灾害的风险，帮助预测和预防地质灾害。

(4) Q 系统的优点：简便实用，Q 系统通过对岩体的几何特性和水文条件等因素进行评分，能够较为简单地评估岩体质量；应用广泛，Q 系统适用于多种地下工程、矿山开采、隧道建设等领域，具有良好的工程适用性；直观性强，Q 值的范围清晰，可以直接反映岩体质量和支护需求。

(5) Q 系统的缺点：依赖于经验，Q 值的评分体系仍然有一定的经验性，评估结果可能受主观判断的影响；忽略应力和变形，Q 系统主要关注岩体的结构性特征，但并未考虑岩体在不同应力状态下的行为，这对于复杂地质环境中的岩体分析可能不够全面；适用范围有限，对于极端复杂的岩体条件，Q 系统的应用可能存在一定的局限性。

Q 系统是一个非常重要且广泛应用的岩体质量评估工具，通过对岩体中节理、裂隙、水文条件等因素的评分，帮助工程师合理选择支护结构和设计方法。虽然 Q 系统相对简便且实用，但在使用时需要结合实际工程情况进行适当调整和补充，以确保设计的安全性和工程的可行性。

3.4.2.3 霍克-布朗岩体强度标准

霍克-布朗(Hoek-Brown)岩体强度准则(Hoek-Brown failure criterion)是由 Hoek 和 Brown 提出的一个用于描述岩体在不同应力条件下的破坏强度和变形特征的标准。这一标准广泛应用于岩土工程中,尤其是在地下工程(如隧道、矿山开采、地下储存等)以及岩体力学分析中,旨在帮助工程师估算岩体的破坏强度和稳定性。

Hoek-Brown 强度准则不仅考虑了岩石本身的强度特性,还综合考虑了岩体结构(如节理、裂隙、层理等)的影响,是一个较为全面的岩体强度准则。该标准在 1980 年代初期首次提出后,随着时间的推移,研究人员进行了修正和扩展,成为现代岩体力学中非常重要的破坏准则之一。

Hoek-Brown 强度准则的基本公式如下:

$$\sigma_1 = \sigma_3\left(\frac{A + B\sigma_3}{C + \sigma_3}\right) \tag{3-9}$$

式中,σ_1 岩体的最大主应力(或破坏时的应力);σ_3 岩体的最小主应力(或压应力);A、B、C 为与岩体强度特性相关的常数,具体由岩体的性质和结构条件决定。这些常数 A、B、C 是根据试验数据、岩体的组成和结构来定义的。

(1) Hoek-Brown 强度准则中的常数 A、B 和 C 依赖于岩体的性质和结构,特别是岩石的单轴抗压强度(σ_c)和岩体的结构面(如节理、裂隙等)的影响。通常情况下,A、B 和 C 的值会根据试验和现场测试数据进行确定。具体含义如下:

① σ_c:岩石的单轴抗压强度(通常在实验室测量),表示岩石未裂化时的最大承载能力。

② m_b:与岩体破坏模式相关的参数,它与岩体的裂隙密度、结构面的类型和数量有关(通常通过实际工程数据或试验获得)。

③ S:与岩体的应力状态相关,通常是单位应力。

常见的参数定义如下:

$$\begin{cases} A = \sigma_c \\ B = m_b \\ C = \sigma_c / s \end{cases} \tag{3-10}$$

(2) Hoek-Brown 强度准则不仅适用于单轴压缩下的岩体强度分析,也广泛应用于地下工程和岩体力学的各种计算,包括隧道支护设计、矿山开采设计、边坡稳定性分析等。

① 破坏强度分析:Hoek-Brown 强度准则通过考虑岩体的结构面(如节理、裂隙等)对岩体的强度影响,能够更加准确地预测岩体在不同应力条件下的破坏行为,特别是在有裂隙或节理的情况下。

② 边坡稳定性分析:在边坡稳定性分析中,Hoek-Brown 强度准则被用来估算不同类型岩体在垂直或倾斜应力下的稳定性。这对于矿山开采、隧道工程以及天然边坡的稳定性分析具有重要意义。

③ 隧道与地下工程支护设计:Hoek-Brown 强度准则可以帮助工程师根据岩体的破坏强度来设计隧道支护结构。在地下工程中,岩体的裂隙、节理等因素对支护设计有很大影响,Hoek-Brown 准则能够考虑这些影响。

④ 随着应力变化的岩体强度分析:在某些工程中,岩体可能处于复杂的应力场下,Hoek-Brown 强度准则能够考虑这些非均匀应力条件下的岩体破坏行为。

（3）Hoek-Brown 强度准则的优点：综合性强，Hoek-Brown 强度准则考虑了岩体的结构性特征、单轴抗压强度、应力状态等多个因素，较为全面；广泛适用，适用于不同类型的岩体，尤其适合具有节理、裂隙等结构面的岩体分析；试验数据支持，基于大量试验数据和现场测试结果，具有较高的实用性和准确性。

（4）Hoek-Brown 强度准则的缺点：需要大量数据，需要根据现场数据和实验结果来确定准则中的常数（如 A、B、C），而这些数据可能难以获取；适用范围有限，对于极为复杂的岩体（如高变形、高应力或极为破碎的岩体），Hoek-Brown 强度准则可能无法完全准确描述其行为；模型简化，尽管 Hoek-Brown 准则考虑了岩体的多种性质，但简化了岩体的破坏过程，无法模拟极其复杂的岩体力学行为。

Hoek-Brown 强度准则是岩体力学领域中非常重要的一个破坏标准，尤其在地下工程和矿山开采中具有广泛的应用。它综合了岩石的抗压强度、岩体的结构性特征以及应力条件，为岩体稳定性分析和支护设计提供了可靠的理论依据。尽管该准则有一些局限性，但通过不断的修正和扩展，它仍然是岩体强度分析中最常用、最实用的工具之一。

3.4.2.4　岩体应力-应变分级

岩体的应力-应变分级是指在地质工程、岩土工程和矿业工程中，研究岩体在不同应力作用下的变形行为以及其破坏特征。这一分级可以帮助工程师更好地理解岩体的力学性质、预测岩体的破坏模式，并为设计提供重要依据。根据岩体在不同应力条件下的变形能力和破坏特性，通常可以将岩体的应力-应变关系分为多个级别。

（1）弹性阶段

应力-应变关系：在此阶段，岩体表现出线性弹性变形，即应力和应变成正比关系。岩体在此阶段的变形是可恢复的，一旦外部应力去除，岩体会恢复到原来的状态。

特点：应力-应变曲线是直线，符合胡克定律（$\sigma=E\varepsilon$）。其中，σ 为应力，E 为弹性模量，ε 为应变。

分级标准：一般情况下，岩体的应力小于岩体的屈服强度，岩体在此阶段没有发生塑性变形。

（2）屈服阶段

应力-应变关系：当岩体的应力超过其屈服强度时，岩体开始出现塑性变形，表现为应力-应变曲线的弯曲，岩体的变形不再完全可恢复。这一阶段通常伴随着微裂纹的产生和扩展。

特点：岩体的应力超过弹性限后，进入屈服阶段，局部区域发生塑性变形。此时，岩体已经开始产生永久性变形，但整体仍能承受一定的应力。

分级标准：应力达到或略超过岩体的屈服强度。

（3）硬化阶段

应力-应变关系：在这个阶段，岩体的应变继续增加，但随着塑性变形的进行，岩体的应力逐渐增加，表现为应力-应变曲线向上弯曲，出现应变硬化现象。

特点：岩体在此阶段能够通过继续承受更多的应力进行塑性变形，出现类似“硬化”的现象。这表明岩体能够吸收更多的能量，且其承载能力有所提高。

（4）软化阶段

应力-应变关系：当岩体经历了较大的塑性变形后，应力-应变曲线趋于平缓甚至下降，岩体出现软化现象。软化通常是由于局部破裂或裂隙扩展引起的，导致岩体的承载能力下降。

特点：软化阶段的岩体常常发生裂隙的扩展，局部的塑性区域会进一步增大，导致岩体的强度和刚度逐渐降低。

分级标准：此阶段的应力不再能够继续支撑岩体的变形，岩体的强度和刚度减弱。

(5) 破坏阶段

应力-应变关系：在应力达到或超过岩体的最大承载力后，岩体会发生破坏。破坏可能表现为裂隙的扩展、岩块的碎裂或整体失稳等。

特点：此阶段岩体的应力达到最大值(包括抗压强度、抗拉强度等)，随后发生急剧的应力释放，表现为破坏或崩塌。岩体的应变达到最大值，通常伴随有大量的能量释放。

分级标准：岩体发生明显的宏观破坏，破坏面扩展并导致岩体结构丧失稳定性。

(6) 岩体分类分级方法

在岩体应力-应变分析中，岩体的强度、韧性、刚度和破坏特征等都会影响其应力-应变分级。常见的岩体分类标准如下：

岩体强度分类：根据岩体的抗压强度、抗剪强度等分为不同等级(如强岩体、中岩体、弱岩体)。

变形性质分类：岩体根据其弹性模量、泊松比等力学性质，可以划分为不同的变形性质(如硬岩体、软岩体等)。

破坏模式分类：岩体的破坏模式可以分为脆性破坏和延性破坏两类。脆性破坏一般出现在硬岩体中，表现为裂隙扩展和突然破坏；延性破坏则更多出现在软岩体中，表现为裂隙的逐渐扩展和变形。

(7) 岩体应力-应变模型

岩体的应力-应变关系可以通过不同的理论模型进行描述。具体如下：

弹性模型：用于描述岩体的弹性阶段，假设岩体的变形是完全可恢复的。

塑性模型：用于描述岩体的塑性阶段，常见的有莫尔-库伦准则、德鲁克-普拉格(Drucker-Prager)准则等。

本构模型：综合了岩体的弹性、塑性、软化等行为，常用于复杂的岩体力学分析，如广泛使用的 Matsuoka 模型、Hardening-Softening 模型等。

岩体的应力-应变分级有助于理解岩体在不同荷载条件下的力学行为，进而为工程设计提供必要的基础数据和理论支持。在岩体的应力-应变分析中，弹性阶段、屈服阶段、硬化阶段、软化阶段和破坏阶段是常见的关键阶段，工程师通过合理的分级和模型选择，可以预测岩体在实际工程中的表现，确保设计的安全性和经济性。

3.4.3 岩体强度分级的影响因素

岩体的强度受多种因素的影响，主要包括：

(1) 岩石的类型与组成。不同的岩石类型(如花岗岩、砂岩、页岩等)具有不同的强度特性。脆性岩石通常强度较高，但容易发生破坏，而塑性岩石在某些条件下可能具有较好的变形能力。

(2) 裂隙与节理。岩体中的裂隙、节理、构造面等结构性因素极大地影响岩体的强度。

裂隙较多的岩体通常强度较低，容易发生剪切破坏。

(3) 地下水条件。地下水的存在会影响岩体的强度，特别是在黏土或矿物含水较多的岩石中，水的渗透和化学作用可能降低岩体的强度。

(4) 温度与压力。在高温、高压条件下，岩体的强度表现可能会发生变化。例如，在深部岩层或高温环境下，岩体的抗压强度可能降低。

(5) 岩体强度分级是岩土工程中的一个重要环节，通过对岩体进行系统的分级，可以为工程设计、施工方法的选择和风险评估提供重要依据。不同的强度分级方法具有不同的适用场景和优缺点，工程师需要根据实际的岩体条件、工程需求和环境因素来选择合适的分级方法。

课后思考题

1. 为什么说地应力是岩体赋存条件，而又赋存于岩体之中?
2. 工程岩体结构为什么是唯一确定的?
3. 岩体赋存环境包括哪几个部分?
4. 地应力对岩体的影响体现在哪些方面?
5. 在多次循环荷载作用下岩体变形有什么特点?
6. 结构面的剪切变形、法向变形与结构面的哪些因素有关?

第4章 地应力场与地应力测量

4.1 地应力的概念

地应力是存在于地层中的未受工程扰动的天然应力，也称为岩体初始应力、绝对应力或原岩应力。它是引起采矿、水利水电、土木建筑、铁道、公路、军事和其他各种地下或露天岩石开挖工程变形和破坏的根本作用力，是确定工程岩体力学属性、进行围岩稳定性分析、实现岩石工程开挖设计和决策科学化的必要前提条件。

产生地应力的原因是十分复杂的。几十年来的实测和理论分析表明，地应力的形成主要与地球的各种动力运动过程有关，包括板块边界受压、地幔热对流、地球内应力、地心引力、地球旋转、岩浆侵入和地壳非均匀扩容等。另外，温度不均、水压梯度、地表剥蚀或其他物理化学变化等也可引起相应的应力场。其中，构造应力场和重力应力场为现今地应力场的主要组成部分。

(1) 大陆板块边界受压引起的应力场

中国大陆板块受到外部两块板块的推挤，即印度板块和太平洋板块的推挤，推挤速度为每年数厘米，同时受到西伯利亚板块和菲律宾板块的约束。在这样的边界条件下，板块发生变形，产生水平受压应力场。印度板块和太平洋板块的移动促成了山脉的形成，控制影响着我国地震分布。

(2) 地幔热对流引起的应力场

由硅镁质组成的地幔因温度很高，具有可塑性，并且可以上下对流和蠕动。当地幔深处的上升流到达地幔顶部时，就分为两股方向相反的平流，经一定流程直到与另一对流圈的反向平流相遇，一起转为下降流，回到地球深处，形成一个封闭的循环体系。地幔热对流引起地壳下面的水平切向应力，在亚洲形成由孟加拉湾一直延伸到贝加尔湖的最低重力槽，它是一个有拉伸特点的带状区。我国从西昌、攀枝花到昆明的裂谷正位于这一地区，该裂谷区有一个以西藏中部为中心的上升流的大对流环。在华北—山西地堑有一个下降流，由于地幔物质的下降，引起很大的水平挤压应力。

在地球浅部往往是人类工程活动区域，浅部地应力分布对于工程建设、矿产资源开采、地震预测等领域都具有重要意义。在地壳浅部区域，水平应力通常占主导地位。垂直方向的应力通常较大，与重力作用相关。一般来说，随着深度的增加，垂直应力通常会增加，而水平应力可能较为稳定。然而，在地壳的浅层，尤其是与地表接近的区域，地应力分布不均匀。人类对浅层局部地应力影响较大，如矿山开采、油气开采、地下水抽取等人类活动会改变浅部的应力状态。这些活动可能导致局部应力集中、破裂，甚至诱发小型地震等现象。

4.1.1 地应力测试方法与研究现状

国外的地应力测量和研究工作开展较早。1932 年，美国人劳伦斯(R. S. Lieurace)在胡佛大坝(Hoover Dam)运用岩体表面应力解除法首次成功地进行了原岩应力的测量。随后，随着岩石工程的大量开展，地应力的测量越来越受到重视，地应力测量方法也越来越多。1951 年，迈耶(A. Mayer)等人首次运用扁千斤顶法对硐室地应力进行了测量。1954 年，哈斯特(Niles Hast)发明了压磁应力计，通过压磁感电流推算岩体中的应力。至此，通过测量钻孔内应力、应变来推算地应力方向、大小已成为地应力测量的主流。1962 年，美国欧贝特(L. Obert)等人研制出 USBM(美国矿山局)钻孔变形计，用来测量钻孔应变计算地应力。1963 年，南非黎曼(E. R. Leeman)研制出 CSIR 门塞式应变计，通过测量孔底应变计算地应力。1976 年，南非科学与工业研究委员会(CSIR)研制出 CSIR 钻孔三轴应变计，用来测量钻孔孔壁应变。20 世纪 70 年代初期，澳大利亚学者沃罗特尼基(C. Worotnicki)和沃尔顿(Walton)研制出一种空心包体应变计。20 世纪 80 年代初期，瑞典国家电力局(SSPB)研制出 Borre 包体应变计，并在后来的研究中对空心包体应力计进行了改进，将数据采集系统合成在空心包体应力计尾部，解决了空心包体应力计安装受钻机型号限制的困扰。1995 年，日本学者小原(Y. Obara)和管原(K. Sugawara)研制出 CCBO(compact conical ended borehole over-coring system)钻孔应变计。哈伯特(M. K. Hubbert)和威利斯(D. G. Willis)在油井生产过程中，发现了岩石压裂时裂隙方向与地应力方向之间的关系。1993 年，海姆森(Haimson)对水压致裂地应力测量方法进行了详细的描述。1984 年，科尼特(Cornet)和瓦莱特(Valette)提出了原生裂隙水压致裂法。当然，同时期发展起来的地应力测量方法还有钻孔崩落法、钻进致裂分析法。通过钻取岩芯分析岩芯的力学性质来得到地应力的大小和方向，也是一类测量地应力的方法。这类方法包括 Kaiser 效应法(声发射法)、应变曲线分析法、非弹性应变恢复法和变形率变化法。目前 Kaiser 效应法的应用较为广泛，该方法是根据岩石在再次受到外力时发出的声发射信号来确定地应力的方向和大小。此外，发展的地应力测量方法还有地球物理法，它包括超声波测量法、核磁共振法和放射性同位素法等。2009 年，阿斯克(D. Ask)等人提出了综合确定法，认为应该综合分析多种测量方法的结果来确定地应力场。

4.1.2 地应力测试方法存在的问题

地应力作为地下工程施工设计以及影响地质动力灾害的一个重要因素，一直以来深受人们的重视。随着科技的发展进步，地应力测量方法以及地应力场反演分析方法都有了跨越式的发展。同时，随着人类地下工程活动的开展，所遇到的工程问题也越发复杂，给施工安全带来挑战。就煤矿而言，随着开采强度和深度的增加，冲击地压在现在的开采活动中频繁发生，严重阻碍着煤矿生产的安全发展。其中，地应力作为矿井冲击地压灾害发生的根本力源，国内外学者对其进行了深入研究，取得了丰硕成果。目前，随着开采深度的进一步增加，地质环境进一步恶化，原有研究成果很难适用于深部地下工程。

4.1.3 地应力测量方式概述

测量原始地应力就是确定存在于拟开挖岩体及其周围区域的未受扰动的三维应力状态,这种测量通常是通过逐步地测量完成。岩体中一点的三维应力状态可由选定坐标系中的六个分量(σ_x、σ_y、σ_z、τ_{xy}、τ_{yz}和τ_{xz})表示,如图 4-1 所示。

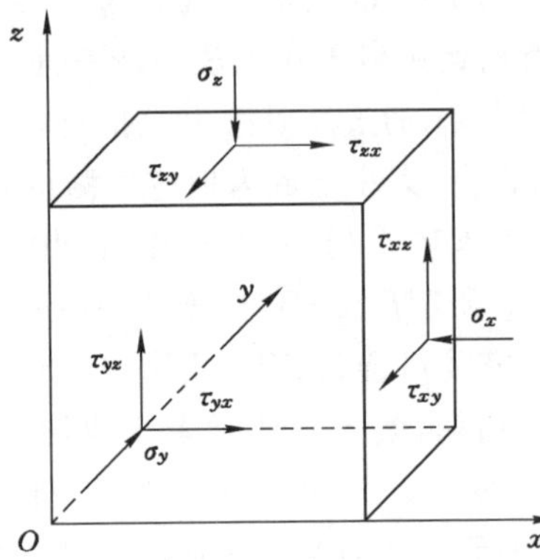

图 4-1　岩体中任意一点三维应力状态示意图

这种坐标系是可以根据需要和方便任意选择的,但一般取地球坐标系作为测量坐标系,由 6 个应力分量可求得该点的 3 个主应力的大小和方向,这是唯一的。在实际测量中,每个测点所涉及的岩石可能从几立方厘米到几千立方米,这取决于采用何种测量方法。但不管是几立方厘米还是几千立方米,对于整个岩体而言,仍可视为一点。虽然也有一些测定大范围岩体内的平均应力的方法,如超声波等地球物理方法,但这些方法还没有"点"测量方法普及。由于地应力状态的复杂性和多变性,要比较准确地测定某一地区的地应力,就必须进行充足数量的"点"测量,并在此基础上借助数值分析和数理统计、灰色建模、人工智能等方法,通过拟合分析进一步描绘出该地区的全部地应力场状态。

为了进行地应力测量,通常需要预先开挖一些硐室以便人和设备进入测点。然而,只要开挖硐室,硐室周围岩体中的应力状态就会受到扰动。有一类方法,如早期的扁千斤顶法等,就是在硐室表面进行应力测量,然后在计算原始应力状态时再将硐室开挖引起的扰动作用考虑进去。通常情况下,紧靠硐室表面岩体会受到不同程度的破坏,使它们与未受扰动的岩体的物理力学性质大不相同;同时,硐室开挖对原始应力场的扰动也是十分复杂的,不可能进行精确的分析和计算。因此,这类方法得出的原岩应力状态往往是不准确的,甚至是完全错误的。为了克服这类方法的缺点,另一类方法则是从硐室表面向岩体中打小孔,直至原岩应力区。地应力测量就是在小孔中进行的。由于小孔对原岩应力状态的扰动是可以忽略不计的,这就保证了测量是在原岩应力区中进行。目前,普遍采用的应力解除法和水压致裂法均属于此类。

近几十年来,随着地应力测量工作的不断开展,各种测量方法和测量仪器也不断发展起来。就世界范围而言,目前各种主要测量方法有数十种之多,而测量仪器则有数百种之多。

对测量方法的分类并没有统一的标准。根据测量手段的不同,将实际中使用过的测量方法分为五大类,即构造法、变形法、电磁法、地震法和放射性法;根据测量原理的不同,又分为应力恢复法、应力解除法、应变恢复法、应变解除法、水压致裂法、声发射法、X 射线法和重力法，共 8 类。

4.2　地应力直接测量法

4.2.1　扁千斤顶法

扁千斤顶又称为压力枕，由两块薄钢板沿周边焊接在一起而成，在周边处有一个油压入口和一个出气阀，如图 4-2 所示。

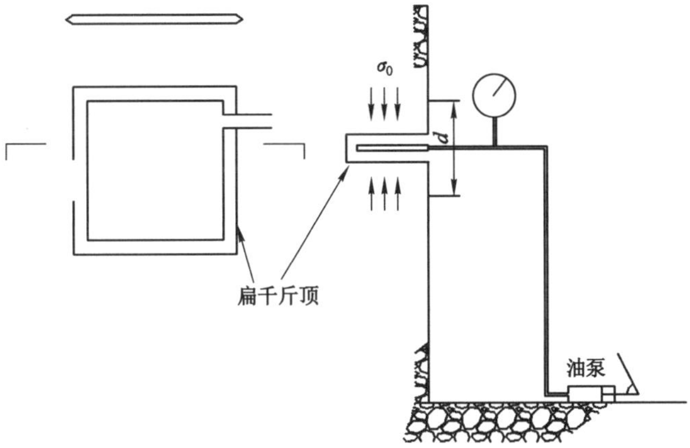

σ_0—临界应力；d—距离。

图 4-2　扁千斤顶应力测量示意图

具体测量步骤如下：

(1) 在准备测量应力的岩石表面，如地下巷道、硐室的表面，安装两个测量柱，并用微米表测量两柱之间的距离。

(2) 在与两测量柱对称的中间位置向岩体内开挖一个垂直于测量柱连线的扁槽，槽的大小、形状和厚度需和扁千斤顶相一致。一般槽的厚度为 5～10 mm，由盘锯切割而成。由于扁槽的开挖，造成局部应力释放并引起测量柱之间距离的变化，测量并记录这一变化。

4.2.2　刚性包体应力计法

刚性包体应力计法是 20 世纪 50 年代继扁千斤顶法之后应用较为广泛的一种岩体应力测量方法。

刚性包体应力计的主要组成部分是一个由钢、铜合金或其他硬质金属材料制成的空心圆柱，在其中心部位有一个压力传感元件。测量时首先在测点打一钻孔，然后将该圆柱挤压进钻孔中，使圆柱和钻孔壁保持紧密接触，就像焊接在孔壁上一样。理论分析表明，位于一个无限体中的刚性包体，当周围岩体中的应力发生变化时，在刚性包体中会产生一个均匀分布的应力场，该应力场的大小和岩体中的应力变化之间存在一定的比例关系。设在岩体中的 x 方向有一个应力变化 σ，那么在刚性包体中的 x 方向会产生应力 σ_x'，并且：

$$\frac{\sigma_x{}'}{\sigma_x}=(1-\nu^2)\left[\frac{1}{1+\nu+\dfrac{E}{E'}(\nu'+1)(1-2\nu')}+\frac{2}{\dfrac{E}{E'}(\nu'+1)+(\nu+1)(3-4\nu)}\right] \quad (4\text{-}1)$$

式中，E,E'分别为岩体和刚性包体的弹性模量；ν,ν'分别为岩体和刚性包体的泊松比。

由(4-1)式可以看出，当 $E/E'>5$ 时，σ'_x/σ_x 的比值将趋向于一个常数 1.5。这就是说，当刚性包体的弹性模量超过岩体的弹性模量 5 倍之后，在岩体中任何方位的应力变化会在包体中相同方位引起 1.5 倍的应力。因此，只要测量出刚性包体中的应力变化，就可以知道岩体中的应力变化。这一分析为刚性包体应力计奠定了理论基础。上述分析说明，为了保证刚性包体应力计能有效工作，包体材料的弹性模量要尽可能地大，至少要超过岩体弹性模量的 5 倍以上。根据刚性包体中压力测试原理的不同，刚性包体应力计可分为液压式应力计、电阻应变片式应力计，压磁式应力计、光弹应力计、钢弦应力计等几种。图 4-3 所示为一种液压式应力计的结构示意图。在其中心槽中装有油水混合液体，端部有一层薄膜，当钻孔周围岩体中的压力发生变化时，引起刚性包体中的液压发生变化，该变化被传递到薄膜上，并由粘贴在该薄膜上的电阻应变片将这种压力变化测量出来。为了使应力计和钻孔保持紧密接触并给其施加预压力，将包体设计成具有一定的锥度，并附加一个与之匹配的具有相同内锥度的套筒，该套筒的外径和钻孔直径相同。安装时，首先将套筒置入钻孔中，然后将刚性包体加压推入套筒中。由于锥度的存在，随着刚性包体的不断推入，应力计和钻孔的接触将越来越紧，其中的预压力也越来越大。

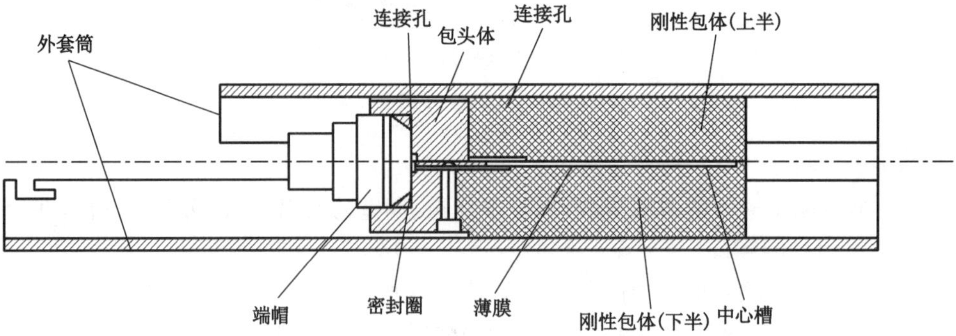

图 4-3　梅(May)应力计

由于刚性包体应力计具有很高的稳定性，因而可用于对现场应力变化进行长期监测。然而，该应力计通常只能测量垂直于钻孔平面的单向或双向应力变化情况，不能用于测量原岩应力。除钢弦应力计外，其他各种刚性包体应力计的灵敏度均较低，故 20 世纪 80 年代之前已被逐步淘汰。钢弦应力计目前仍在一些国家，特别是在美国得到较为广泛的应用。

4.2.3　水压致裂法

4.2.3.1　测量原理

水压致裂法在 20 世纪 50 年代被广泛应用于油田，通过在钻井中制造人工的裂隙来提高石油的产量。哈伯特(M. K. Hubbert)和威利斯(D. G. Willis)在实践中发现了水压致裂裂隙和原岩应力之间的关系。这一发现又被费尔赫斯特(C. Fairhurst)和海姆森(B. C.

Haimson)用于地应力测量。

从弹性力学理论可知，当一个位于无限体中的钻孔受到无穷远处二维应力场(σ_1，σ_2)的作用时，离开钻孔端部一定距离的部位处于平面应变状态。在这些部位，钻孔周边的应力为：

$$\begin{cases} \sigma_\theta = \sigma_1 + \sigma_2 - 2(\sigma_1 - \sigma_2)\cos 2\theta \\ \sigma_r = 0 \end{cases} \tag{4-2}$$

式中，σ_θ，σ_r 分别为钻孔周边的切向应力和径向应力；θ 为周边一点与 σ_1 轴的夹角。

由式(4-2)可知，当 $\theta = 0°$时，σ_θ 取得极小值，此时：

$$\sigma_\theta = 3\sigma_2 - \sigma_1 \tag{4-3}$$

如果采用图 4-4 所示的水压致裂系统将钻孔某段封隔起来，并向该段钻孔注入高压水，当水压超过 $\sigma_\theta = 3\sigma_2 - \sigma_1$ 和岩石抗拉强度 σ_T 之和后，在 $\theta = 0°$处，即 σ_1 所在方位将发生孔壁开裂。设钻孔壁发生初始开裂时的水压为 p_i，则：

$$p_i = 3\sigma_2 - \sigma_1 + \sigma_T \tag{4-4}$$

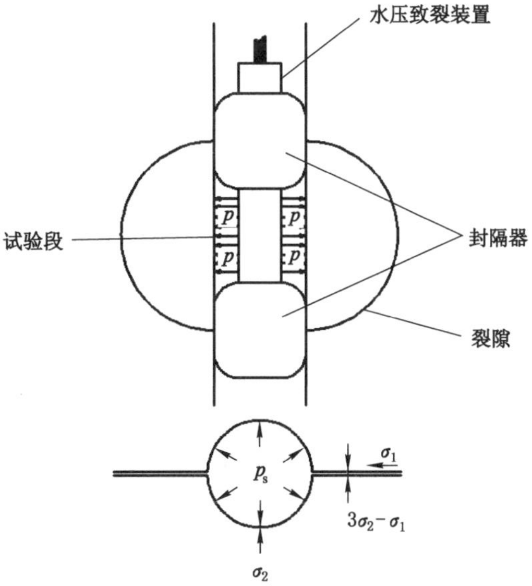

图 4-4　水压致裂应力测量原理

如果继续向封隔段注入高压水，使裂隙进一步扩展，当裂隙深度达到 3 倍钻孔直径时，此处已接近原岩应力状态，停止加压，保持压力恒定，将该恒定压力记为 p。由图 4-4 可知，p_s 应和原岩应力 σ_2 相平衡，则：

$$p_s = \sigma_2 \tag{4-5}$$

由式(4-4)和式(4-5)可知，只要测出岩石抗拉强度 σ_T，即可由 p_i 和 p_s 求出 σ_1 和 σ_2。这样，σ_1 和 σ_2 的大小和方向就全部确定了。

在钻孔中存在裂隙水的情况下，如封隔段处的裂隙水压力为 p_0，则式(4-4)变为：

$$p_i = 3\sigma_2 - \sigma_1 + \sigma_T - p_0 \tag{4-6}$$

需要知道封隔段岩石的抗拉强度往往是很困难的。为了克服这一困难，在水压致裂试验中增加一个环节，即在初始裂隙产生后，将水压卸除，使裂隙闭合，然后再重新向封隔段加压，使裂隙重新打开，假设裂隙重开时的压力为 p_r，则：

$$p_r = 3\sigma_2 - \sigma_1 - p_0 \tag{4-7}$$

这样，由式(4-6)和式(4-7)求 σ_1 和 σ_2 就无需知道岩石的抗拉强度。因此，由水压致裂法测量原岩应力不涉及岩石的物理力学性质，完全由测量和记录的压力值决定。

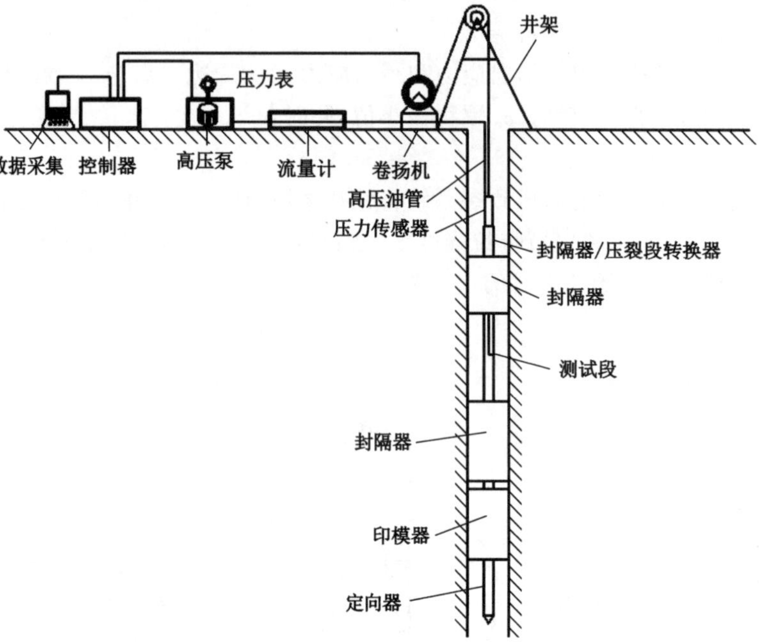

图 4-5　水压致裂应力测量系统示意图

4.2.3.2　测量步骤

(1) 打钻孔到准备测量应力的部位，并将钻孔中待加压段用封隔器密封起来，钻孔直径与所选用的封隔器的直径相一致，有 38 mm、51 mm、76 mm、91 mm、110 mm、130 mm 几种。封隔器一般是充压膨胀式的，充压可用液体，也可用气体。

(2) 首先向两个封隔器的隔离段注射高压水，不断加大水压，直至孔壁出现开裂，获得初始开裂压力 p_r；然后继续施加水压以扩张裂隙，当裂隙扩张至 3 倍直径深度时，关闭高水压系统，保持水压恒定，此时的应力称为关闭压力 p_s；最后卸压，使裂隙闭合。给封隔器加压和给封闭段注射高压水可共用一个液压回路。一般情况下，利用钻杆作为液压通道。先给封隔器加压，再关闭封隔器进口，经过转换开关，将管路接通至给钻孔密封段加压。也可以采用双回路，即给封隔器加压和水压致裂的回路是相互独立的，水压致裂的液压通道是钻杆，而封隔器加压通道为高压软管。

在整个加压过程中，同时记录压力-时间曲线和流量-时间曲线(图 4-6)，使用适当的方法从压力-时间曲线可以确定 p_r 和 p_s 值；从流量-时间曲线可以判断裂隙扩展的深度。

(3) 重新向密封段注射高压水，使裂隙重新打开并记下裂隙重开时的压力 p_r 和随后的恒定关闭压力 p_s。这种卸压-重新加压的过程重复两三次，以提高测试数据的准确性，p_r 和 p_s 同样由压力-时间曲线和流量-时间曲线确定。

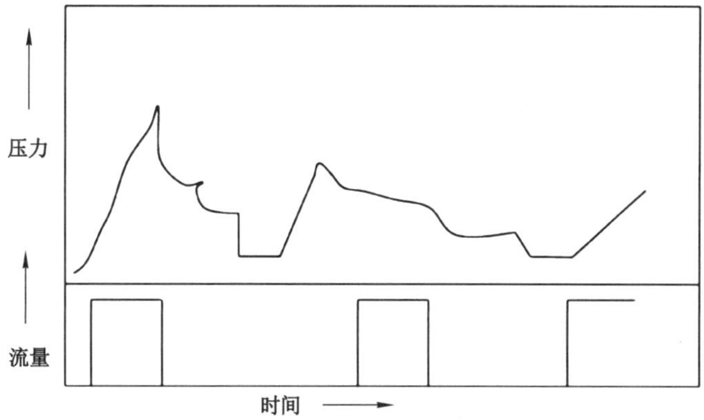

图 4-6　水压致裂法试验压力-时间曲线与流量-时间曲线

（4）将封隔器完全卸压，连同加压管等全部设备从钻孔中取出。

（5）测量水压致裂裂隙和钻孔试验段天然节理、裂隙的位置、方向和大小，测量可以采用井下摄像、钻孔扫描、井下光学望远镜或印模器等。一般情况下，水压致裂裂隙为一组径向相对的纵向裂隙，很容易辨认出来。

4.2.4　声发射法

4.2.4.1　测试原理

材料在受到外荷载作用时，其内部储存的应变能快速释放产生弹性波，发生声响，称为声发射。1950 年，德国人凯泽(J. Kaiser)发现多晶金属的应力从其历史最高水平释放后，再重新加载，当应力未达到先前最大应力值时，很少有声发射产生，而当应力达到和超过历史最高水平后，则大量产生声发射，这一现象叫作凯泽效应。从很少产生声发射到大量产生声发射的转折点称为凯泽点，该点对应的应力为材料前受到的最大应力。后来，人们通过试验证明，许多岩石如花岗岩、大理岩、石英岩、砂岩、安山岩、辉长岩、闪长岩、片麻岩、辉绿岩、灰岩、砾岩等也具有显著的凯泽效应。

凯泽效应为测量岩石应力提供了一种途径。如果从原岩中取回定向的岩石试件，通过对加工的不同方向的岩石试件进行加载声发射试验，测定凯泽点，即可找出每个试件以前所受的最大应力，进而求出取样点的原始(历史)三维应力状态。

4.2.4.2　测试步骤

（1）试件制备

从现场钻孔提取岩石试样，试样在原环境状态下的方向必须确定。将试样加工成圆柱体试件，径高比为 1∶2～1∶3。为了确定测点三维应力状态，必须在该点的岩样中沿 6 个不同方向制备试件，假如该点局部坐标系为 $Oxyz$，则 3 个方向选为坐标轴方向，另外 3 个方向选为 Oxy、Oyz、Ozx 平面内的轴角平分线方向。为了获得测试数据的统计规律，每个方向的试件为 15～25 块。

为了消除由于试件端部与压力试验机上、下压头之间摩擦所产生的噪声和试件端部应力集中，试件两端浇铸由环氧树脂或其他复合材料制成的端帽(图 4-7)。

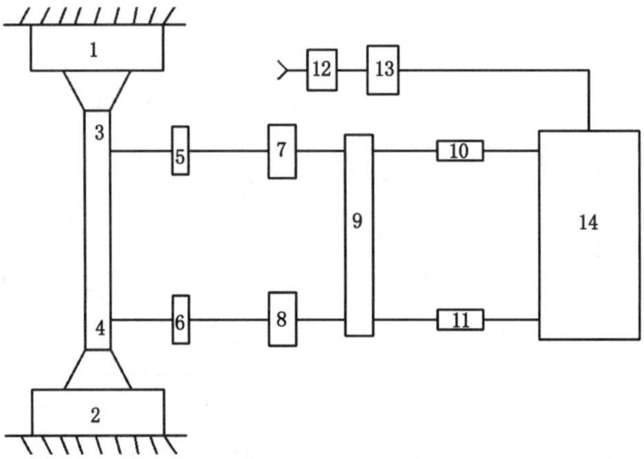

1,2—上、下压头;3,4—换能器 A、B;5,6—前置放大器 A、B;7,8—输入鉴别单元 A、B;
9—定区检测单元;10—计数控制单元 A;11—计数控制单元 B;12—压机油路压力传感器;
13—压力电信号转换仪器;14—函数记录仪。

图 4-7 声发射监测系统框图

(2) 声发射测试

将试件放在单轴压缩试验机上加压,并同时监测加压过程中从试件中产生的声发射现象。如图 4-7 所示,在该系统中,两个压电换能器(声发射接受探头)固定在试件的上下部,用以将岩石试件在受压过程中产生的弹性波转换成电信号。该信号经放大、鉴别之后送入定区检测单元,定区检测是检测两个探头之间的特定区域里的声发射信号,区域外的信号被认为是噪声而不被接受。定区检测单元输出的信号送入计数控制单元,计数控制单元将规定的采样时间间隔内的声发射模拟量和数字量(事件数和振铃数)分别送到记录仪或显示器绘图,显示或打印。

凯泽效应一般发生在加载的初期,故加载系统应选用小吨位的应力控制系统,并保持加载速率恒定,尽可能避免用人工控制加载速率。如果用手动加载,则应采用声发射事件数或振铃总数曲线判定凯泽点,而不应根据声发射事件速率曲线判定凯泽点,这是由于声发射速率和加载速率有关。在加载初期,人工操作很难保证加载速率恒定,在声发射事件速率曲线上可能出现多个峰值,难以判定真正的凯泽点。

(3) 计算地应力

由声发射监测所获得的应力-声发射事件数(速率)曲线(图 4-8),即可确定每次试验的凯泽点,并进而确定该试件轴线方向先前受到的最大应力值。15～25 个试件获得 1 个方向的统计结果,通过 6 个方向的应力值即可确定取样点的历史最大三维应力大小和方向。

根据凯泽效应的定义,用声发射法测得的是取样点的最大应力,而非现今的地应力。但是也有一些人对此持相反意见,并提出了“视凯泽效应”的概念,认为声发射试验可获得两个凯泽点,其中一个对应于引起岩石饱和残余应变的应力,它与现今的应力场一致,比历史最高应力值低,称为视凯泽点。在视凯泽点之后,还可获得另一个真正的凯泽点,它对应于历史最高应力。

由于声发射与弹性波传播有关,高强度的脆性岩石有较明显的声发射凯泽效应出现,而

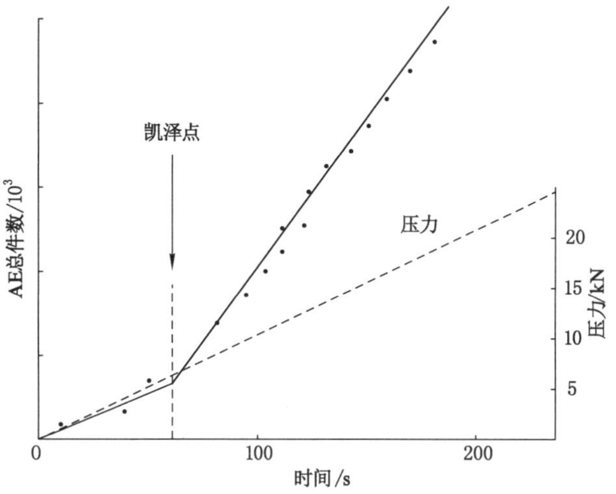

图 4-8　应力-声发射事件试验曲线

多孔隙低强度及塑性岩体的凯泽效应不明显，所以不能用声发射法测定比较软弱疏松岩体中的应力。

4.3　地应力间接测量法

4.3.1　概述

根据测量的物理量和获得测量结果的方法的不同，间接测量法较多。下面简单介绍部分测量法。

4.3.1.1　全应力解除法(套孔应力解除法)

全应力解除法是使测点岩体完全脱离地应力作用的方法。通常采用套钻的方法实现套孔岩芯的完全应力解除，也称为套孔(套芯、套钻)应力解除法。套孔应力解除法是发展时间最长、技术比较成熟的一种地应力测量方法，简称应力解除法。在测定原始应力(绝对应力)的适用性和可靠性方面，目前还没有哪种方法可以和应力解除法相比。

应力解除法已形成一套标准的测量程序，具体步骤如图 4-9 所示。

第一步：从岩体表面，一般是从地下巷道、隧道、硐室或其他开挖体的表面向岩体内部打大孔，直至需要测量岩体应力的部位。大孔直径为下一步即将打的用于安装探头的小孔直径的 3 倍以上，小孔直径一般为 36～38 mm，放大孔直径一般为 130～150 mm。大孔深度为巷道、隧道或已开挖硐室跨度的 2.5 倍以上，从而保证测点是未受岩体开挖扰动的原岩应力区。硐室的跨度越大，所需的大孔深度也就越大。为了节省人力、物力并保证试验的成功，测量应尽可能选择在跨度较小的开挖空间中进行。要避免将测点安排在岔道口或其他开挖扰动大的地点。为了便于下一步安装测试探头，大孔要保持一定的同心度，在钻进过程中须有导向装置。大孔钻完后应将孔底磨平，并打出锥形孔，以便下一步钻同心小孔、清洗钻孔，使探头顺利进入小孔。

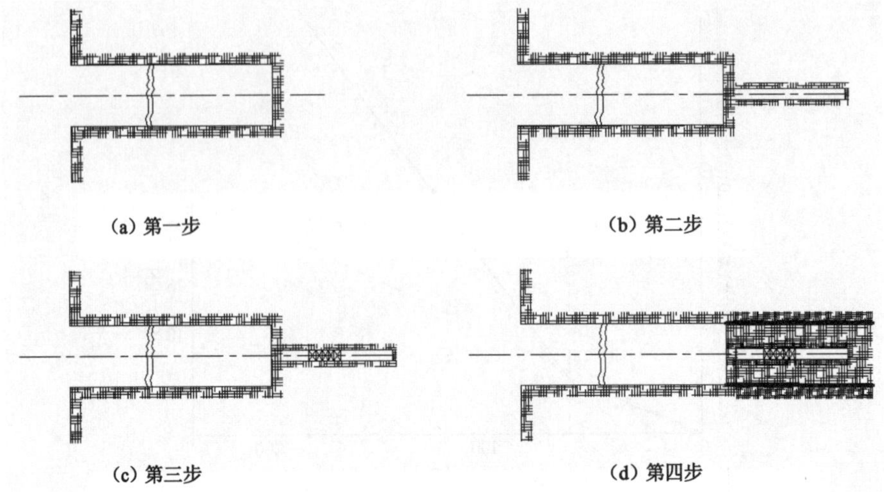

图 4-9 应力解除法测量步骤示意图

第二步:从大孔底打同心小孔,供安装探头用,小孔直径由所选用的探头直径决定,一般为 36～38 mm。小孔深度一般为孔径的 10 倍左右,从而保证小孔中央部位处于平面应变状态。小孔打完后需放水冲洗小孔,保证小孔中没有钻屑和其他杂物。为此,钻孔需上倾 1°～3°。

第三步:用一套专用装置将测量探头,如孔径变形计、孔壁应变计等安装(固定或胶结)到小孔中央部位。

第四步:用第一步打大孔用的薄壁钻头继续延深大孔,从而使小孔周围岩芯实现应力解除。由于应力解除引起的小孔变形或应变由包括测试探头在内的量测系统测定,并且通过记录仪器记录下来。根据测得的小孔变形或应变通过有关公式即可求出小孔周围的原岩应力状态。

从理论上讲,不管套孔的形状和尺寸如何,套孔岩芯中的应力都将完全被解除。然而,若测量探头对应力解除过程中的小孔变形有限制或约束,它们就会对套孔岩芯的应力释放产生影响,此时就必须考虑套孔的形状和大小。一般来说,探头的刚度越大,对小孔变形的约束越大,套孔的直径也就需要越大。对绝对刚性的探头,只有套孔的尺寸无穷大,才能实现完全的应力解除。这就是刚性探头为什么不能用于应力解除测量的缘故。对于孔径变形计、孔壁应变计和空心包体应变计等,由于它们对钻孔变形几乎没有约束,因此对套孔尺寸和形状的要求就不太严格。一般只要套孔直径超过小孔直径的 3 倍以上即可,而对实心包体应变计,套孔的直径就要适当大一些。

套孔应力解除法可分为孔径变形法、孔底应变法、孔壁应变法、空心包体应变法和实心包体变形法 5 种。

4.3.1.2 局部应力解除法

和套孔应力解除法的全应力解除不同,局部应力解除法只进行测点的部分应力解除。现介绍在实际测量中较多使用过的 3 种局部应力解除方法。

(1) 平行钻孔法

用打平行孔实现局部应力解除的方法由哈比卜(P. Habib)等人于 20 世纪 60 年代首次提出。

当一个带有一个、两个或两个以上圆孔的无限大平板在受到无穷远处的二维应力场作用时,圆孔周围的应力 - 应变状态可由弹性力学的解析解或数值方法求得,这为平行钻孔法确定了理论基础。因此,该方法主要用于测量岩体表面的应力状态。测量时,首先在测点从岩体表面向其内部打一小孔,并将钻孔变形计或应变计固定于小孔中一定的深度;然后在小孔附近再打一个或几个大孔,如图 4-10 所示。大、小孔之间的距离不超过大孔的直径,大孔的深度应保证应力 - 应变状态在小孔中测点周围沿钻孔轴线方向是均匀的。根据平行孔完成后在小孔中测得的变形或应变,如测得的 3 个方向的孔径变形,使用前述的弹性力学解或数值分析方法,即可求得垂直于钻孔轴线的平面内的应力状态。

(2) 中心钻孔法

杜瓦尔(W. I. Duvall)等人于 1974 年提出一种中心钻孔应力解除法,其测量步骤如图 4-11 所示。

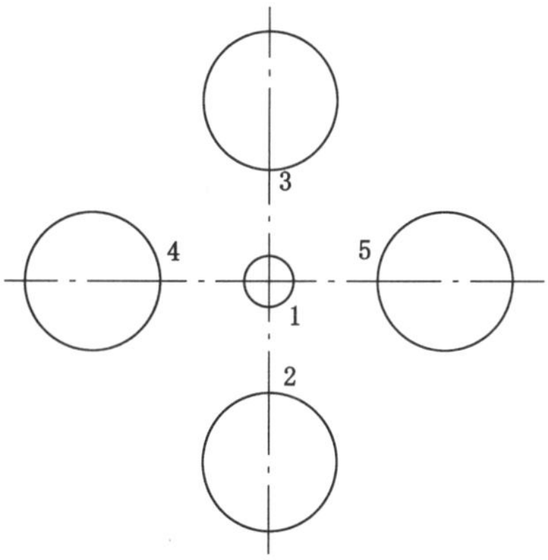

1—测量孔;2,3,4,5—平行解除孔。

图 4-10　平行钻孔法示意图

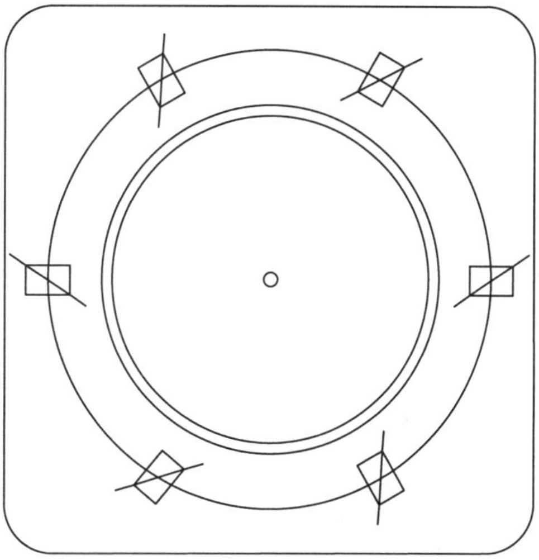

图 4-11　中心钻孔法示意图

第一步:在被测应力的岩体表面磨平一块约 30 cm×30 cm 的面积,在其中心部位打一直径 3 mm、深 6 mm 的中心孔。

第二步:以中心孔为圆心,使用卡规在岩体表面划出一个直径为 200～250 mm 的圆圈,须保证此圆圈和中心孔是同心的。将此圆圈分成 6 等份,并打上刻痕。

第三步:将 6 个测量柱固定在 6 个刻点,并调整两个径向相对的测量柱之间的距离,使三组径向距离基本相等。用微米表精确测量和记录这三组径向距离。

第四步:用带有中心定位器的直径为 150 mm 的空心薄壁钻头钻出中心孔或中心圆槽,深度为 25 cm,连续记录三组径向相对的测量柱之间的距离变化(径向位移),直到数值稳定为止。

第五步:根据测得的三组径向位移值 U_1、U_2、U_3,可由式(4-8)～式(4-10)求得岩体表面的两个主应力 σ_1、σ_2 及其方位。

$$\sigma_1 = \frac{E}{12a}\left[\frac{U_1 + U_2 + U_3}{M} + \frac{\sqrt{2}}{N}\sqrt{(U_1 - U_2)^2 + (U_2 - U_3)^2 + (U_3 - U_1)^2}\right] \tag{4-8}$$

$$\sigma_2 = \frac{E}{12a}\left[\frac{U_1 + U_2 + U_3}{M} - \frac{\sqrt{2}}{N}\sqrt{(U_1 - U_2)^2 + (U_2 - U_3)^2 + (U_3 - U_1)^2}\right] \tag{4-9}$$

$$\theta_1 = \frac{1}{2}\arctan\frac{\sqrt{3}(U_2 - U_3)}{2U_1 - U_2 - U_3} \tag{4-10}$$

式中，$M=\frac{a(1+\nu)}{2r}$，$N=\frac{4(1-\nu^2)ar^2-(1+\nu)a^3}{2r^3}$；$a$，$r$ 分别为中心孔和测量圆周线的半径；E，ν 分别为岩石的弹性模量和泊松比；θ_1 为 U_1 与 σ_1 的夹角。

(3) 钻孔局部壁面应力解除法

钻孔局部壁面应力解除法是葛修润等人于 2004 年首次提出的一种三维地应力测量方法。该方法和套孔应力解除法中三轴孔壁应变计具有相同的测量原理，都是使沿圆周等间隔粘贴在钻孔壁上的 3 组应变花实现应力解除，根据应力解除过程中测得的应变值计算钻孔围岩的原岩应力值。结果计算都是基于三维无限体中圆柱形钻孔围岩应力分布公式，但两者应力解除工艺有显著的不同。三轴孔壁应变计是通过套钻使粘贴在小孔壁上的 3 组应变花连同套孔岩芯同时实现应力解除(图 4-12)，为了保证应变花部位岩石的完全应力解除，套孔岩芯的长度至少应为小孔直径的 10 倍以上，约为 40 cm。这就要求岩石必须具有一定的完整性，否则应力解除过程中出现的岩芯断裂将会导致试验的部分或全部失败。然而，钻孔局部壁面应力解除法是直接在粘贴应变花的孔壁上局部钻孔，使 3 个应变花逐一实现应力解除(图 4-12)。由于只需在同一钻孔中的一个很小区段内对孔壁上邻近的几个局部壁面进行应力解除，钻孔直径 3 cm，钻孔深度 4 cm 即可使应变花部位岩石完全应力解除。这就大大降低了对岩石完整性条件的要求，使其在完整性稍差的岩石条件下也能适用，而与之配套研制的地应力测井机器人的使用进一步提高了该方法的适用性能。地应力测井机器人可对测量钻孔的孔壁质量进行观测、选择测量孔段，对所选局部壁面进行打磨、干燥处理和喷胶、自动粘贴应变片，还可以进行环形切割钻进实施局部壁面应力全解除作业和实时自动采集应变测量数据，这些为该方法用于深部地应力测量创造了条件。

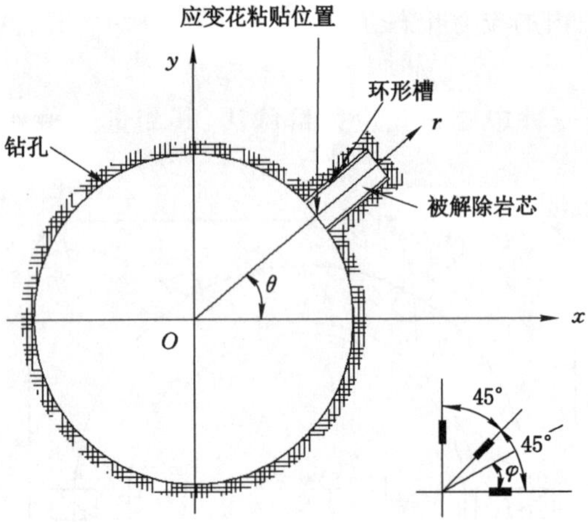

图 4-12　取芯钻进环形切割应力解除示意图

4.3.1.3　松弛应变测量法

(1) 差应变曲线分析法

差应变曲线分析法由斯特里克兰(F. G. Strickland)等人于 20 世纪 80 年代初首先提出。该方法基于这样的假设，即一个从地下取出的岩芯，由于解除了应力，将会随着岩石的膨胀而出现微裂隙，裂隙的分布和原岩应力的方向有关，裂隙的数量和强度与原岩应力大小成正比。测量步骤如下：

第一步：从现场取回定向岩芯，记录该岩芯相应的位置和深度。

第二步：将岩芯加工成边长为 4 cm 的正方体试样，加工过程中不允许出现新的裂隙，并注意记录试样在原地的方位。

第三步：将 12 支应变片粘贴在有一个共同交角的 3 个面上，每面 4 支应变片可组成一个应变花，以提高计算的地应力的精度。其排列如图 4-13 所示。

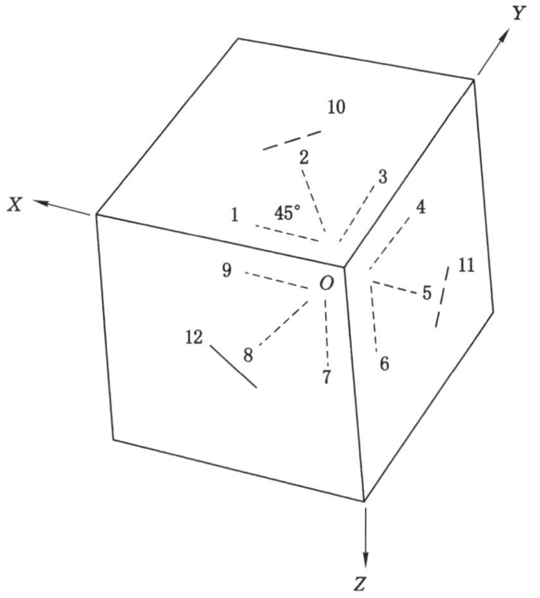

图 4-13　差应变曲线分析试件

第四步：将岩石试样和一个石英玻璃试件一起放入一个压力容器中。该石英玻璃试件与岩石试样一样经过上述第二步和第三步的制作、准备，因而两者的形状、尺寸和测试应变片的布置是完全一样的。然后加静水压至 100～140 MPa，加压大小取决于原来岩芯所在的深度。在加压初始阶段，每次增加压力 1～3 MPa；加压后期，每次增加 5～10 MPa，在加压过程中岩石试件中的裂隙逐步闭合。记录加压过程中岩石试件和石英玻璃试件上 12 支应变片的应力 - 应变值，描绘出 12 支应变片的应力 - 应变曲线。

第五步：将测量得到的岩石试件的应变值减去对应的石英玻璃试件的应变值所得的差值就是岩石试件中裂隙闭合应变值，由此可以绘制出 12 支应变片测得的裂隙闭合应力 - 应变曲线。

第六步：由 12 个方向的裂隙闭合应变可求得 3 个主裂隙应变的方向，它们对应 3 个主应力的方向。由于试件取自定向岩芯，其在地下的原始方位是确定了的，那么试件所在点的 3 个主应力方向也就随之确定了。根据 3 个主裂隙应变的大小和弹性理论分析，可确定 3 个主应力大小的比值。

(2) 非弹性应变恢复法

非弹性应变恢复法的原理早在 1969 年由沃伊特(B. Voight)提出，后来图非尔(L. W. Tueful)等人做了重大发展。

非弹性应变恢复法在某种程度上是应力解除法的延伸。沃伊特等人认为，由应力解除引起的岩芯的变形由两部分组成:一是弹性部分,在应力解除的瞬间完成;二是非弹性部分,要经历一个相当长的时间才能完成。非弹性恢复应变和总的恢复应变成正比,主非弹性恢复应变的方向和原岩主应力方向相一致。同时,如果岩石是均质和线黏性的,且其泊松比已知并不随时间而变化,而且自重应力是一个主应力,那么由测得的主非弹性恢复应变的大小即可计算出原岩应力的大小。具体步骤如下:

第一步:从钻孔岩芯中采集试样,采样工作在岩芯到达地表的很短时间内即完成。试样需标明在地下的原始方位,并用密封材料包好,以防水分蒸发。

第二步:将试样置于恒温恒湿环境中。每件试样用 3 个弹簧加压夹紧的变形计测量直径方向的位移,3 个变形计相互间隔 45°,分辨率为 1 pm。如果试样采集自垂直钻孔中,那么由测得的三个直径方向的应变可确定水平面内的两个主应变。轴向位移由固定于试样表面的平行于试样轴线方向的位移计监测,每隔 1 h 测量一次位移数据,同时记录试样的温度变化。

第三步:对完成了全部非弹性恢复应变的试样进行温度标定试验,以确定试样在相应方向由温度引起的膨胀率,一般全部非弹性恢复应变在 40 h 左右完成。

第四步:由经过温度修正的非弹性恢复应变值,根据式(4-11)和式(4-12)计算原岩主应力值。

$$\sigma_{h,\min}=\sigma_{ve}\frac{(1-\nu)\Delta\varepsilon_{h,\min}+\nu(\Delta\varepsilon_{h,\min}+\Delta\varepsilon_{v})}{(1-\nu)\Delta\varepsilon_{v}+\nu(\Delta\varepsilon_{h,\min}+\Delta\varepsilon_{h,\max})}+p_{b} \tag{4-11}$$

$$\sigma_{ve}=\sigma_{v}-p_{b} \tag{4-12}$$

式中,$\sigma_{h,\max}$,$\sigma_{h,\min}$,σ_{v} 分别为测点最大水平主应力、最小水平主应力和自重应力;$\varepsilon_{h,\max}$,$\varepsilon_{h,\min}$,ε_{v} 分别为最大水平恢复应变、最小水平恢复应变和轴向恢复应变;p_{b} 为试样所在深度的孔隙压力;ν 为岩石的泊松比。

4.3.1.4 孔壁崩落测量法

早在 1964 年,利曼(R. Leeman)在南非威特沃斯兰德大约 2 000 m 深的金矿钻井中发现,在坚固的石英岩和砾岩中普遍存在孔壁破碎的现象,并具有优势方向崩落的趋势。他指出,这种崩落是压应力作用的结果,并且横截面上崩落椭圆的长轴垂直于最大水平主应力的方向。后来,高夫(D. I. Gough)等人研究了钻孔崩落的力学机制,提出这种现象是由于孔壁附近应力集中而产生的剪切破裂,其崩落方向与区域最小水平主应力方向一致。因此,如果能正确地观测到钻井孔壁崩落的位置,则可推断出该处水平主应力的方向。钻孔崩落的方位、形状、宽度和深度可由高分辨率的地层倾角测井仪、井下摄像机、井下电视、超声波测井仪等测定。孔壁崩落形状如图 4-14 所示。

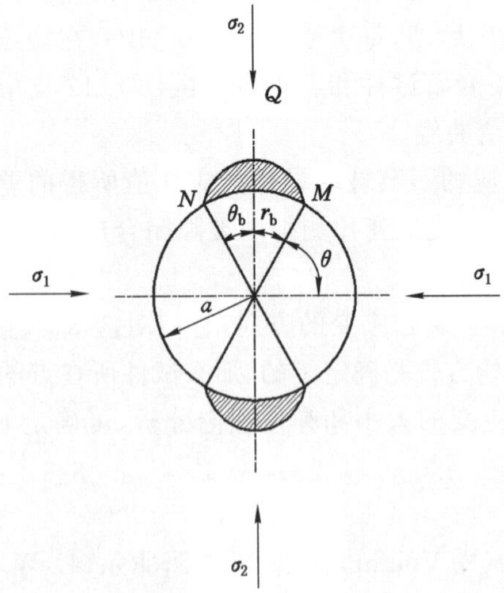

图 4-14 钻孔崩落形状

由于孔壁岩石破坏一般是剪切破坏,它服从莫尔 - 库仑强度准则,故破坏点的应力状态满足下列方程：

$$c_0=(1+\mu^2)^{1/2}\left[\left(\frac{\sigma_\theta-\sigma_r}{2}\right)^2+\tau_{r\theta}^2\right]^{1/2}-\mu\left(\frac{\sigma_\theta+\sigma_r}{2}\right) \tag{4-13}$$

式中，σ_θ，σ_r，$\tau_{r\theta}$分别为破坏点的切向、径向正应力和剪切应力；c_0，μ 分别为破坏点的黏结力和内摩擦系数。

$$\sigma_r=\frac{\sigma_1+\sigma_2}{2}\left(1-\frac{a^2}{r^2}\right)+\frac{\sigma_1-\sigma_2}{2}\left(1-4\frac{a^2}{r^2}+3\frac{a^4}{r^4}\right)\cos 2\theta \tag{4-14}$$

$$\sigma_\theta=\frac{\sigma_1+\sigma_2}{2}\left(1+\frac{a^2}{r^2}\right)-\frac{\sigma_1-\sigma_2}{2}\left(1+3\frac{a^4}{r^4}\right)\cos 2\theta \tag{4-15}$$

$$\tau_{r\theta}=\frac{\sigma_1-\sigma_2}{2}\left(1+2\frac{a^2}{r^2}-3\frac{a^4}{r^4}\right)\sin 2\theta \tag{4-16}$$

只要测出孔壁崩落宽度 $2\theta_b$，深度 r_b，并测定岩石的 c_0、μ，将 M、Q 两点的 σ_r、σ_θ、$\tau_{r\theta}$ 表达式代入式(4-14)～式(4-16)，即可求解出 σ_1、σ_2 的值。

4.3.1.5　地球物理探测法

(1) 声波观测法

从 20 世纪 60 年代初开始，声波法即用于测量岩体中的应力状态。这种方法是基于下列现象：声波，特别是纵波的传播速度和振幅随岩体中的应力状态而定量地变化。具体测量步骤如下：

第一步：选择岩性、结构较为简单的地段，取某一点作为声波发射点。

第二步：以发射点为中心，在其周围不同方向布置接受点，组成监测网。

第三步：使用微爆破、机械振动或其他专用仪器向岩体中发出声波，并在各接受点使用仪器(如声岩仪)接受声波。

第四步：测量发射点至各接受点的声波传播速度，绘制如图 4-15 所示的速度椭圆，椭圆长、短轴的方向代表了岩体中最大和最小主应力的方向。

第五步：使用合理的方法，对声波传播速度和地应力大小之间的关系进行标定试验。根据标定结果，由测得的速度椭圆确定岩体中的应力状态。

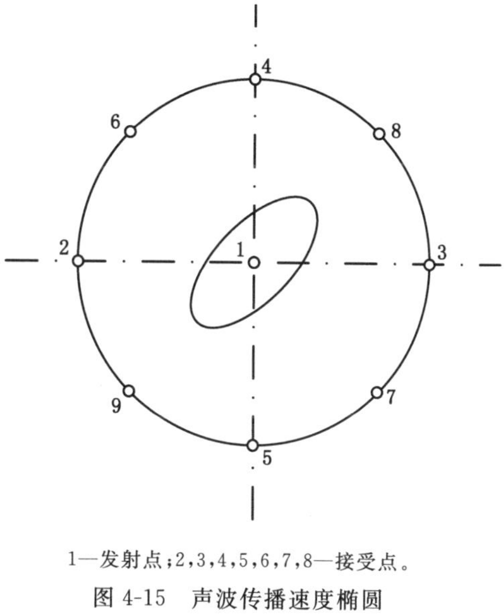

1—发射点；2，3，4，5，6，7，8—接受点。

图 4-15　声波传播速度椭圆

(2) 超声波谱法

阿格森(J. R. Aggson)于 1978 年首次提出超声波谱法。该方法依据的物理现象是：当岩石受到超声剪切波的作用时，它将成为双折射性的，其双折射率是应力的函数。具体测量步骤如下：

第一步：向岩体内打一钻孔。

第二步：使用专用仪器向钻孔内发射偏振剪切波并接收该波在钻孔中的传播信号。

第三步：当偏振波在钻孔中传播一段距离后，将出现快波和慢波之间的相消干涉，这种相消干涉由接受的传播信号的最小值来认定;相消干涉(传播信号最小值出现的频率)主要由岩体中平行于剪切波偏振方向的应力分量所决定;测得的相互干涉频率可用于推断岩体中的应力状态。

第四步:因为不同类型的岩石在超声剪切波作用下的双折射性是各不相同的,为了根据测量数据定量确定应力的大小,所以必须在试验中进行相关的标定试验。

第五步:为了确定一点的二维或三维应力状态,必须在同一地点的多个互不平行的钻孔中进行上述的测量试验。

研究表明,套孔应力解除法是一种比较经济而实用的方法,它能比较准确地测定岩体中的三维原始应力状态。局部应力解除法、松弛应变测量法则只能用于粗略地估计岩体中的应力状态或岩体中的应力变化情况,不能用于准确测定原岩应力值。地球物理探测法可用于探测大范围内的地壳应力状态,但由于对测定的数据和应力之间的关系缺乏定量描述,同时岩体的结构复杂且各点的岩石条件和性质各不相同,因而这种方法不可能为实际的岩石工程提供可靠的地应力数据。

4.3.2 孔径变形法

4.3.2.1 孔径变形测量技术

孔径变形法是通过测量应力解除过程中钻孔直径的变化而计算出垂直于钻孔轴线的平面内的应力状态,并且可以通过 3 个互不平行的测量确定一点的三维应力状态。

有许多仪器可用于测量孔径变形,其中最著名的是 USBM 孔径变形计。如图 4-16 所示。其探测头是 6 个圆头活塞,2 个径向相对的活塞测量 1 个直径方向的变形,被测的 3 个直径方向相互间隔 60°。每个活塞由 1 个悬臂梁式的弹簧施加压力,以使其和孔壁保持接触,在悬臂弹簧的正反面各贴 1 支电阻应变片。应力解除前将变形计挤压进钻孔中,以便两个活塞头之间有 0.5 mm 左右的预压变形,并使变形计能够固定在测点部位。应力解除时,钻孔直径膨胀,预压变形得到释放,悬臂弹簧的弯曲变形发生变化,这一变化由电阻应变片探测并通过仪器记录下来。弹簧正反两面变形相反,一面是拉伸,另一面是压缩,两支应变片的读数相加,使测量精度提高 1 倍。径向相对的两个悬臂弹簧上的四支应变片组成一个惠斯顿电桥的全桥电路,自身解决了温度补偿的问题,也有利于提高测量结果的准确性。通过标定试验可以确定 2 个活塞头之间的径向变形和悬臂弹簧上应变片所测读数之间的关系。USBM 孔径变形计的适用孔径为 36～40 mm,增加或减少活塞中的垫片,可改变其适用孔径的大小。

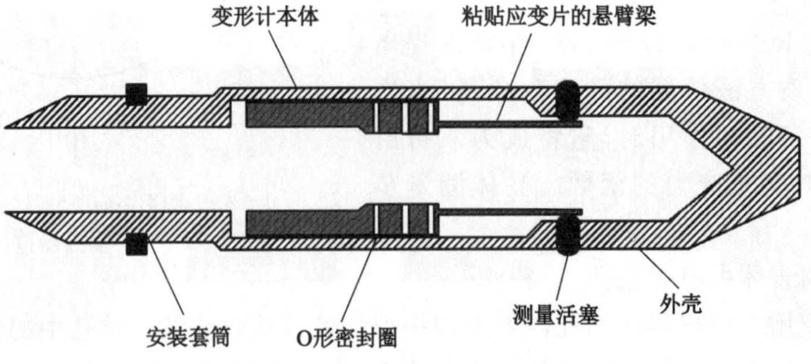

图 4-16　USBM 孔径变形计

4.3.2.2　孔径变形测量应力计算原理

由应力解除过程中测得的孔径变形计算原岩应力场涉及下列基本公式。

三维应力场的转轴公式。设 $Ox'y'z'$ 和 $Oxyz$ 分别为一个无限体中的两个直角坐标系，$Ox'y'z'$ 中的 6 个三维应力分量 $\sigma_x{}'$、$\sigma_y{}'$、$\sigma_z{}'$、$\tau_{xy}{}'$、$\tau_{yz}{}'$、$\tau_{zx}{}'$ 可以通过下列公式转换成 $Oxyz$ 中的 6 个应力分量的表达式 σ_x、σ_y、σ_z、τ_{xy}、τ_{yz}、τ_{zx}：

$$\sigma_x{}' = \sigma_x l_1^2 + \sigma_y m_1^2 + \sigma_z n_1^2 + 2\tau_{xy} l_1 m_1 + 2\tau_{yz} l_1 m_1 + 2\tau_{zx} l_1 m_1 \tag{4-17}$$

$$\sigma_y{}' = \sigma_x l_2^2 + \sigma_y m_2^2 + \sigma_z n_2^2 + 2\tau_{xy} l_2 m_2 + 2\tau_{yz} l_2 m_2 + 2\tau_{zx} l_2 m_2 \tag{4-18}$$

$$\sigma_z{}' = \sigma_x l_3^2 + \sigma_y m_3^2 + \sigma_z n_3^2 + 2\tau_{xy} l_3 m_3 + 2\tau_{yz} l_3 m_3 + 2\tau_{zx} l_3 m_3 \tag{4-19}$$

$$\tau_{xy}{}' = \sigma_x l_1 l_2 + \sigma_y m_1 m_2 + \sigma_z n_1 n_2 + \tau_{xy}(l_1 m_2 + l_2 m_1) + \tau_{yz}(m_1 n_2 + m_2 n_1) + \tau_{zx}(n_1 l_2 + n_2 l_1) \tag{4-20}$$

$$\tau_{yz}{}' = \sigma_x l_2 l_3 + \sigma_y m_2 m_3 + \sigma_z n_2 n_3 + \tau_{xy}(l_2 m_3 + l_3 m_2) + \tau_{yz}(m_2 n_3 + m_3 n_2) + \tau_{zx}(n_2 l_3 + n_3 l_2) \tag{4-21}$$

$$\tau_{zx}{}' = \sigma_x l_3 l_1 + \sigma_y m_3 m_1 + \sigma_z n_3 n_1 + \tau_{xy}(l_3 m_1 + l_1 m_3) + \tau_{yz}(m_3 n_1 + m_1 n_3) + \tau_{zx}(n_3 l_1 + n_1 l_3) \tag{4-22}$$

式中，l_1，l_2，l_3 分别为 x'、y'、z' 轴与 x 轴之间的方向余弦；m_1，m_2，m_3 分别为 x'，y'，z' 轴与 y 轴之间的方向余弦；n_1，n_2，n_3 分别为 x'、y'、z' 轴与 z 轴之间的方向余弦。

4.3.3　孔底应变法

(1) 孔底应变测量技术

1956 年，莫尔首次报告了孔底应变测量技术。他将电阻应变片粘贴在一个磨平的孔底，然后使用延伸这个钻孔的办法，使粘贴应变片的岩石实现应力解除，再将从孔底取出的带有应变片的这段岩芯在实验室做加载试验，从而发现原先存在于孔底表面的应力。南非科学和工业研究委员会(CSIR)研制的门塞式孔底应变计就是根据这一原理研制出来的，但测量过程和莫尔有所不同。

CSIR 门塞式孔底应变计(图 4-17)的主体是一个橡胶质的圆柱体，其端部粘贴着 3 支电阻应变片，相互间隔 45°，组成一个直角应变花。橡胶圆柱外面有一个硬塑料制的外壳，应变片的导线通过插头连接到应变测量仪器上。该应变计适用于直径大于 36 mm 的钻孔。

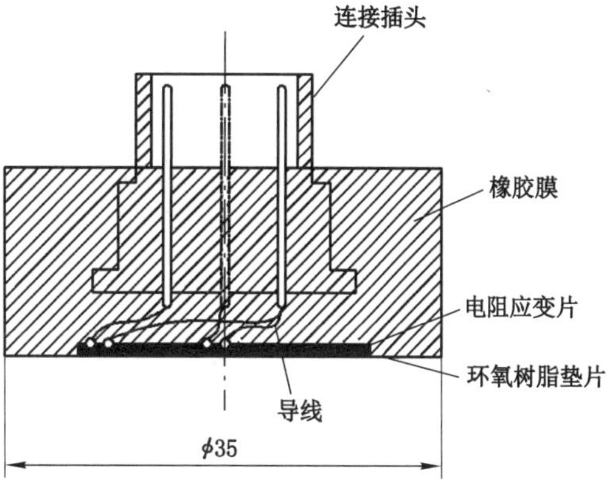

图 4-17　CSIR 门塞式应变计示意图

(2) 孔底应变计计算公式

由 CSIR 门塞式孔底应变计测得的 3 个应变值分别为 ε_{0°、ε_{45°、ε_{90°(0°、45°、90°分别为该应变片与 x 轴的夹角)。那么，由下列公式即可求出孔底平面上在未套孔前的应力状态：

$$\varepsilon_x' = \varepsilon_{0^\circ} = \frac{1}{E}(\sigma_x' - \nu\sigma_y') \tag{4-23}$$

$$\varepsilon_y' = \varepsilon_{90^\circ} = \frac{1}{E}(\sigma_y' - \nu\sigma_x') \tag{4-24}$$

式中，E，ν 分别为岩石的弹性模量、泊松比。

这里的 σ_x'、σ_y'、σ_z'、τ_{xy}'并非原岩应力场，而是孔底平面上经过开挖扰动的次生应力场。它们可以由下列公式和原岩应力场的 6 个应力分量 σ_x、σ_y、σ_z、τ_{xy}、τ_{yz}、τ_{zx}联系起来：

$$\sigma_x' = a\sigma_x + b\sigma_y + c\sigma_z \tag{4-25}$$

$$\sigma_y' = b\sigma_x + a\sigma_y + c\sigma_z \tag{4-26}$$

$$\tau_{xy}' = d\tau_{xy} \tag{4-27}$$

其中，系数 a、b、c、d 没有理论解，只有通过试验或数值分析才能获得。因此，不同的研究者给出了不同的值，古德曼(E. R. Goodman)给出的值是：$a=1.30$，$b=0.085+0.15\nu-\nu^2$，$c=0.473+0.91\nu$，$d=1.423-0.027\nu$。

4.3.4 孔壁应变法

在三维应力场作用下，一个无限体中的钻孔表面及周围的应力分布状态可以由现代弹性理论给出精确解。通过应力解除测量钻孔表面的应变即可求出钻孔表面的应力，进而精确地计算出原岩应力的状态。南非 CSIR 三轴孔壁应变计就是根据这个原理研制出来的。

CSIR 三轴孔壁应变计的主体是 3 个测量活塞，直径约为 1.5 cm 的活塞头是由橡胶类物质制造的，端部为圆弧状，其弧度和钻孔弧度相一致，以便和钻孔保持紧密接触。在端部表面粘贴 4 支电阻应变片，组成一个相互间隔 45°的圆周应变花。3 个活塞(3 组应变花)位于同一圆周上。最初的设计是不等间距分布，夹角分别为 π/2、3π/4、π。后来格雷(W. M. Gray)和托乌斯(N. A. Toews)分析了应变花分布对测量精度的影响，认为 3 组应变花等距离分布最好，故后来的设计改为 3 个活塞呈 120°等间距分布。其外壳由前、后两部分组成。在前外壳端部有一圆槽，上面贴着一支应变片，后外壳端部有连接 14 根电阻应变片导线的插头(图 4-18)。使用时首先将一个直径约 1.2 cm、厚 0.8 cm 的岩石圆片胶结在前壳端部的应变片上；启动风动后，将 3 个活塞头涂上胶结剂，用专门工具将应变剂送入钻孔中测点部位；再启动风动压力，将活塞推出，使其端部和钻孔壁保持紧密接触，直到胶结固化为止；最后进行套孔应力解除。在应力解除前后各测一次应变读数，根据 12 支应变片的读数变化值来计算应力值。一个单孔应力测量即可确定测点的三维应力大小和方向。CSIR 孔壁应变计的适用孔径为 36～38 mm。

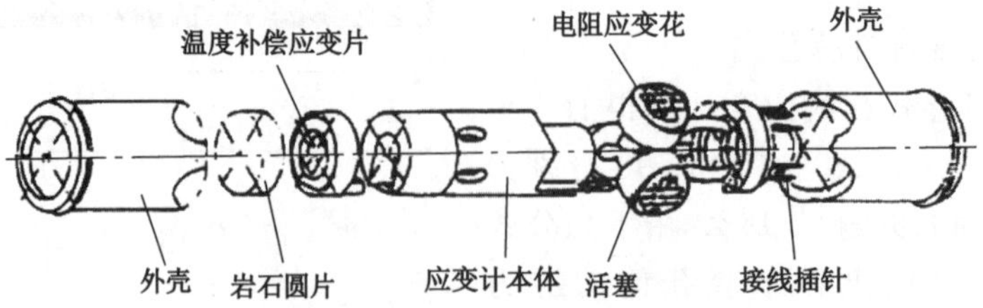

图 4-18　CSIR 三轴孔壁应变计

4.3.5　空心包体应变法

由于在CSIR孔壁应变计中，3组应变花直接粘贴在孔壁上，而应变花和孔壁之间接触面很小，若孔壁有裂隙缺陷，则很难保证胶结质量。如果胶结质量不好，那么应变计将不可能可靠工作，同时防水问题也很难解决。为了克服这些缺点，澳大利亚联邦科学和工业研究组织(CSIRO)的沃罗特尼基(G. Worotnicki)等人于20世纪70年代初期研制出一种空心包体应变计。

CSIRO空心包体应变计的主体是一个用环氧树脂制成的壁厚3 mm的空心圆筒，其外径为37 mm，内径为31 mm。在其中间部位，即直径35 mm处沿同一圆周等间距(120°)嵌埋3组电阻应变花。每组应变花由3支应变片组成，相互间隔45°(图4-19)。在制作时，该空心圆筒是分两步浇铸出来的。第一步浇铸直径为35 mm的空心圆筒，在规定位置贴好电阻应变花后，再浇铸外面一层，使其外径达到37 mm。使用时，首先将其内腔注满胶结剂，然后将一个带有锥形头的柱塞用铝销钉固定在其口部防止胶结剂流出。使用专门工具将应变计推入安装小孔中，当锥形头碰到小孔底后，用力推应变计，剪断固定销，柱塞便慢慢进入内腔。胶结剂沿柱塞中心孔和靠近端部的6个径向小孔流入应变计和孔壁之间的环状槽内。两端的橡胶密封圈阻止胶结剂从该环状槽中流出。当柱塞完全被推入内腔后，胶结剂全部流入环形槽，并将环形槽充满。待胶结剂固化后，应变计即和孔壁牢固胶结在一起。

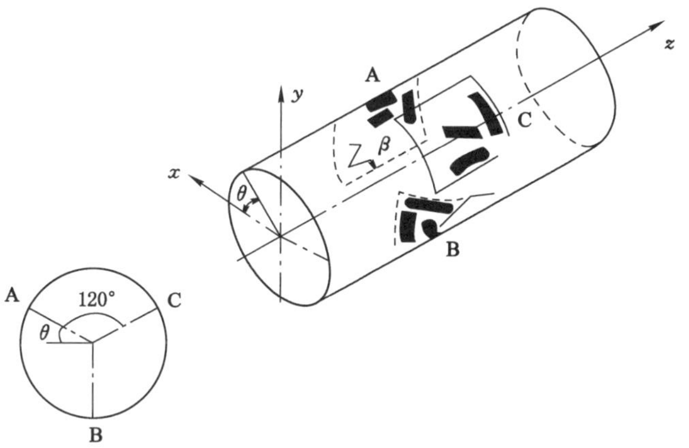

A，B，C—应变片。

图4-19　CSIRO空心包体应变计

在后来的使用过程中，又根据实际情况对CSIRO空心包体应变计原设计做了一些改进，研制出两个改进型品种。一种是将应变片由9支增加到12支，在A应变片附近增加了一个45°方向应变片，在B、C应变片附近各增加了一个轴向应变片。该改进型能获得较多数据，可用于各向异性岩体中的应力测量。另一种是将空心环氧树脂圆筒的厚度由3 mm减为1 mm，增加了应变计的灵敏度，该改进型可用于软岩中的应力测量。

空心包体应变计的突出优点是应变计和孔壁在相当大的一个面积上胶结在一起，胶结质量较好，而且胶结剂还可注入应变计周围岩体中的裂隙、缺陷，使岩石整体化，因而较易得到完整的套孔岩芯。所以，这种应变计可用于中等破碎和松软的岩体中，并且有较好的防水性能。目前,空心包体应变计已成为世界上最广泛采用的一种地应力解除测量仪器。

4.3.6 实心包体应变法

一个位于无限体中的弹性包体(圆柱体),如包体和无限体是焊接在一起的,那么在无穷远处应力场的作用下,包体中将出现均匀的受力状态。耶格(J. C. Jaeger)等人给出了这种受力状态的表达式,这为实心包体应变计的产生奠定了理论基础。

罗恰(M. Rocha)等人于1969年首次研制出实心包体应变计。该应变计的主体部分是一个长440 mm、直径为35 mm的实心环氧树脂圆筒,在其中间一段沿9个不同方位埋贴了10支20 mm长的电阻应变片。该应变计只适用于直径为38 mm的垂直钻孔中。使用时将胶结剂装入一个附着于应变计端部的非常薄的容器中,当应变计到达孔底后,容器被挤破,胶结剂流入孔底。由于应变计在孔底和岩石胶结在一起,应变计周围的应力集中状态将是非常复杂的,应变片部位的平面应变状态很难得到保证。同时,由于包体材料的弹性模量过高,在应力解除过程中经常出现胶结层的张性破裂,不能可靠工作,所以这种应变计不久就被淘汰了。

布莱克伍德(R. L. Blackwood)于1973年研制出另一种实心包体应变计,大幅度降低了包体材料的弹性模量值,使该应变计能成功地应用于软岩(包括煤)中的应力测量,其结构见图4-20(a)。在实心包体的中间40 mm长的一段中,沿 Oxy、Oyz 和 Ozx 平面嵌埋着10支长10 mm的电阻应变片,如图4-20(b)所示。在安装设备和胶结剂注入方法上,该应变计也比罗恰等人研制的应变计做了许多重大改进,克服了前面所提到的一些缺点。

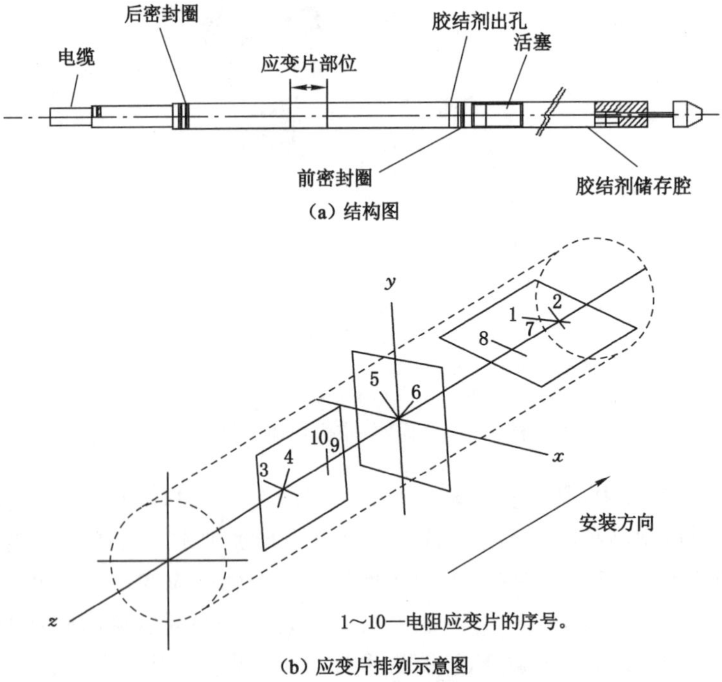

图4-20 UNSW实心包体应变计

必须注意的是，实心包体应变计和刚性包体应力计有根本区别。在刚性包体应力计中，包体材料是由钢或其他硬金属材料制成的，其弹性模量值比岩石要高好几倍。它不允许钻孔有显著变形，以便围岩中的应力能有效传递到其内部的传感器上。而在实心包体应变计中，包体是由环氧树脂等软弹性材料制成的，其弹性模量值比岩石要低好几倍。它不允许对钻孔变形有显著影响，以便套孔岩芯中的应力能得到充分解除。

4.3.7　应力解除法主要问题及改进技术

绝大多数用于应力解除的变形计和应变计均采用电阻应变片作为传感元件，用电阻应变片测量应变是基于这样的物理现象。那么，应变片的长度变化和其电阻变化存在定量关系：

$$\frac{\Delta R}{R} = K\frac{\Delta L}{L} = K\varepsilon \tag{4-28}$$

式中，L，R 分别为电阻应变片原始长度和电阻值；ΔL，ΔR 分别为长度变化及相应的电阻变化；K 为电阻应变片的应变系数，一般等于 2；ε 为相对长度变化，即应变值。

由式(4-28)可知，只要测出电阻变化，即可求出应变值，而电阻变化是可以通过惠斯通电桥来测量的。惠斯通电桥的测量原理如图 4-21 所示。

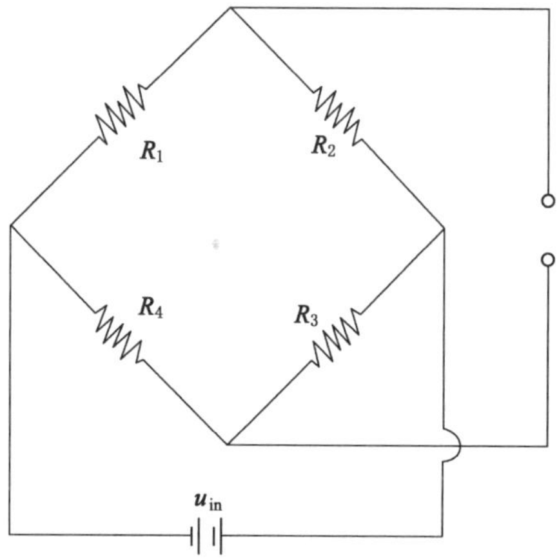

图 4-21　惠斯通电桥原理图

电桥的输出电压 u_{out} 和输入电压 u_{in} 之间存在如下关系：

$$u_{out} = \frac{(R_1R_3 - R_2R_4)}{(R_1 + R_2)(R_3 + R_4)}u_{in} \tag{4-29}$$

式中，R_1，R_2，R_3，R_4 分别为 4 个桥臂的电阻值。

当 $R_1R_3 = R_2R_4$ 即 $\frac{R_1}{R_2} = \frac{R_4}{R_3}$ 时，$u_{out} = 0$，电桥处于平衡状态。

当 4 个桥臂的电阻发生变化，分别产生 ΔR_1、ΔR_2、ΔR_3、R_4 时，有：

$$u_{out} = \frac{(R_1 + \Delta R_1)(R_3 + \Delta R_3) - (R_2 + \Delta R_2)(R_4 + \Delta R_4)}{(R_1 + \Delta R_1 + R_2 + \Delta R_2)(R_3 + \Delta R_3 + R_4 + \Delta R_4)}u_{in}$$

略去 ΔR^2 项，整理后可得：

$$u_{out} = \frac{ru_{in}}{(1+r)^2}\left(\frac{\Delta R_1}{R_1} - \frac{\Delta R_2}{R_2} + \frac{\Delta R_3}{R_3} - \frac{\Delta R_4}{R_4}\right) \tag{4-30}$$

式中，$r=\frac{R_1}{R_2}=\frac{R_4}{R_3}$。当 $r=1$ 时，式(4-30)变成：

$$u_{out} = \frac{u_{in}}{4}\left(\frac{\Delta R_1}{R_1} - \frac{\Delta R_2}{R_2} + \frac{\Delta R_3}{R_3} - \frac{\Delta R_4}{R_4}\right) \tag{4-31}$$

在地应力测量所用的电桥中，均采用，此时：

$$u_{out} = \frac{u_{in}}{4}\left(\frac{\Delta R_1 - \Delta R_2 + \Delta R_3 - \Delta R_4}{R}\right) \tag{4-32}$$

如果应变片接入 4 个桥臂，成为全桥线路，只接入 2 个桥臂（如 R_1 和 R_2），则称为半桥线路；如果只接入一个桥臂（如 R_1），则称为四分之一桥线路。

USBM 孔径变形计采用的是全桥线路，一个方向的孔径的变形由四个应变片测量，R_1、R_2、R_3 和 R_4 分别贴在两个悬臂弹簧的正反面。当孔径变形，悬臂弹簧弯曲时，R_1 和 R_2 产生的变形相反。由式(4-32)可知，四臂的电阻变化相加，对测量结果起到放大作用，提高了测量灵敏度；对于温度变化而言，在相同的温度变化下，由温度效应引起的四臂电阻变化是相等的，故根据式(4-32)，其结果互相抵消，不会在电桥中产生多余的输出电压，从而实现了温度效应的自动补偿。

CSIR 孔壁应变计、CSIRO 空心包体应变计和 UNSW 实心包体应变计均采用四分之一桥线路，因为每个方向的应变变化由 1 个应变片测量，它只能在电桥中占据 1 个桥臂，电桥的另外 3 个桥臂由其他电阻元件组成。在应力测量过程中，只有电阻应变片（工作片）处于工作状态，其电阻会发生变化，其他 3 个桥臂的电阻是不发生变化的，此时：

$$u_{out} = \frac{u_{in}}{4}\frac{\Delta R_1}{R_1} \tag{4-33}$$

式中，R_1 和 ΔR_1 分别为电阻应变片的原始电阻值和阻值变化。

将式(4-32)代入式(4-33)，可得：

$$\varepsilon = \frac{4}{K}\frac{u_{out}}{u_{in}} \tag{4-34}$$

由于 K 和 u_{in} 是已知的，所以由电桥的输出电压即可求出应变值 ε，这就是采用惠通斯电桥测量应变的原理。

在实际测量中，若使 $u_{in}=\frac{4}{K}$，则式(4-34)变为：

$$\varepsilon = u_{out} \tag{4-35}$$

因此，电桥输出电压的读数就是应变的读数。

课后思考题

1. 地应力如何定义？
2. 地应力形成的主要原因有哪些？
3. 中国大陆板块边界受压与哪些板块有关？
4. 地幔热对流如何引起应力场？

5. 描述地应力测试方法的研究现状。
6. 什么是 Kaiser 效应法(声发射法)?
7. 地应力对岩石工程有何重要性?
8. 地应力场的主要组成部分是什么?
9. 为什么地应力的测量和研究非常重要?
10. 近年来,地应力测量技术有哪些显著的发展?

第5章

岩石断裂特性

5.1 岩石断裂概述

20 世纪 60 年代以来，断裂力学被引入地学中，较好地解释了地震震源的低应力降和差应力引起岩石膨胀-扩容的现象，成为震源物理学科发展的新起点。因此，利用断裂力学的方法与成果研究地震及断层的产生与运动已成为国际地震学界的重要研究内容。岩石断裂力学是固体力学、断裂力学、岩体力学和统计力学的结合，是力学与地学、岩土工程的交叉学科，其应用十分广泛。除了建筑物、大坝、核电站地基、隧道等岩土工程外，还涉及断层破裂问题。由此发展出了地震震源力学以及矿山、水库等诱发的地震成因等，甚至涉及天体的破裂问题。而岩石断裂往往受到以下几个因素的影响。

5.1.1 岩石断裂的物理要素

构造地震在本质上就是大尺度的岩体突然断裂导致的后果。岩石断裂不仅是力学过程，同时还涉及其他各种物理要素。因此，岩石断裂力学是震源物理中的基础学科。岩石断裂的物理要素首先是应力条件，涉及库仑应力变化、力源的作用距离；其次是流体的参与，涉及地球深部存在的超临界流体；最后是破裂面的滑动弱化或速率强化。这些要素不仅决定破裂的起始，还决定着破裂的停止。

5.1.2 小样品试验与百公里大尺度的推广

与一切物理学科一样，岩石断裂力学是一门以试验为基础的学科。试验的尺度覆盖了从微米级到百公里量级。小样品的研究结果能否外推广到野外大尺度岩体的问题，通常称为尺度效应或尺度不变性问题。理论上，衡量小样品试验是否满足尺度不变性的条件有 3 个相似性定理。关于这 3 个相似性定理的应用在其他学科已经有不少论著，但在岩石破裂试验中却论证不足。

小样品试验固然是重要的，但是涉及环境因素的岩体破坏问题，特别是存在流体和重力作用问题时，仅仅有小样品试验是不够的，还需要开展矿山等中尺度试验，并结合地震断层破裂的应用进行研究。

5.1.3 地球内部岩石断裂的地面物理测度

岩石断裂力学与地震预测问题密切相关。岩石破裂前的物理效应主要是声学现象，包括声发射(中小地震)、波速变化、波速各向异性、低频辐射等,其次是热效应、断层蠕变的加速、电磁效应和化学效应等。地震预测的进展主要受到地球内部的"不可入性",大地震的"非频发性"以及地震物理过程复杂性等困难的制约。构造地震的震源深度一般在 12 km 以下,孕震物理过程和物理效应通常都很微弱,如何在地面观测已成为极其困难的事情。我们希望能直接观测到震源深处的情况,但人类实施的可取岩芯的深井钻孔代价高昂,至今才寥寥几个,最深也才 11 660 m,这就是 20 世纪 80 年代苏联科学家们在科拉半岛上的 CK-3 超深钻井。因此,对孕震物理过程的直接观测在短时期内还得不到解决。地震预测的需求迫使人类必须做出努力,寻找在地面观测孕震的物理过程和物理效应的方法。

5.2　岩石断裂行为及表征方法

5.2.1　岩石断裂基本形式

通过不同的分析层次出发,断裂具有不同的分类方式。例如,从晶体学的层次去认识,我们可以将断裂分为解理断裂(cleavage fracture)与滑移断裂(gliding fracture)。而固体力学以工程材料或结构材料为主要研究对象,断裂从工程学角度可以分为脆性断裂(brittle fracture)与韧性断裂(ductile fracture),脆性断裂与韧性断裂同解理断裂与滑移断裂有某种联系,但不存在简单的关系。例如,单晶体锌在 −185 ℃下进行拉伸试验,可以在应变 $\varepsilon=2$ 后发生解理断裂,而按照工程分类,这应该属于韧性断裂。这表明,晶体学上的断裂机制同工程学上的断裂分类并不存在简单的关系。尤其工程材料未必是晶体,晶体所特有的性质,在一般工程材料中未必都具有。所以,如果提什么宏观模式与微观机制或它们之间有什么联系,那么就必须要谨慎。"微观"一词在物理上有很严格的规定,如果不加区分地使用这一名词,就会带来许多混淆。为了明确起见,一些专家建议最好说明在什么层次上和在多大尺度上进行讨论,进而去寻找不同层次间的关联和不同尺度间的关联。

5.2.2　裂纹的成核与扩展

在影响材料力学性能的诸多因素中,裂纹或类裂纹缺陷的存在与扩展是一个极其重要的因素。在岩石断裂过程中,存在两个不同而相互联系的阶段(也称为相),即裂纹的成核与扩展。同塑性变形有关的断裂、裂纹的形成是滑移的直接结果。就晶体材料而言,普遍接受的观点是:裂纹成核是塑性变形局部受阻的结果。对这一观点的进一步解释,学者们提出了几种机制,其中有位错塞积机制和位错反应机制。位错是一种晶体缺陷。图 5-1 说明了在一简单立方晶格中刃型位错的原子排列的基本概念。位错塞积形成微小裂纹如图 5-2 所示。

裂纹由位错塞积或位错反应成核,其尺寸较小(若由 100 个位错塞积而成,尺寸为 100×10^{-8} cm。若由 10 000 个位错塞积而成,尺寸为 $10\,000\times10^{-8}$ cm),属于微裂纹,它们属于材料科学和物理学的研究范畴,本质上超出了固体力学的研究范畴。

这种微裂纹演化成宏观裂纹(0.1 mm～1 cm)是一个很复杂的过程,固体力学的方法很难处理这一过程。

尺寸在 0.1 mm～1 cm 的宏观裂纹已经对材料与结构的完整性和安全性构成威胁。在

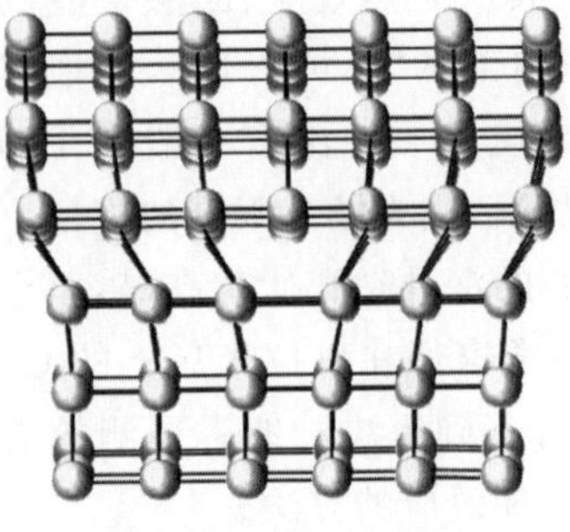

图 5-1　刃型位错

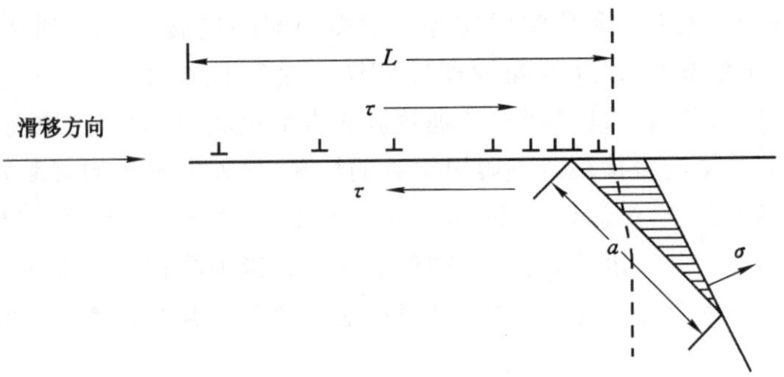

图 5-2　位错塞积模型

某些条件下(如低温、循环加载或介质腐蚀等)，它们进一步扩展将导致岩体的破坏。

5.3　岩石格里菲斯断裂准则

5.3.1　格里菲斯理论

断裂力学是从材料强度角度提出的。随着固体物理、物理力学等学科的发展，人们已能够大致从理论上计算出某些固体材料，特别是单晶体的理论抗拉强度 σ_t。例如，奥罗万(Orowan)得到 $\sigma_t \approx E/2\pi$；茹柯(Zhurkov)得到 $\sigma_t \approx E$，其中 E 为杨氏模量。但试验中测得的实际材料强度远远低于计算所得的理论强度，两者往往相差几个数量级。这一情况吸引着不少学者去研究现有材料的强度比理论强度低的原因。人们很早就认识到，这是由于实际固体中存在着大量缺陷所致，但这种认识在很长一段时期内只停留在定性说明阶段。而对于缺陷如何定量地影响材料的强度，直到断裂力学的产生，才得到较明显的进展。

$$\sigma_{\max} = (1 + 2a/b)\sigma \tag{5-1}$$

式中，a 为椭圆长轴半径；b 为椭圆短轴半径。

椭圆长轴端点处的曲率半径为 $\rho = b^2/a$，式(5-1)又可以改写成：

$$\sigma_{\max} = (1 + 2\sqrt{a/\rho})\sigma \tag{5-2}$$

弹性力学称具有椭圆孔一类结构特殊点的应力远大于远处(净截面)应力(名义应力)的现象为应力集中，并定义应力集中系数为：

$$\sigma = \frac{\sigma_{\max}}{\sigma} \tag{5-3}$$

因而椭圆长轴端部的应力集中系数为：

$$\alpha = 1 + 2\sqrt{a/\rho} \tag{5-4}$$

当 ρ 很小时，α 很大。当 $b \to 0$ 时，椭圆孔就退化为长为 $2a$ 的直线裂纹。更一般的提法是 $\rho \to 0$。按上述计算公式得到 $\alpha \to \infty$，这样的结果不能用传统的连续介质力学的观点来解释。

格里菲斯没有直接考虑裂纹尖端的应力绕过这一矛盾，于 1920 年提出脆性断裂的第一个定量理论。

在格里菲斯之前，1913 年英格利斯（Inglis）得出了无限大板中含有一个穿透板厚的椭圆孔的弹性力学精确分析解，称为 Inglis 解。他是用椭圆坐标计算的，在形式上比较复杂。当椭圆孔的短轴径 $b \to 0$ 时，它退化成一个长度为 $2a$ 的穿透板厚的裂纹，这里的 a 为椭圆的长轴半径。在计算中，裂纹的应力与位移均已给出。数年后，格里菲斯在研究玻璃与陶瓷这类脆性材料断裂时，认为裂纹的存在与传播是导致断裂的原因。他所指的裂纹，即 Inglis 解中当椭圆短半轴超于零时退化成的割缝。这个被理想化了的缺陷称为格里菲斯裂纹，如图 5-3 所示。

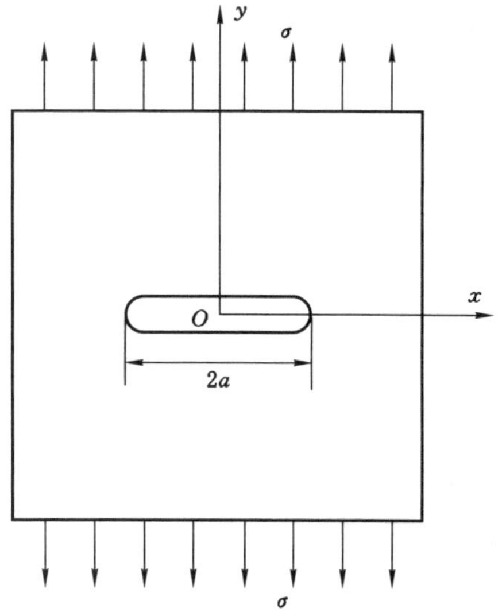

图 5-3 受拉伸的格里菲斯裂纹

根据 Inglis 解，格里菲斯计算出由于裂纹的存在导致板的应变能的变化值 U，则：

$$U = \frac{1-\nu^2}{E}\pi a^2 \sigma^2 \tag{5-5}$$

这是针对平面应变状态（板为无限厚）计算的，若针对平面应力状态（板为无限薄）计算，则 $U=\pi a^2 \cdot \sigma^2/E$。若 σ 不是外拉伸应力，而是作用在裂纹面上的内压，仍有相同的结果。

在上述公式中，E 与 ν 分别代表材料的弹性模量与泊松比；a 为裂纹的半长；σ 代表垂直于裂纹面方向的拉伸应力。计算中板的厚度取为 1，所以 U 是单位厚度的能量。更确切地说，由于一个长度为 $2a$ 的穿透板厚的裂纹的应变能改变量为 U，是这个弹性系统的应变能的减少值（应变能）。

由于板的端部在外应力拉伸作用下发生了移动，所以外力对系统做了功。按照弹性力学的理论，这个外力功的变化值 W 等于应变能改变值 U 的 2 倍，则：

$$W = 2U \tag{5-6}$$

这是外界对系统做的功，若减去系统释放出来的能量 U，则：

$$W - U = U \tag{5-7}$$

这是系统所吸收的总能量。

由于有了 Inglis 的解，上述计算是初等的，但格里菲斯接着提出了一个大胆的创新的思想，即裂纹的出现使固体材料出现了一个新表面。此表面同液体的表面一样，具有表面能，系统所释放的能量 U 的一部分将转化成表面能。如果假设材料单位面积上的表面能为 γ，也就是表面张力，则表面能 S 为：

$$S = 4a\gamma \tag{5-8}$$

因为裂纹有上、下两个表面，所以裂纹表面面积为 $A=4a \cdot 1$。格里菲斯建议，若上述能量交换保持关系：

$$\frac{\mathrm{d}}{\mathrm{d}A}(W-U) = \frac{\mathrm{d}}{\mathrm{d}A}S \tag{5-9}$$

则裂纹处于临界平衡状态。

式(5-9)可以改写成：

$$\frac{\mathrm{d}}{\mathrm{d}a}(W-U)=\gamma \tag{5-10}$$

5.3.2 格里菲斯理论的发展

格里菲斯的重大贡献在于，他将宏观缺陷对材料强度与韧性的影响给予了定量的揭示，在连续力学中引进了新思想、新概念。格里菲斯理论的成功在于，他把宏观缺陷在几何上理想化之后，将其作为连续力学中的一种边界条件，则连续力学的方法在分析与缺陷有关的材料的强度与韧性问题上仍然有效。所以，格里菲斯是连续力学断裂理论的奠基人。

然而，自 1920 年格里菲斯理论提出之后，在相当长的时间里，该理论的影响仅局限在纯学术界而未得到工程应用。究其原因在于：首先，在那个时期，表现为纯脆性断裂的工程材料并不很多；其次，对广泛使用的大多数金属材料而言，格里菲斯判据不能够达到满意的吻合度。例如，埃尔多安（Erdogan）认为，格里菲斯判据只给出了断裂的必要条件，而并非充分条件。其实格里菲斯判据[式(5-9)]是充分的，因为：

$$\frac{\mathrm{d}}{\mathrm{d}A}\left[\frac{\mathrm{d}}{\mathrm{d}A}(W-U)-\frac{\mathrm{d}S}{\mathrm{d}A}\right]>0 \tag{5-11}$$

针对上述困难，1948 年奥罗万指出，金属材料由于断裂前会发生显著的塑性变形，裂纹体释放出来的能量($W-U$)相当大一部分将转化成裂纹附近的塑性变形功 γ_p。此物理量是耗散性的，同表面能一样，对裂纹扩展起阻止作用，与结晶固体的表面能 γ 相比，我们发现 $\gamma_p \gg \gamma$（同一材料的 γ_p 比 γ 至少大 3 个数量级）。对塑性较好的材料，γ 可以略去不计。这说明，对于金属材料而言，裂纹附近的塑性变形功是阻止裂纹扩展的实际抗力，而不是表面能。因此，奥罗万建议对格里菲斯判据做如下修正：

$$\sigma_c=\begin{cases}\sqrt{\dfrac{2E(\gamma+\gamma_p)}{\pi(1-\nu^2)a}} & (\text{平面应变状态})\\[2ex] \sqrt{\dfrac{2E(\gamma+\gamma_p)}{\pi a}} & (\text{平面应力状态})\end{cases} \tag{5-12}$$

$$a_c=\begin{cases}\sqrt{\dfrac{2E(\gamma+\gamma_p)}{\pi(1-\nu^2)\sigma^2}} & (\text{平面应变状态})\\[2ex] \sqrt{\dfrac{2E(\gamma+\gamma_p)}{\pi\sigma^2}} & (\text{平面应力状态})\end{cases} \tag{5-13}$$

几乎与奥罗万同时，欧文（Irwin）于 1948 年提出对格里菲斯理论的修正。他引进一个新记号 G：

$$G=\frac{1}{2}\frac{\partial}{\partial\alpha}(W-U) \tag{5-14}$$

式(5-14)称为裂纹能量释放率，或者裂纹扩展力。从形式上看，它与格里菲斯判据[式(5-9)]的左端一样，进而欧文建议：

$$G=G_c \tag{5-15}$$

作为裂纹临界平衡状态的判据，其中 G_c 代表 G 的临界值，为一材料常数，由试验测定。虽然由试验测定 G_c 包含了许多极其复杂问题，从工程应用的角度上考虑，判据[式(5-14)]比判据[式(5-10)]简单、方便，因为 γ_p 的测定更困难。欧文判据的提出，是线弹性断裂力学诞生的一个标志。因为 G_c 不仅局限于代表材料的表面能，欧文的理论还适用于金属材料的准脆性破坏(破坏前,在裂纹顶端附近有相当范围的塑性变形区(图 5-4),因而发展了格里菲斯理论。

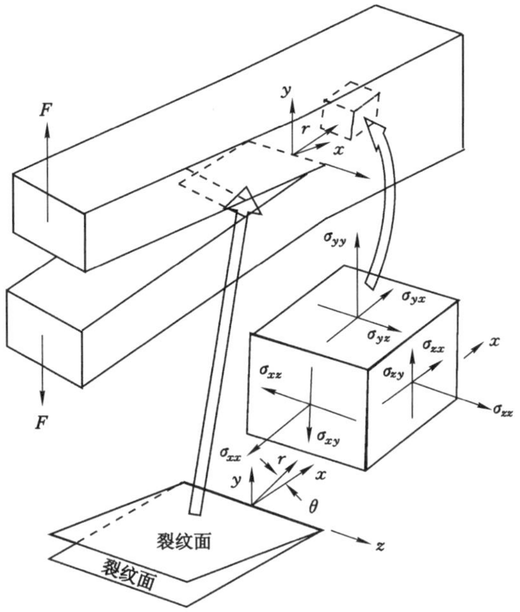

图 5-4 裂纹顶端附近结构

5.4 岩石断裂韧性测试原理与方法

概括起来,传统的强度计算可分为以下步骤:

第一,按照构件的形状、尺寸和受力情况,计算构件的工作应力 σ 或所选用强度理论的相当应力 σ_r。

第二,用试验方法确定材料的极限应力 σ°,在不同的情况下,σ°分别表示材料的屈服点 σ_s、抗拉强度 σ_b 或疲劳极限 σ_f。

第三,建立强度条件:

$$\sigma_r \leqslant \frac{\sigma^\circ}{n} = [\sigma] \tag{5-16}$$

式中,n 为安全系数;$[\sigma]$为许用应力。

计算工作应力时,认为材料是均匀连续、各向同性和变形微小的。用试验确定极限应力 σ°时,一般采用表面光滑的试件。至于计算方法不尽精确、材料组织未必均匀以及荷载估计难以准确等影响因素,都考虑在安全系数之中。

然而,伴随工业生产的发展以及高强、大型和焊接结构的广泛使用,人们逐渐发现,脆断事故大量地发生在货船、飞机、桥梁、锅炉、石油或化工压力容器中。起初,这些事故未能引起足够的重视,曾一度被认为是由偶然因素所造成的。直到 20 世纪 50 年代,美国北极星导弹固体燃料发动机壳在试验时发生爆炸事故,才普遍地引起了人们的重视。

人们围绕着事故进行了大量的调查研究后,发现脆断时工作应力远低于材料的屈服点。因此,这些断裂事故不能用传统的材料力学来解释。通过对断裂事故的分析和大量的试验研究发现，低应力脆性断裂总是由裂纹扩展所导致的。在实际构件中，理想的均匀连续材料是不存在的，它经常带有夹渣、裂纹和划痕等的缺陷。这些缺陷在使用过程中，将逐渐发展成为裂纹，裂纹的扩展导致了构件的断裂。

如前所述，材料组织不均匀等因素虽已包含在安全系数之中，但裂纹对构件强度的影响过去缺乏可靠的理论依据。因此，安全系数就会选取得时而太大、时而太小。为了研究裂纹扩展的规律性，防止低应力脆断，形成了一门崭新的学科——断裂力学，它提供了裂纹对强度影响的理论依据。

断裂力学以构件内存在缺陷为前提，建立了符合客观情况的理论和试验方法。它的任务不仅研究裂纹扩展的规律性，还通过分析裂纹周围的应力和应变以及测试带有裂纹的试件的力学性质，建立断裂的判据。它可以解决构件的选材，确定构件的允许最大初始裂纹尺寸，估计构件的疲劳寿命、剩余强度和检修周期等问题，从而保证构件的安全使用。

5.4.1 断裂韧性的定义

材料在低应力下发生脆断的现象在日常生活中也是经常碰到的。例如，常见的玻璃、陶瓷类产品，当它们有裂纹时，往往在很小的外力作用下就会断裂。裁玻璃就利用了这一特点，用钻石刀在玻璃表面上划一条很浅的刻痕，稍加外力，玻璃就会沿刻痕整齐地分成两块。如果玻璃没有划痕，就能承受一定的外力作用。这一事实说明，玻璃、陶瓷这类脆性材料中有裂纹存在时，其强度将严重地削弱。

为了弄清楚裂纹(表面裂纹)对材料强度影响的规律，有人曾用玻璃制成试件，在其表面预制深浅不同的裂纹。通过拉伸试验发现，玻璃试件被拉断的名义应力(称为临界应力，用符号 σ_0 表示)与裂纹深度 a 的平方根成反比。这说明，随着裂纹深度的增大，试件断裂的临界应力逐渐降低。因此，裂纹是造成低应力脆断的主要原因。

在高强度钢和大断面的中、低强度钢构件中也有类似现象，随着裂纹深度的增加，构件断裂的临界应力逐渐降低。

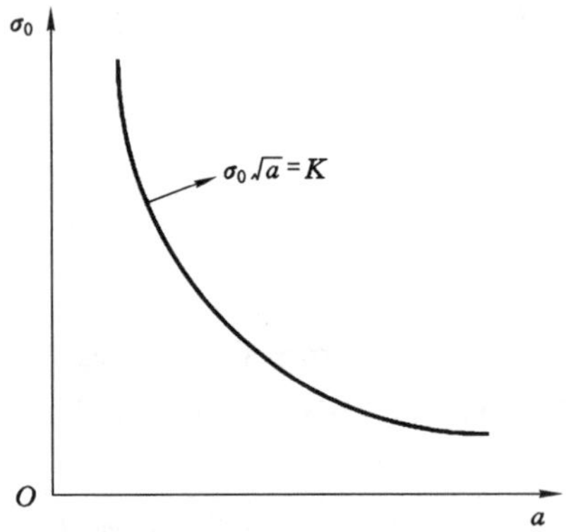

图 5-5　σ_0 - a 曲线

以上是针对表面裂纹而言的。如果是贯穿整个厚度方向的穿透裂纹，那么临界应力就与裂纹长度的平方根成反比，如图 5-5 所示。试验结果可用数学表达式表示，则：

$$\sigma_0\sqrt{a} = K \tag{5-17}$$

研究表明，构件断裂时的临界应力 σ_0 与裂纹深度(或长度)a 的平方根的乘积为一常数 K。需要指出的是，对于同一材料，常数 K 是不变的；对不同材料，常数 K 是不同的。这是材料本身固有的物理性能。由式(5-17)可知，裂纹尺寸 a 一定时，K 值越大，裂纹扩展的临界应力 σ_0 就越高。因此，常数 K 反映了材料阻止裂纹扩展的能力，可以看作材料抵抗脆性破坏能力的一个断裂韧性参量。

断裂韧性参量 K 比传统的韧性指标有较大的优越性。传统的韧性指标与强度指标是分开的。强度指标是在对试件均匀加载条件下测得的；冲击韧性是在摆锤一次打断试件时测定的，是参考性的指标。断裂韧性参量既是强度指标，又是韧性指标。有了这个参量，就可以按式(5-17)计算出构件含有裂纹尺寸 a 时的临界应力 σ_0，从而确定构件的安全承载能力；也可以在给定的荷载下，确定裂纹的允许尺寸 a_c，从而能够建立相应的质量标准。

断裂韧性的测试方法与常规机械性能者类似。不过在传统的强度计算中，认为材料是均匀连续的，所以用来测试常规机械性能的试件通常是光滑的；试验时，要测出荷载和试件工作长度伸长(缩短)量间的关系。而断裂韧性是材料抵抗裂纹扩展能力的一种量度，用来测试这种性能的试件是带有裂纹的；试验时，要测出荷载和试件缺口(裂纹)张开位移间的关系。

按加载速率分，断裂韧性有静态、准静态和动态 3 种。静态断裂韧性可在普通全能材料试验机上测定。为了监视裂纹扩展情况并自动记录，需增添相应的仪器设备，如荷载传感器、位移传感器、应变仪(或数据放大器)和 X-Y 函数记录仪等。若用电子拉力机，或者专用的断裂韧性试验机，则机器本身带有荷载传感器、X-Y 函数记录仪等仪器。下面介绍测试断裂韧性常用的一些设备和仪器。

5.4.2 断裂韧性测试实验常用设备与仪器

(1) 试验机

在《金属材料平面应变断裂韧度 K_{IC} 试验方法》(GB/T 4161—2007)中建议，试件加载速率应能使应力强度因子增加速率在 100～500 kgf①/(mm$^{3/2}$ · min)范围内。对于厚为 25 mm 的试件，相应的加载速率约为 1 800～9 000 kgf/min，拉伸速率为 0.5～2 mm/min。一般全能试验机能够满足上述的加载条件。强度和韧性不同的材料的试件尺寸差别很大，要求试验机的吨位也很不同。这可根据材料的屈服点 σ_s 和断裂韧性 K_{IC}(估计值)，按照

$$\begin{cases} B = 2.5(K_{IC}/\sigma_s)^2 \\ P = 0.15 K_{IC} B^{3/2} \end{cases} \tag{5-18}$$

计算试件厚度 B 和荷载 P 的大小。如采用标准三点弯曲试件(图 5-6)，则可从表 5-1 中选择所需的试验机吨位。

表 5-1 标准三点弯曲试件所需的试验机吨位

K_{IC}/σ_s /mm$^{1/2}$	B /mm	K_{IC}(kgf/mm$^{1/2}$)							
		800	700	600	500	400	300	200	100
		P/t							
12	360	820	720	610	510	410	310	200	100
10	250	470	410	350	300	240	180	120	60
8	160	220	220	190	150	120	90	60	30
6	90	100	90	80	65	50	40	25	132
5	62.5	60	53	45	40	30	23	15	7.5
4	40	30	26	23	19	15	12	7.5	3.8
3	22.5	13	11	9.6	8.0	6.4	4.8	3.2	1.6
2	10	3.8	3.8	2.9	2.4	1.9	1.4	1.0	0.5

① 1 kgf=9.807 N，下同。

目前，国内使用的试验机有油压式和机械传动式两种类型，荷载的大小都是由丝杆带动指针旋转而在示力盘上读出。

(2) 荷载传感器

为了绘制精确的荷载-张开位移图，需将荷载值转换成电量，此电量信号经放大后，由记录仪显示或绘成图线。因此，需在加载线上串接一个荷载传感器(图 5-6)。荷载传感器起着将机械量转换成电量的作用。为了便于监测出裂纹的局部突进，在测力计、夹具和连接件的设计中，应注意到它们的刚度，力求系统的刚度较大。

国内现已按系列生产不同量程的荷载传感器，可供选用。但在试验机加载线上串联荷载传感器后，会减小试验机的工作空间，有时甚至使测试工作不能进行。例如，做板材平面应力断裂韧性试验时，试件一般较长，它和荷载传感器、夹具连接后，总长度常会超过上、下横梁间的距离。此时，可在试验机的绘图机构上装置一个线性电位器，将与荷载值成正比的绘图笔水平位移转换成电量输出，称为滑线式荷载传感器(图 5-7)。这种荷载传感器可不减小机器的有效工作空间，还具有制造简单和精确度高(误差为 1%左右)等的优点，适宜于做各种断裂韧性试验。

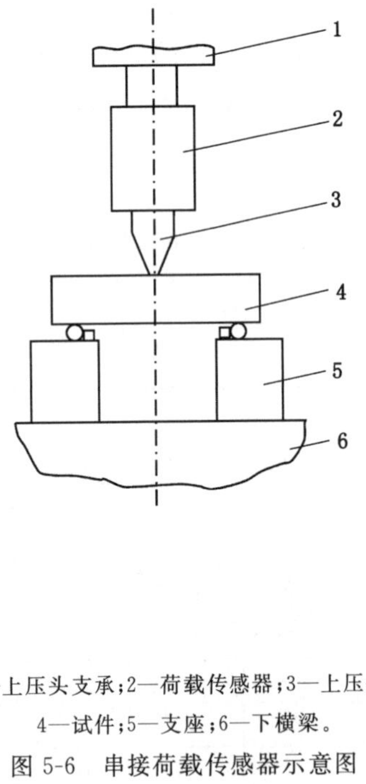

1—上压头支承；2—荷载传感器；3—上压头；4—试件；5—支座；6—下横梁。

图 5-6　串接荷载传感器示意图

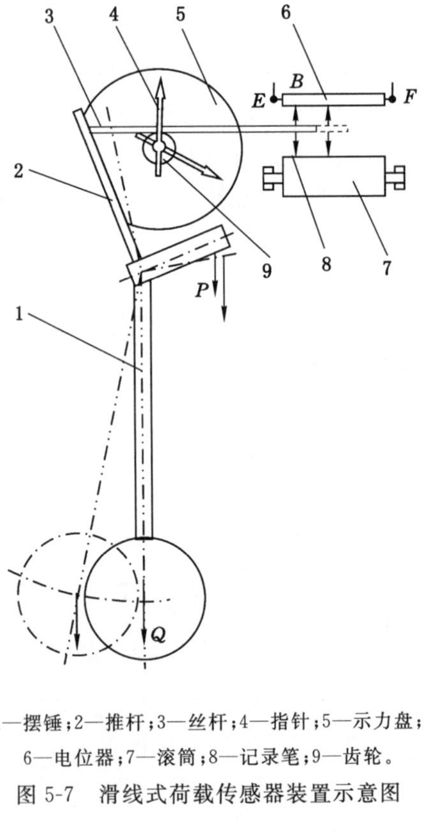

1—摆锤；2—推杆；3—丝杆；4—指针；5—示力盘；6—电位器；7—滚筒；8—记录笔；9—齿轮。

图 5-7　滑线式荷载传感器装置示意图

5.4.3　平面应变断裂韧性 K_{IC} 的测试

现以三点弯曲试件为例来说明测试平面应变断裂韧性 K_{IC} 的步骤。

(1) 试样制备

在实际构件中取样时，试件的裂纹取向应与构件中最危险的裂纹方向一致。在压力容器中，最危险的常是在环向应力作用下，沿厚度方向扩展的内外表面裂纹。因此，可取 C-R 向（C 为切向，R 为径向）的三点弯曲或拱形三点弯曲试件。拱形三点弯曲试件不仅加工方便，且由于充分利用了管壁全厚，容易满足小范围屈服的力学条件，从而可得到有效的 K_{IC}值。

试件粗加工和热处理后，再进行精加工，各面间需要互相垂直或平行，总长上的偏差应小于 0.001W。包迹的顶点即疲劳裂纹的顶端。

小试件可用电火花线切割机制出切口，切口根部圆弧半径应小于 0.08 mm；大试件采用山形切口，切口根部半径应等于或小于 0.25 mm。

（2）疲劳预测

为了模拟实际构件中存在的尖锐裂纹，使所得的 K_{IC}数据可以对比和实际应用，试件必须用疲劳荷载预制裂纹，要求如下：

① 为了保证裂纹平直和足够的尖锐，至少在最后 2.5%的扩展阶段中，所用的 K_{fmax}/E 应不大于 0.01 $mm^{1/2}$（对铝合金不受此约束）；K_{fmax}应不大于 K_{IC}的 70%（对铝合金应不大于 K_{IC}的 80%）。

② 疲劳裂纹长度应不小于 2.5%W，其中 W 为试件高度，且不小于 1.5 mm。

③ 最后的裂纹总长度（预制切口加疲劳裂纹）a 应控制在（0.45～0.55）W 范围内。

（3）测量试件

① 试件厚度应在疲劳裂纹前缘韧带部分测量 3 次，取其平均值作为 B。测量精度要求 0.02 mm 或 0.1%B，取其中的较大者。

② 试件高度应在切口附近测量 3 次，取其平均值作为 W 值。测量精度要求 0.02 mm 或 0.1%W，取其中的较大者。

（4）试验程序

在弯曲试验时必须采用专用的支撑辊，并且应注意下列的事项：

① 支撑辊要能自由滚动，以使试件和支承间的摩擦所引起的误差减到最小。

② 所加荷载的作用线要通过跨度（两个支撑辗中心间的距离）的中心，偏差应不超过跨度的 1%。

③ 跨度误差应在名义长度的 0.5%以内。

④ 裂纹端点要放在两个支撑辊间的中线上，偏差应不超过跨度的 1%。

⑤ 试件和支撑辊的轴线要呈直角，偏差应在 2°以内。

⑥ 事先要在试件上加工整体刀口或粘贴刀口，间距与裂纹面对称，刀口平行。安装夹式引申计时，要使刀口和引申计的凹槽配合好。

⑦ 将荷载传感器和夹式引申计分别接到应变仪，使输出信号放大，再分别接到 X-Y 函数记录仪上的荷载和位移接柱上。

⑧ 精心选择 X-Y 函数记录仪的量程，要使初始弹性部分直线斜率为 0.7～1.5，并使画出的图形大小适中。量程选定后，对荷载传感器和引伸计进行标定。

⑨ 加载速率要均匀，并使应力强度因子增加速率为 100～500 kgf/mm。如估算试件 K_{IC}约为 250 $kgf/mm^{3/2}$，则可在 0.5～2.5 min 内加载到断裂。加载时，应在曲线上记录初始荷载和断裂荷载。

⑩ 记录试验温度和断口外貌。

5.4.3 测定岩石断裂韧性的建议方法

由于岩石材料的特殊性和断裂韧性(K_{IC})测试比一般的强度测试更加复杂和困难，至今国际上还没有岩石断裂韧性测试的统一标准。20 世纪 60 年代以来，许多学者在借鉴金属断裂韧性测试方法的基础上，针对岩石材料的特殊性，在岩石断裂韧性测试方法研究方面进行了很多有益的探索。通常用于测定岩石断裂韧性的方法有：短圆棒试件、扭转试验、梁的弯曲试验和圆盘试验 4 类。其中，梁的三点弯曲试验常被采用。具体来讲，曾被用来测试岩石Ⅰ型断裂韧性的方法及试样类型有：中心直裂纹试样(CSCBD)、单边切槽裂纹试样(SECBD)、不预制裂纹的巴西圆盘测试(BDT)、修正岩石Ⅰ型断裂韧性测试方法以及圆盘测试(MRT)、压痕试验(IT)、径向裂纹环状试验(RCRT)、修正环状试验(MRT)、单边切槽半圆盘三点弯试样(HDB)、环形盘紧凑拉伸试样、轴向切槽圆棒压缩开裂试验(ACRBC)、单边切槽圆棒弯曲试验(SENRBB)、环向切槽圆棒弯曲试验(CNRBB)环向切槽圆棒离心加载试验(NRBEL)、环向切槽圆棒拉伸试验(CNRBT)、预制裂纹空心筒内压测试或爆破测试、单边直裂纹三点弯曲梁测试(SC3PB)、单边直裂纹四点弯曲梁测试(SC4PB)、双扭测试(DT)、双悬臂梁撕裂试验(DCB)、紧凑拉伸试验(CT)、边切槽圆盘劈裂试验(END)、厚壁圆筒试验(TWC)、点荷载试验等。图 5-8 总结了不同测试方法的岩石试件几何特征。

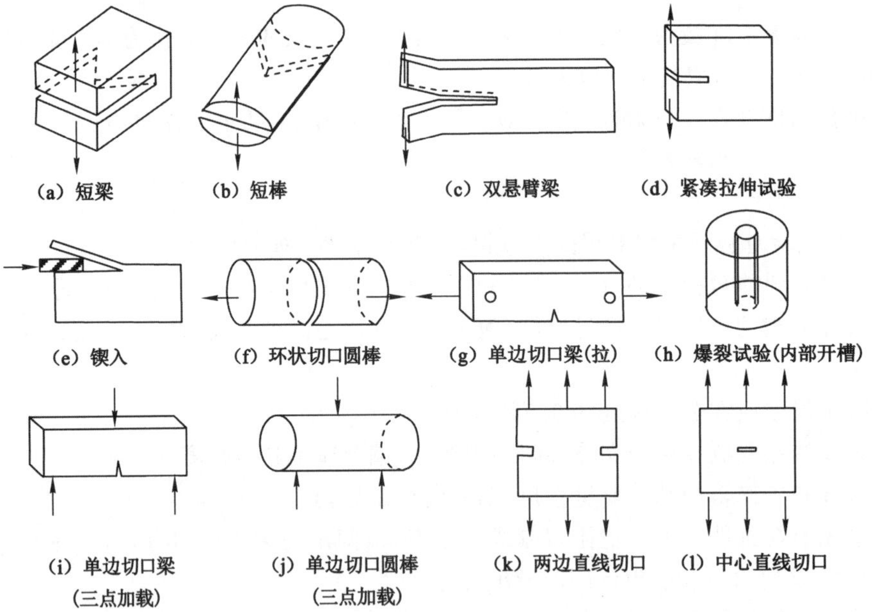

图 5-8 岩石断裂韧性不同测试方法采用的试样

国际岩石力学学会(ISRM)于 1988 年和 1995 年先后颁布了用于测定岩石断裂韧性的建议方法，包含 4 种试样：1988 年提出的人字形切槽三点弯曲圆棒(three-point chevron bend-CB)试样和人字形切槽短圆棒(chevron notched short rod-SR)试样，1995 年提出的人字形切槽巴西圆盘(cracked chevron notched Brazilian disc-CCNBD)试样和 2014 年提出的半圆盘三点弯曲试样(notched semi-circular bend-NSCB)试样。图 5-9 展示了 ISRM 推荐的 4 种测试方法具体的加载方式和试样结构，其中 1988 年 ISRM 建议方法标准试件尺寸要求见表 5-2。

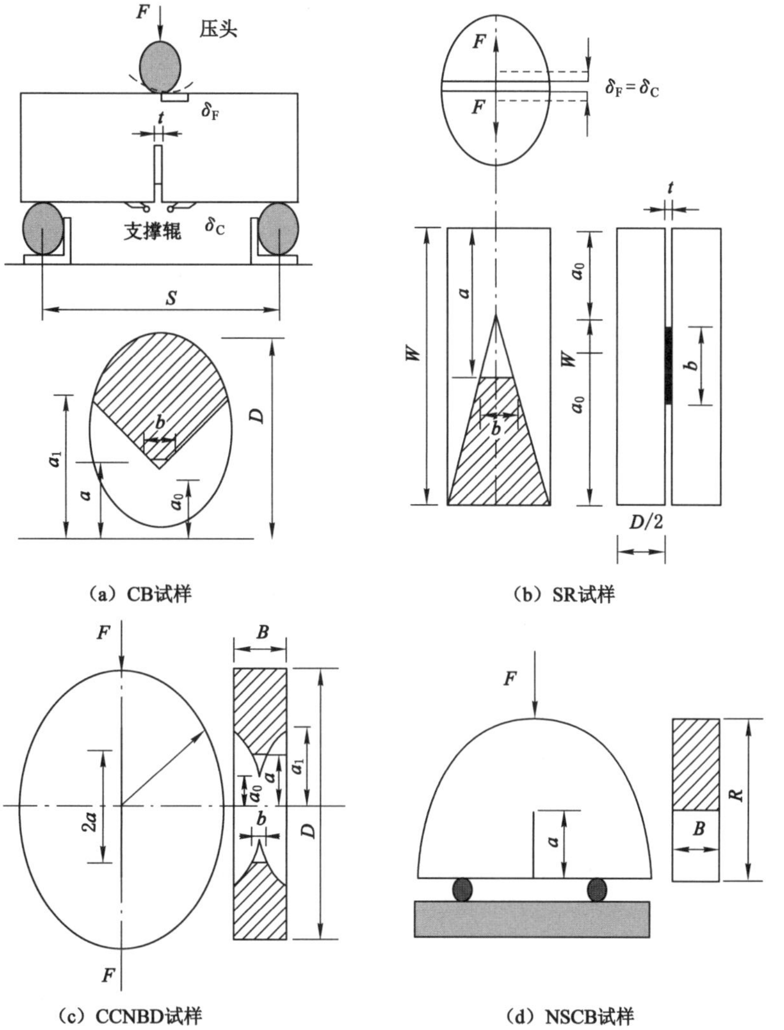

图 5-9　ISRM 推荐的 4 种测试方法试件

表 5-2　1988 年 ISRM 建议方法标准试件 CB 和 SR 尺寸要求

三点弯曲试件(CB)		短棒试件(SR)	
参数名称	尺寸	参数名称	尺寸
试件直径 D	＞10×颗粒尺寸	试件直径 D	＞10×颗粒尺寸
试件长度 L	$4D$ 或＞$3.5D$	试件长度 L	$4.5D$ 或＞$3.5D$
支撑宽度 S	$3.33D\pm0.002D$	V 形夹角 θ	$54.6°\pm1°$
V 形夹角 θ	$90°\pm1°$	V 尖位置 a_0	$0.48D\pm0.02D$
V 尖位置 a_0	$0.15D\pm0.1D$	V 形长度 $W-a_0$	$0.97D\pm0.02D$
切槽宽度 t	$\leqslant0.03D$ 或 1 mm	切槽宽度 t	$\leqslant0.03D$ 或 1 mm

人字形切槽三点弯曲圆棒试样是最早被国际岩石力学学会批准的作为测试岩石断裂韧度的试样，采用的是V形切口，这种试样大体形状和岩芯形状相似，提出后迅速被岩石力学界广泛认可。

人字形切槽短圆棒和人字形切槽三点弯曲圆棒一同被提出，V形切槽测量出来的断裂韧度离散值更小，更贴近岩石的真实断裂韧度。

人字形切槽巴西圆盘试样体积比较小，但是临界荷载很高，试样加载比较方便，不需要复杂的夹具，而且加工误差对实验结果影响较小。其标准尺寸要求如表5-3所列。

表5-3　1988年ISRM建议方法标准试件CCNBD尺寸要求

参数名称	$\alpha_0=a_0/R$	$\alpha_1=a_1/R$	$\alpha_B=B/R$
尺寸	0.1～0.4	0.4～0.8	0.44～1.04

注：尺寸统一采用无量纲形式，a_0为初始裂纹长度；a_1为最大切槽长度；B为试样厚度；R为试样半径。

由于圆盘具有诸多优势，众多学者运用这种试样测试岩石断裂韧度，并且不断将圆盘试样进行改进。国际岩石力学学会于2014年提出了半圆盘三点弯曲试样(NSCB)试样。半圆三点弯曲试样标准尺寸如表5-4所列。半圆盘三点弯曲试样被提出之后，不仅在岩石强度测试中被广泛使用，在沥青、石膏和煤炭等材料的强度测试中均被使用。这种试样具有诸多优点：试样制作简单方便，加工精度要求不高；加载时不需要特殊的夹具，操作方便；对荷载敏感性较好，较小的荷载能获得较大的力的反馈。

表5-4　2014年ISRM建议方法标准试件NSCB尺寸要求

参数名称	半径 R	厚度 B	裂缝长度 a	加载间距 S
尺寸	>5倍粒径或38 mm	>0.8R或30 mm	$0.4\leqslant\frac{a}{R}\leqslant0.6$	$0.5\leqslant\frac{a}{2R}\leqslant0.8$

为了更好地比较这4种标准试件的优缺点以及对每种试件有更直观的了解，将每种试件的优缺点进行总结，见表5-5。

表5-5　4种断裂韧性测试试样类型对比

试件类型	优点	缺点
CB	充分考虑了岩石材料特性，且V形切口比直裂纹可以更准确地模拟Ⅰ型裂纹扩展状态。测出的断裂韧度值比较接近真实值	试件加工过程复杂，要求配备特定的切割机夹具，保证加工时不引起试件损伤，对精度要求比较高
SR		
CCNBD	试样体积小，能承受较大荷高荷载，避开了加工尖锐直裂纹的困难	试件加工麻烦，精度要求高，需要配备特殊的夹具
NSCB	试件加工方便，加载不需配备特殊的夹具，对荷载反馈较为敏感	受尺寸效应影响较大，难以准确标定其精确形状因子

课后思考题

1. 岩石断裂力学是如何引入到地学中的？它对地震研究有何影响？
2. 岩石断裂受到哪些主要物理要素的影响？
3. 如何评价小样品试验结果外推到大尺度岩体的可行性？
4. 为什么说地震预测是一个困难的问题？
5. 岩石断裂的基本形式有哪些？
6. 什么是裂纹的成核与扩展？
7. 晶体学上的断裂机制与工程学上的断裂分类有何关系？
8. 如何理解“微观”一词在断裂力学中的使用？
9. 如何结合小样品试验和中尺度试验来研究岩体破坏问题？

第 6 章

岩石孔隙与渗透特性

6.1 岩石孔隙概述

6.1.1 基本概念

自然界各类岩石中总是存在着大大小小形状各异的宏观孔隙(如断裂空隙、大裂隙、溶洞等)和微观孔隙(如晶间裂隙、粒间孔隙、溶蚀孔隙等),如图 6-1 和图 6-2 所示。这些孔隙具有一定的普遍性,并且其所占据的空间与岩石的地质成因及后期的地质作用有关,影响着岩石的其他物性。在岩石中与流体有关的学科中,孔隙度是岩石的一项重要性质参数,如在石油开发、天然气开发、水文地质、地下污染防治等方面。

图 6-1　自然界的宏观岩石孔隙

岩石的孔隙主要由矿物或碎屑颗粒之间的孔隙空间、晶粒或碎屑内的裂隙空间和各种各样的溶蚀空间构成,这些孔隙在不同岩石中的发育程度差异很大,一般用孔隙度来衡量其孔隙的发育程度。同时,在地下的这些孔隙中往往包含流体(如地下水、石油和天然气等),这些流体可以沿着孔隙流动。

岩石中的孔隙有封闭的,也有相互连通的;有三维分布的,也有一维和二维分布的。同时,孔隙的形状也是各种各样、千差万别。岩石中的孔隙大小差别也很大,大的如岩石溶洞,小的甚至肉眼看不见,如石板可以渗水就是存在微小孔隙的缘故。因此,对岩石孔隙度的研究具有重要的理论意义和实用价值。

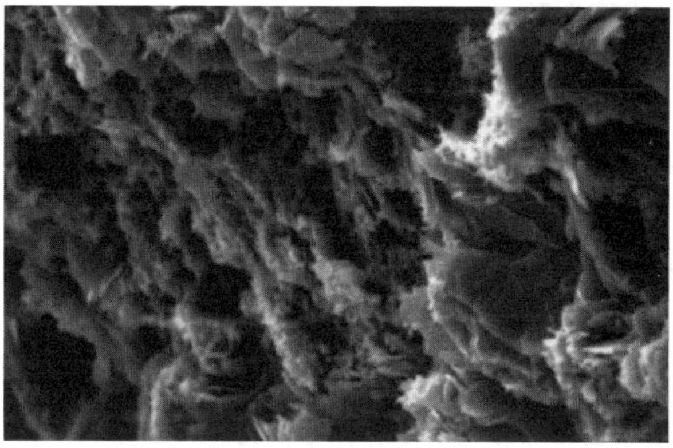

图 6-2　岩石微观孔隙

6.1.2　影响岩石孔隙度大小的因素

6.1.2.1　颗粒特征

岩石中矿物或碎屑物颗粒的粒度、颗粒的排列方式、粒度的均匀性、各粒级的含量以及颗粒的形状等都直接影响着岩石的孔隙度。一般来说，颗粒度均匀的岩石，其孔隙度大于非均匀的岩石；当大颗粒与细颗粒混合时，细颗粒越多孔隙度越小。粒状、片状和柱状颗粒组成的岩石，一般粒状颗粒的孔隙度大于片状和柱状，片状和桂状颗粒的定向程度越高，孔隙度越小。颗粒的排列方式不同也影响岩石的孔隙度，如等大球体颗粒立方排列时孔隙度为47.6％，而菱形排列时孔隙度为 25.9％。

6.1.2.2　胶结程度

对于自然界的各类岩石，一般在其孔隙中大多都发育有各种胶结物，如硅质、钙质和泥质等胶结物。因此，胶结物越多，占据的孔隙越多，自然就会影响岩石的孔隙度。另外，岩石形成后，在其孔隙中往往会形成一些次生矿物，也会降低其孔隙度。当地下流体运动时，所含的矿物质在孔隙中发生沉淀作用，也会降低岩石的孔隙度。

6.1.2.3　沉积方式

对于沉积岩来说，不同的沉积方式形成的岩石，其孔隙度差别较大。一般来说，风力搬运沉积物的孔隙度小，而且风力搬运距离越远的沉积物的孔隙度越小。化学沉积物岩石的粒间孔隙度非常小，只有裂隙和溶蚀孔隙。水力作用沉积物的孔隙度变化范围很大，与沉积时的水动力系件空化和所含碎屑物特征等有关，一般快速堆积沉积物的孔隙度大于缓慢堆积沉积物的孔隙度。另外，孔隙度还与沉积环境的关系比较密切，如在河流相、三角洲相、湖泊相、浅海相和深海相等中。一般情况下，湖泊相和浅海相砂岩具有较高的孔隙度，而河流相和三角洲相沉积物的孔隙度较低。

6.1.2.4　压实程度

沉积物经后期的压实成岩作用，使得岩石体积变小、孔隙减少，同时孔隙中的流体也减少。因此，岩石的压实程度越大，岩石的孔隙度越小。除此之外，在压实成岩过程中往往伴随着胶结物的产生，会进一步降低孔隙度。

6.1.2.5 裂隙和溶孔发育程度

对于岩浆岩、变质岩和沉积岩来说，在构造应力作用、风化作用、溶蚀作用、生物作用等作用下，岩石内部会产生各种各样的裂缝、孔隙和溶洞等，并且在这些作用下产生的各种孔隙在自然界岩石中普遍存在。这些裂隙、孔隙和溶洞的发育与否，决定着岩石孔隙度的大小。不同的地质作用形成的孔隙，具有各自的特征，如挤压应力会形成较平滑的共轭裂隙，张应力会形成不规则的拉张裂隙，风化面附近的岩石风化破碎形成的孔隙，碳酸盐的溶蚀孔洞等。

6.1.3 岩石孔隙类型

(1) 按孔隙大小和在渗流当中所起的作用不同分类

① 超毛细管孔隙。孔隙直径大于 500 μm，裂缝宽度大于 250 μm，流体可以在其中流动。

② 毛细管孔隙。孔隙直径介于 500～0.2 μm，裂缝宽度介于 250～0.1 μm，只有当外力大于毛细管力时，其中流体才可流动。

③ 微毛细管孔隙。孔隙直径小于 0.2 μm，裂缝宽度小于 0.1 μm。在常温、常压下，流体在其中不能流动。

(2) 按形态和形成原因分类

① 孔洞型孔隙。孔洞型孔隙是指由于生物活动、化学作用、物理风化等原因形成的圆形或近似圆形的空隙。它们通常呈现出明显的层状或点状分布，可以形成岩石中的孔洞和洞穴。

孔洞型孔隙是岩石中最常见的孔隙类型之一，主要分为天然和人工两类。天然孔洞型孔隙通常由生物活动、水流侵蚀和地质化学反应等因素形成。其中，生物活动是岩石形成过程中最主要的孔洞形成原因之一。例如，腐殖土壤中的微生物、岩石表面的地衣和藻类、树根等生物可以在岩石表面形成孔洞。此外，水流的冲刷作用也可以形成天然孔洞。例如，水流通过石灰岩或石膏等溶岩岩石时，会溶解其中的矿物质，形成洞穴和通道。人工孔洞型孔隙主要是指在岩石中钻探或爆破形成的孔洞。例如，在地质勘探和岩石开采中，需要钻探或爆破岩石，从而形成孔洞，用于采矿或获取地质数据。

不同类型的孔洞型孔隙对于岩石的物理性质和渗透性具有不同的影响。例如，岩溶洞穴和天然岩石孔洞可以对地下水循环和地下水资源的分布产生重要影响。在工程领域中，了解不同类型的孔洞型孔隙对于岩石的影响，可以帮助工程师设计和实施钻井、地质勘探、矿山开采等项目，从而降低工程风险和成本。

② 粒间孔隙。粒间孔隙是指由于颗粒之间的空隙而形成的孔隙，通常是岩石中最主要的孔隙类型。粒间孔隙的形态和大小受到岩石成分和结构的控制，对岩石的渗透性、孔隙度和孔隙连通性有重要的影响。

③ 微裂缝型孔隙。微裂缝型孔隙是介于裂隙和粒间孔隙之间的一类孔隙，通常是宽度小于 0.1 mm 的裂隙。它们是岩石中一种常见的孔隙类型，通常由岩石内部的应力变形和水力压力等原因形成。

微裂缝型孔隙通常呈线状或近似线状，长度可以从几毫米到数十米不等。与其他类型的孔隙相比，微裂缝型孔隙通常是非常细小的，且孔隙度较低。由于微裂缝型孔隙很小，所以对岩石的渗透性和力学性质的影响也相对较小，但对于岩石的稳定性和断裂特性有着重要的作用。

微裂缝型孔隙可以分为两种类型：开放型和封闭型。开放型微裂缝孔隙指的是微裂缝中的液体或气体可以自由流动，而封闭型微裂缝孔隙指的是微裂缝中的液体或气体无法自由流动，通常被称为微裂缝密封。这种密封状态可以在地下油气储层中形成低渗透性区域，对于油气勘探和开采具有一定的挑战。

在石油勘探和开发领域中，微裂缝型孔隙的研究至关重要。微裂缝是岩石储层中最常见的裂隙类型之一，影响岩石的渗透性和流体运移特性。在勘探阶段，对油气储层微裂缝的分布和特征进行研究，有助于寻找更好的储层和优化开发方案。在开发阶段，了解储层微裂缝的特征和分布，有助于优化油气开采策略，提高开采效率。总之，微裂缝型孔隙虽然是岩石中孔隙类型中的一种，但是其特殊的形态和性质在岩石物理和化学性质的研究中具有重要的作用。

6.2　岩石孔隙性与渗透性

6.2.1　概述

岩石的孔隙度（porosity）、渗透率（permeability）和孔隙连通性（poreconnectivity）是描述岩石内部孔隙分布和孔隙形态的重要参数，对岩石的物理和地质特性以及油气储层的形成和开发具有重要意义。

岩石渗透性是流体（通常指地下水和石油）流动通过岩石的能力，或者是指在压力梯度作用下单位时间内单位面积内的液体、气体或其他物质通过岩石体积的量。渗透性还可以用孔隙度、孔隙连通度、渗透路径长度、渗透率、渗透系数和渗透阻等参数表示。

岩石渗透性的分类根据其渗透性质和渗透流体的类型不同，可以分为以下几类。

6.2.1.1　气体渗透性

气体在岩石中流动时的渗透性质。气体渗透性的特点是流量小、易受压缩。气体渗透性取决于多种因素，其中最重要的是压力和温度。一般来说，气体渗透性随着温度的升高而增加，因为高温会使固体或液体材料的分子间距增大，使气体更容易穿过。此外，气体渗透性随着压力的增加而增加，因为高压会增加气体的能量和速度，使其更容易穿过固体或液体材料的孔隙。

材料的孔隙结构也对气体渗透性起重要作用。具有更大孔隙的材料通常具有更高的渗透性，因为气体可以更容易地穿过它们。此外，孔隙的形状和分布也会影响气体渗透性。例如，具有随机分布孔隙的材料通常具有较低的渗透性，因为气体需要穿过更多的障碍物才能穿过材料。

在实际应用中，气体渗透性通常通过测量气体通过材料的速率来确定。首先将材料放置在一个容器中，然后在材料的一侧施加气体，并在另一侧测量气体通过的速率。根据测量结果，可以计算出材料的渗透性。

气体渗透性在许多工业和科学领域中都具有重要的应用。例如，在气体分离和纯化过程中，渗透性可以用于选择最合适的材料来分离不同的气体。在电池和燃料电池等能源应用中，渗透性可以影响气体的扩散速率，从而影响设备的性能和寿命。在食品和制药行业中，渗透性可以用于评估包装材料的质量和密封性。

6.2.1.2 液体渗透性

液体在岩石中流动时的渗透性质。液体渗透性的特点是流量大、易受重力作用。液体渗透性与气体渗透性类似，但液体的分子间距比气体的小得多，因此液体渗透性比气体渗透性更加复杂和困难。

液体渗透性受多种因素的影响，其中最重要的是材料的孔隙结构、液体的表面张力和材料的化学性质。例如，材料的孔隙大小和形状会影响液体渗透性。通常情况下，孔隙越大，液体渗透性越强，因为液体分子很容易穿过孔隙。然而，如果孔隙过大或分布不均匀，则液体可能会流失或漏出，而不是穿过材料。

液体的表面张力也对液体渗透性起着重要作用。表面张力是液体分子之间的相互作用力，会阻碍液体分子穿过材料。高表面张力的液体往往比低表面张力的液体更难穿过材料。材料的化学性质也会影响液体渗透性。如果材料与液体相互作用，如吸附液体分子，则会降低液体穿过材料的速率。

液体渗透性通常通过测量液体通过材料的速率来确定。首先将材料放置在一个容器中，并在材料的一侧施加液体，然后在另一侧测量液体通过的速率来完成。根据测量结果，可以计算出材料的渗透性。

液体渗透性在许多工业和科学领域中都具有重要的应用。例如，在油田中，液体渗透性可以用于评估油藏的渗透能力。在过滤和膜分离过程中，液体渗透性可以用于选择最适合的材料来分离不同的液体。

渗透性岩石渗流对岩体力学性质有重要的影响，它会改变岩石的受力情况，引起岩石变形、破裂、软化、泥化或溶蚀，从而危及岩体的稳定性。因此，岩石渗透性是岩体力学的主要研究内容之一。自然界岩石中普遍存在着各种各样的孔隙，而这些孔隙在岩石内部是以不同的发育程度和不同的形式相互连通的，岩石对流体就具有一定的通过性能，这也是自然界岩石的基本特性。因此，地下流体（包括水、油、气）就能够在一定程度上流通过岩石，不同种类的岩石对流体的通过性能不同，即使孔隙度完全相同的岩石对流体的通过性能也不尽相同。对于多孔介质岩石，通过性能是岩石影响流体输运性质的最重要因素，我们可用渗透率来表征岩石对流体的通过性能。岩石中流体的渗透过程对许多科学领域有着重要意义。

(1) 环境科学

地下污染源附近岩石的渗透率大小，直接影响污染范围和程度。可通过改变渗透率减少污染物迁移，达到治理污染的目的。

(2) 地震构造

地下流体通过岩石的孔隙进入应力区域，会改变孕震区的应力状态，从而影响地震发生的机理。

(3) 石油地质

生油层油气的运移性能，储油层及盖层的性能，都直接与岩石的渗透率有关，尤其是在石油开采中，渗透率直接影响开采效率。

(4) 成矿地质学

对于热液成矿来说，含矿热液在裂隙或其他孔隙中的有效运移，才能使成矿物质在有利部位富集成矿。

(5) 生态地质学和水文地球化学

地下流体的渗透运移会直接影响与作用于生态地质和水文地质条件。

(6) 土力工程学

地下流体的渗透运移与存在状态会直接影响地基的稳定性。

6.2.2 孔隙度

孔隙度是岩石中孔隙体积与岩石体积的比值，一般用百分数表示。高孔隙度的岩石通常具有较低的密度和较低的弹性模量，且容易发生孔隙塌陷和破坏。孔隙度是描述岩石内部孔隙分布和孔隙形态的重要参数，对岩石的物理和地质特性以及油气储层的形成和开发具有重要意义。孔隙度大小决定了岩石的密度、弹性模量、声速、导电性等物理特性。通常情况下，孔隙度越大，岩石的密度就越小，弹性模量就越低，声速就越慢，导电性就越高。因此，孔隙度是评价岩石物理特性和储层质量的一个重要指标。孔隙度的大小通常取决于岩石的类型、成分、结构、形态和成岩环境等因素。一般来说，沉积岩和火成岩的孔隙度差别很大，沉积岩的孔隙度一般较高，而火成岩的孔隙度则较低。在岩石形成过程中，各种因素都会影响孔隙度的大小和分布，如沉积作用、压实作用、岩浆凝固过程中气体和水的排放等。

测量孔隙度的方法很多，但基本原理都是设法求出总体积(V_T)、孔隙体积(V_p)或固体体积(V_S)，知道其中的任意两个量，就可以求出孔隙度，即

$$\phi=\frac{V_p}{V_T}=\frac{V_T-V_S}{V_T} \tag{6-1}$$

6.2.3 渗透率

在一定的压力差下，岩石允许流体通过的性质称为岩石的渗透性。从数量上来度量岩石渗透性的参数，称为岩石的渗透率。换言之，渗透率是描述流体流过岩石难易程度的物理参数。渗透率是描述岩石输运特性，制约渗透过程的最关键物理参数。

按照孔隙中流体是单相存在，还是多相共存的情况，渗透率有着绝对渗透率、有效渗透率和相对渗透率之分。

(1) 绝对渗透率

当岩石中只有一种流体通过，且流体不与岩石发生任何物理化学反应时，岩石允许该流体通过的能力。当单相流体通过横截面积为 A、长度为 L、压力差为 Δp 的一段孔隙介质呈层状流动时，流体的动力黏度为 μ，则单位时间内通过这段岩石孔隙的流体量为 $Q=\frac{\kappa\Delta pA}{\mu L}$。当单相流体通过孔隙介质呈层状流动时，单位时间内通过岩石截面积的液体流量与压力差和截面积的大小成正比，而与液体通过岩石的长度以及液体的黏度成反比。
式中，Q 为单位时间内流体通过岩石的流量，cm^3/s；κ 为比例常数，即渗透率；A 为液体通过岩石的截面积，cm^2；μ 为流体的动力黏度，MPa · s；L 为岩石的长度，cm；Δp 为液体通过岩石前后的压差，MPa。

由于气体受压力影响十分明显，当气体沿岩石由(高压力)流向(低压力)时，气体体积要发生膨胀，其体积流量通过各处截面积时都是变数，故达西公式中的体积流量为通过岩石的平均流量。实际上，任何一种流体都会或多或少地与岩石发生物理化学反应，绝对渗透率值是一个理论值。在实际应用中，只能选用一种与岩石反应非常少的流体的单相渗透率来近似代替绝对渗透率，通常采用空气、氩气、氮气的渗透率作为绝对渗透率。绝对渗透率是岩石本身具有的固有性质，只与岩石的孔隙结构和孔隙度有关，与通过岩石的流体性质无关。

(2) 有效渗透率

当岩石孔隙中饱和两种或两种以上流体时，岩石让其中一种流体通过的能力称为有效渗透率或相渗透率。有效渗透率不仅与岩石孔隙结构有关，而且与流体饱和度和性质有关。流体的有效渗透率之和总是小于岩石的绝对渗透率。

(3) 相对渗透率

当岩石中有多相流体共存时，每一相流体的有效渗透率与岩石绝对渗透率的比值称为相对渗透率。与有效渗透率一样，相对渗透率的大小与液体饱和度有关。同一多孔介质中不同流体在某一饱和度下的相对渗透率之和永远小于1。根据测得的不同饱和度下的相对渗透率值绘制的相对渗透率与饱和度的关系曲线，称相对渗透率曲线。

6.2.3.1 渗透率单位规定

(1) CGS 制

流量 Q 的单位为立方厘米/秒(cm^3/s)，黏度的单位为达因·秒/平方厘米($dyn \cdot s/cm^2$)，长度的单位为厘米(cm)，面积单位为平方厘米(cm^2)，压力单位为达因/平方厘米(dyn/cm^2)，此时的渗透率单位为平方厘米(cm^2)，在 SI 制中渗透率单位为平方米(m^2)。

(2) 混合制单位

流量 Q 的单位为立方厘米/秒(cm^3/s)，黏度的单位为厘泊(cP)，长度单位为厘米(cm)，面积为平方厘米(cm^2)，压力单位为帕斯卡(Pa)。在此单位制中，把在一个大气压下，1 秒内流过长为 1 厘米，截面积为 1 平方厘米的多孔介质时，黏度为 1 厘泊的 1 立方厘米流体，定义为 1 达西(D)。达西的数值太大，使用不方便，一般采用它的千分之一表示，称为毫达西(mD)。$1\ D=1\ 000\ mD$，$1\ D=1.02\times10^{-8}\ cm^2\approx10^{-12}\ m^2=1\ \mu m^2$

6.2.3.2 影响渗透率的因素

(1) 岩石种类的影响

岩石种类不同，具有不同的孔隙结构和孔隙度，因而渗透率具有很大的差异。例如，砾岩和砂砾岩渗透率的差别可达 10～100 倍，或者更大。即使是同一类岩石，由于生成环境和内部结构不同，渗透率的变化也可以达几个数量级。不同种类的岩石，其渗透率变化范围更大，可达近 10 个数量级。一般来说，砂岩的渗透率大于其他各类岩石，碎屑沉积岩的渗透率大于化学沉积岩。在碎屑沉积岩中，泥岩或泥质页岩的渗透率最小。喷出岩浆岩的渗透率大于侵入岩浆岩，变质岩的渗透率一般都很低。当岩石受到地质作用产生裂隙和溶蚀孔洞时，各类岩石的渗透率会大幅增加。

(2) 孔隙度的影响

岩石中的孔隙是流体赖以渗透的空间和通道，是影响渗透率的主要因素。没有孔隙就不存在渗透性，但有孔隙不一定具有渗透性。一般来说，不论哪种岩石，渗透率与岩石孔隙度都为正相关关系。在图 6-3 中,砂岩的孔隙度和渗透率的试验结果呈非线性关系,渗透率近似为孔隙度的平方。对渗透率有贡献的是有效孔隙率,而被封闭的残余孔隙度对渗透率无贡献。因此,当残余孔隙度增高时,其渗透率不增加。

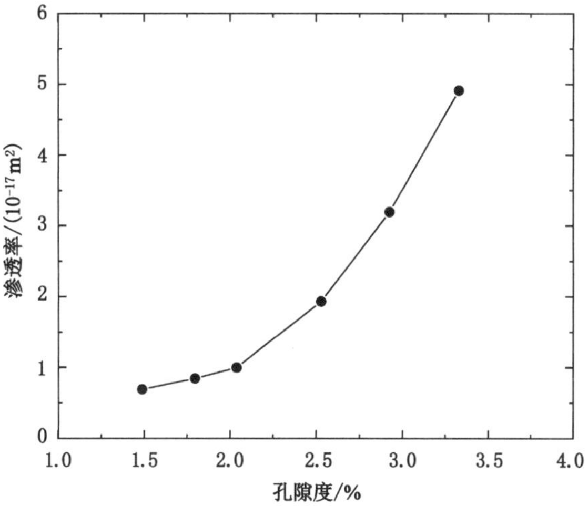

图 6-3　岩石渗透率和孔隙度的关系

(3) 孔隙结构

除了孔隙度外,岩石本身的孔隙结构特性,也是影响渗透率的重要因素之一。对于各种不同粒径的砂岩,随着粒径变小,在同样孔隙度下,渗透率减小。在同样孔隙度下,孔喉越细小,即细小的孔喉越多,会使岩石渗透率降低得越多。就裂缝宽度和毛细管的半径因素而言,岩石渗透率与裂缝宽度的平方或毛细管孔隙半径的平方成正比。

$$\kappa = \phi \frac{b^2}{12} \tag{6-2}$$

式中,ϕ 为裂隙孔隙度;b 为裂隙宽度。

$$\kappa = \phi \frac{r^2}{8} \tag{6-3}$$

式中,ϕ 为毛管孔隙度;r 为毛管孔隙半径。

(4) 岩石环境压力

岩石所受围压的增加,会使岩石中已有的裂纹和孔隙逐渐闭合,减少流体在岩石中的渗透通道,从而导致岩石渗透率减小,如图 6-4 所示。从横向来看,同一岩层由于不同部位的构造应力不同,其渗透率可能不尽相同。从纵向来说,随着深度的增加,地层压力增大,其渗透率一般要减小。在张应力发育区的脆性岩石一般会产生大量的张性裂隙,在挤压应力发育的部位不但会产生剪切裂隙,还会产生张性裂隙,使整体岩层的渗透率明显增大。但岩石中孔隙压力的影响和围压的情况则相反,即孔隙压力增大有利于提高渗透率。

(5) 岩石成岩环境

成岩环境是指岩石形成和演化的过程,包括沉积、压实、温度、水文地质等地质过程。成岩环境对渗透率的影响主要是通过影响岩石的孔隙度、孔隙形状和孔隙连通性。例如,在沉积作用中,岩石的孔隙度、孔隙分布和孔隙形状受到沉积物的类型和沉积作用的影响;在压

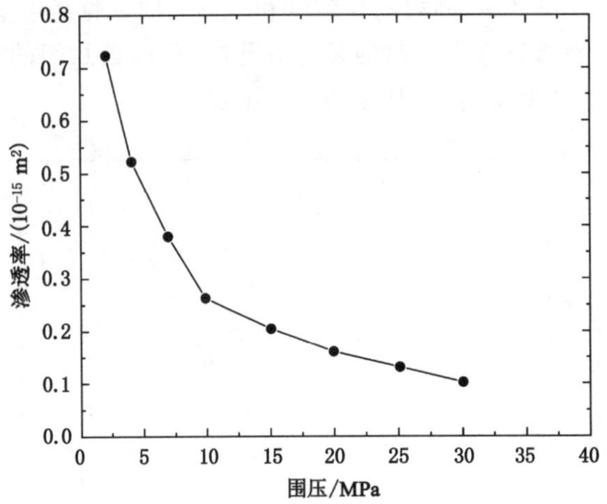

图 6-4　岩石渗透率与围压的关系

实作用中，岩石孔隙度减小、孔隙连通性减弱，进而影响渗透率。岩石受热后，由于组成岩石的各种矿物的热膨胀率不同，矿物颗粒边界会出现裂纹，并且会提升裂纹的连通性，从而提高岩石的渗透率。若将碳酸盐岩石加热至 110～120 ℃时，热开裂形成的裂纹连通，导致岩石渗透率有 8～10 倍的增加。流体在岩石中运移时，温度的升高会使流体的黏度降低，从而增大岩石的渗透系数和流体的流量。

(6) 岩石的物理和化学特性对渗透率的影响

岩石的孔隙结构是决定其渗透率的主要因素。岩石中的孔隙可以分为微观孔隙和介观孔隙，微观孔隙主要是指纳米级别以下的孔隙，而介观孔隙主要是指微米级别的孔隙。微观孔隙的大小和形状受岩石矿物成分和晶体结构的影响，介观孔隙则受到岩石的成岩作用、断裂带、褶皱带、溶洞等地质过程的影响。

(7) 地质环境对渗透率的影响

岩石的渗透率除了受到岩石自身物理和化学特性的影响外，还受到地质环境的影响。地质环境影响指的是岩石所处的构造环境、成岩环境和地形环境等因素对渗透率的影响。

构造环境是指岩石所处的构造体系和地形地貌特征。构造体系包括断层、褶皱、岩浆活动等地质构造特征，而地形地貌特征包括山区、平原、海洋等地貌特征。构造环境对渗透率的影响主要是通过影响岩石的孔隙系统和孔隙连通性。例如，在断裂带中，岩石会发生裂隙、变形等现象，孔隙的连通性会发生变化，进而影响渗透率；而在褶皱带中，岩石会发生变形、压实等现象，孔隙度、孔隙形状、孔隙连通性等特征也会发生变化，进而影响渗透率。

(8) 地形环境对渗透率的影响

地形环境是指岩石所处的地形地貌特征，如山区、平原、海洋等。地形环境对渗透率的影响主要是通过影响岩石的地下水循环和孔隙系统。例如，在山区地形中，岩石中的孔隙和裂隙可以形成较为丰富的地下水系统，从而增加了渗透率；而在海洋环境中，由于海水中的盐分会侵蚀岩石，导致岩石中的孔隙度和孔隙连通性减小，从而影响渗透率。

6.2.4 孔隙连通性

孔隙连通性是指多孔材料中孔隙之间存在的连通程度。在多孔材料中，孔隙的形状、大小、分布和互相之间的联系都会对材料的性质和应用产生重要影响。孔隙连通性是其中一个关键的参数，它描述了孔隙之间存在的通道或路径，这些通道或路径能够让流体或气体在多孔材料中传输。岩石孔隙连通性越好，流体的渗透能力就越高。

孔隙连通性通常被描述为孔隙度、孔隙分布、孔隙形状、孔隙尺寸以及孔隙相互之间的连通性等几个方面。孔隙度反映了多孔材料中空隙的占据比例。孔隙分布是指孔隙在材料中的分布情况，它能够影响多孔材料的力学性能。孔隙形状和尺寸对多孔材料的物理和化学性质具有很大的影响。例如，孔隙形状和尺寸会影响材料的表面积、孔隙水分子吸附能力等。孔隙连通性是孔隙之间相互联系的程度，它决定了流体或气体在材料中传输的能力。

孔隙连通性在许多应用领域中都具有重要的意义。例如，在油气储层中，孔隙连通性能够影响石油和天然气的产量和采集效率；在土壤中，孔隙连通性影响水的渗透和养分的吸收；在纳米颗粒制备中，孔隙连通性会影响溶液中的物质扩散和沉积过程。因此，研究孔隙连通性对于材料的设计、制备和应用具有重要意义。

6.3 岩石孔隙与渗透测试方法

6.3.1 孔隙度测试方法

目前研究岩石孔隙结构的方法可分为直接观察法、间接测试法两类。直接观察法包括原子力扫描电镜、聚焦离子束扫描电镜、场发射扫描电镜以及纳米CT扫描等实验方法。间接测试法有压汞测试法、气体吸附法(包括氮气吸附及二氧化碳吸附)、核磁共振法及中子小角散射等。

部分直接观察法，如氩离子抛光扫描电镜等具有较高的可信度，但受视野限制仅反映极小视域的样品情况，难以满足大尺度研究需求。其余试验(如聚焦离子束等费)用昂贵，且可信度略低，虽然能反映大视域样品情况，但难以满足大量样品的测试需求。

间接测试法相对而言克服了上述试验的缺点，具有实验可操作性强、反映样品尺度大、费用相对低廉等特点。其中，气体吸附法、压汞测试法和核磁共振法是目前用于非常规储层岩石孔隙结构定量表征的常用方法。

6.3.1.1 低温氮气吸附法

气体吸附法是依据气体在固体表面的吸附特性，在一定的压力下，被测样品颗粒(吸附剂)表面在超低温下对气体分子(吸附质)具有可逆物理吸附作用，并对应一定压力存在确定的平衡吸附量。其原理为：采用氮气(N_2)或二氧化碳(CO_2)为吸附质气体，恒温下逐步升高气体分压，测定样品对其相应的吸附量，由吸附量对分压作图，可得到页岩样品的吸附等温线；反之，逐步降低分压，测定相应的脱附量，由脱附量对分压作图，则可得到对应的脱附等温线。样品的孔隙体积由气体吸附质在沸点温度下的吸附量计算。在沸点温度下，当相对压力为1或接近于1时，样品的微孔和介孔一般可因毛细管凝聚作用而被液化的吸附质充满。根据毛细管凝聚原理，孔隙的尺寸越小，在沸点温度下气体凝聚所需的分压就越低。而在不同分压下所吸附的吸附质液态体积对应于相应尺寸孔隙的体积，利用理论模型可以等效求出被测样品的比表面积、孔容积及孔径分布。依据临界状态下氮气的毛细管凝聚估算孔径分布，较为准确地测试比表面积和微孔含量，低温低压(<-196 ℃，<0.127 MPa)下

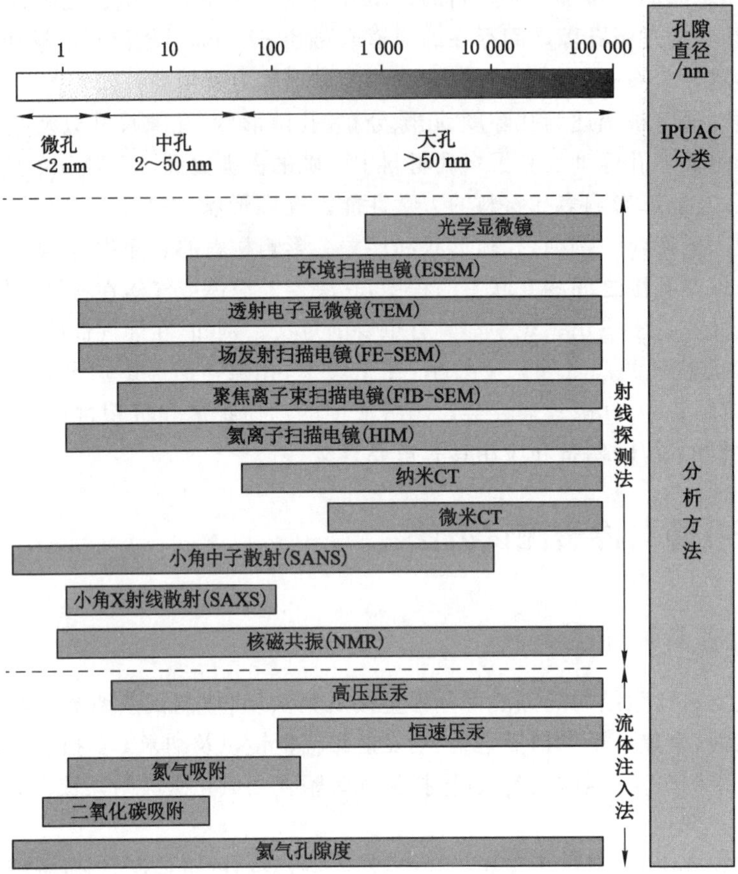

图 6-5　不同试验方法可表征孔径范围

氮气的等温吸附可以反映介孔的分布，通过 BET 方程可以计算比表面积，方程可以计算体积分布。高纯氮气以及液氮(冷却剂)因其易获得性和良好的可逆吸附特性，成为最常用的吸附质，广泛用于孔隙率的测定。

低温氮气吸附试验采用比表面积及孔径分析仪进行分析测试。取已测真密度后的样品 1 g 左右，在 105 ℃条件下进行真空脱气 8 h 以去除样品中残留的气体，然后通入高纯氮气(99.99%)，在 77 K 条件下进行等温物理吸附-脱附测定。孔径测量范围为 0.35～500 nm，吸附测试分为两个阶段：第一阶段吸附测试相对压力(p/p_0)范围为 0～0.011，每个压力点平衡时间为 30 s；第二阶段吸附测试相对压力(p/p_0)范围为 0.011～0.998，每个压力点平衡时间为 10 s；脱附测试相对压力(p/p_0)范围为 0.011～0.998，每个压力点平衡时间为 10 s。孔体积最小检测至 0.000 1 cm^3/g。根据低温氮气吸附试验测定的孔隙体积，得出孔隙度计算方程为：

$$\phi = \left(1 - \frac{1}{1 + \rho_S V_b}\right) \times 100\% \tag{6-4}$$

式中，ρ_S 为颗粒密度；V_b 为低温氮气吸附试验测定的孔隙体积。

应用低温氮气吸附法求总孔容积时，需要使用相对压力 $p/p_0 \approx 1$ 时的吸附量，测定达到饱和蒸汽压时的吸附量需要很长时间，通常根据饱和蒸汽压附近的等温线外推求得，在饱和蒸汽压时，吸附质是以液体状态填满中孔和大孔。如果等温线在饱和蒸汽压附近急剧上升，说明样品中存在一定量的中孔和大孔，不能正确求得饱和蒸汽压时的吸附量。试验温度在 77 K 条件下进行，由于分子平均动能与热力学温度成正比，在此温度下温度过低，氮气分子不能进入样品中较细的微孔内。如果固体内中孔很多、大孔很少，在 $p/p_0=1$ 附近，吸附量的增加就少，等温线接近水平，则容易求得饱和蒸汽压时的吸附量，氮气吸附法测定中孔较发育样品的总孔容积接近样品中实际孔容积。氮气吸附法实际测定的孔隙包含：部分微孔、中孔与部分大孔。

低温氮气吸附法的优点是对样品要求低，一般只用碎样进行试验；其缺点是与其他试验方法配合使用相对较为困难，同时该方法测试时间长（一般 9 h 以上），试验效率相对较低，低温氮气不能进入一些较小的缝隙，将近 25％的孔体积被低温氮气吸附低估。

6.3.1.2　压汞测试法

压汞测试法的原理是汞对固体表面的非浸润性，即在外界压力的作用下，克服汞的表面张力带来的阻力使其挤入多孔材料的孔隙中实现检测的。外加压力增大，可使汞进入更小的气孔，且进入岩体气孔的汞量也就越多。在不断增压的情况下，并且将汞体积作为外压力函数时，即可得到在外力作用下进入抽空样品中的汞体积，从而测得样品的孔径分布。采用压汞法要求所用的汞必须没有化学杂质，也未受到物理污染，因为汞的污染会严重影响本身的表面张力以及与焦炭的接触角。非浸润液体仅在施加外压力时方可进入多孔体，测得方式可以采用连续增压方式，也可以采用步进增压方式，即间隔一段时间达到平衡后，再测量进汞体积。

根据沃什伯恩（Washburn）方程，给汞施加的压力和毛细孔半径存在如下关系：

$$r=\frac{-2\sigma\cos\theta}{p} \tag{6-5}$$

式中，r 为毛细孔半径；σ 为汞的表面张力；θ 为汞对固体的接触角；p 为给汞施加的压力。

式(6-5)为压汞法测量孔径的基本原理，当压力从 p_1 改变到 p_2 时，分别对应孔径 r_1 和 r_2，用压汞仪可测出单位质量试件在两种孔径的孔之间的孔内所压入的汞体积。连续改变压力，即可得到不同级孔的入汞量，由此得到材料的孔径分布。根据比孔容值、样品质量得出试验样品的进汞量，等效为样品内部孔体积；根据骨架密度或体密度得出样品总体积，两者之比为材料的孔隙度。

压汞法的机理为 Washburn 方程，孔径越小，所需的外界压力就越大，压汞法最大压力下计算的孔径为 3 nm，所以压汞法可以测量 3 nm～400 μm 范围的孔，汞仪探测的最小孔径值取决于最大工作压力，页岩表面不均匀性及由此引起的液固作用会影响表面张力和扩散系数的测定，造成孔隙分布曲线的误差。由于页岩中孔隙十分微小，汞不易进入页岩中纳米级的孔隙，且高压汞会造成人工裂隙，影响测定结果，故高压汞孔径分析法主要分析宏孔范围的孔隙。页岩样品必须在 110 ℃下烘干 2 h，将其中的自由水与吸附水烘干，并在低压下进行抽真空处理。因此，实际使用中压汞法测量孔的可靠孔径最小为 8 nm。

与其他孔隙结构测定方法相比，压汞法有很多独特的优势：

① 测量的孔径范围较宽，通常可达 3nm～400 μm。

② 分析时间较短，最快约 30 min 完成 1 个样品的分析。

③ 提供一组全面的孔隙特征信息，其中包括孔隙尺寸分布、总孔体积和孔隙率等。

④ 成本较低。

⑤ 技术相对成熟且可信度较高，该方法对岩样处理要求较低，仅需 1 cm^3 方块。

需要说明的是，样品内部孔体积并不包括样品内完全不与外界连通的“闭孔”；对于颗粒状样品，孔隙率包括样品颗粒内和颗粒间的孔隙率，压汞法不能有效地区分这两类同时存在的孔隙。汞毒害性强试验风险高，需要专业人员进行试验。

6.3.1.3 核磁共振法

核磁共振是指处在某个静磁场中的原子核系统受到相应频率的电磁波作用时，在它们的磁能级之间所发生的共振跃迁现象。研究表明，介质在外磁场中的极化强度与介质中的含氢量成正比。因此，核磁测井的弛豫信号初始幅度与充满含氢流体岩石的孔隙度成正比。弛豫信号幅度是各个弛豫分量 M_i 贡献的结果与岩石孔隙度成正比，如果仪器经过刻度，则：

$$\phi_{\mathrm{MPHI}} = \sum_{i=1} M_i \tag{6-6}$$

式中，ϕ_{MPHI} 为核磁测井得到的岩石孔隙度。

利用不同尺寸孔隙中流体的弛豫特征的差异性，可进行不同尺寸孔隙度分布的研究。另外，还可以进行自由流体孔隙度与毛细管束缚水孔隙度的研究。

对于纳米级的孔隙，推荐使用核磁共振低温纳米孔隙分析法(图 6-6)，该方法主要针对纳米级孔隙分析测定，测定范围为 4～1 400 nm，与弛豫谱相结合，将核磁法的孔径测试范围拓展到涵盖纳米孔、微孔等。

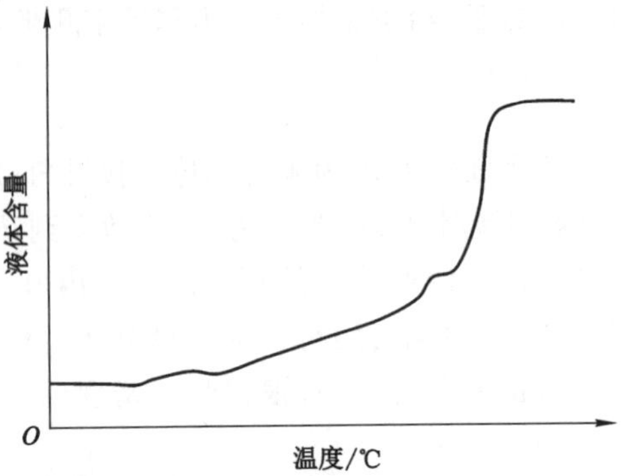

图 6-6 核磁共振低温纳米孔隙分析技术

吉布斯-汤姆孙(Gibbs-Thomson)定律：

$$\Delta T_{\mathrm{m}} = -\frac{K_{\mathrm{GT}}}{d} \tag{6-7}$$

式中，d 为孔隙直径；ΔT_{m} 为物质熔点变化量；K_{GT} 为 Gibbs-Thomson 常数；“－”表示孔隙内的物质的熔点会低于其体相熔点，孔隙越小，熔点越低。

核磁共振法是一种快速、灵敏、无损的表征方法。相较于其他试验测试分析手段，核磁共振法在试验可操作性上具有明显的优势。核磁共振法对样品要求较低，根据试验需要，可利用碎样或柱塞样进行试验，通过饱和不同润湿性介质，核磁共振法可以更为客观反映试验样品孔隙真实情况。

此外，一次核磁共振试验可在几分钟内完成，即使是相对耗时的核磁冻融法，也在 12 h 内完成，测试中途无须进行任何操作，大大提高试验效率。

除可以和压汞法、氮气吸附法等方法一样获取孔隙度、孔径分布等基本岩石物理信息外，核磁共振技术还广泛应用于其他的储层物性分析（如孔隙润湿性等）、流体流动性质与流动行为表征、油气藏开发评价（酸化压裂、可视化驱替分析等）等相关的研究中。

6.3.1.4 CT 重构法

近年来孔隙结构分析技术发展较快，它借助 CT 成像仪等高精度仪器获取材料的平面图像，之后对平面图像进行三维重建即可得到材料数字重构模型。CT 扫描技术可以无扰动地、多方位地获得无损的试样结构的图像。借助于计算机图形处理技术，不仅可以观察到某个断层图像中内部颗粒和孔隙的分布，还可以计算出颗粒和孔隙结构的大小、形态等几何特征，但无法得到土柱中孔隙结构的体积、分布、连通状态等三维特征。因此，需要结合重构技术还原孔隙三维结构的几何形态和空间分布。三维重构是利用一系列二维图像还原出目标的三维信息（如形状、大小等）的计算机技术。三维重构算法分为面绘制和体绘制两类，面绘制通过还原目标表面轮廓特征的方式，构建出被检测物体的三维模型，而体绘制则通过对所有的像素点的颜色和透明度计算，恢复出检测物体表面和内部结构的真实模型。随着 CT 扫描技术的发展，现在可以直接获取材料三维图像，实现纳米级孔隙结构三维模型重构。基于高精度孔隙结构三维图像与计算机技术相结合形成的三维重构技术是一种新兴有效的表征技术和试验模拟技术，可以开展多种参数定量评价及气水两相流动模拟。

6.3.2 渗透率测试方法

6.3.2.1 稳态法

(1) 定压法

① 测试原理。根据达西定律：

$$\frac{Q}{S}=-\kappa\Delta p/\mu L \tag{6-8}$$

式中：Q 为流量，m^3/s；S 为样品横截面积，m^2；L 为样品长度，m；μ 为流体的动力黏度，Pa·s；κ 为渗透率，m^2；Δp 为样品上、下游的压差，Pa。其操作基本和达西试验的方法一样，在装有岩石样品室的上端定量注入流体，由于压力差作用，在样品室下端会流出流体，等到流出的流体达到稳态时，测量流体的流量。

② 适用条件。达西定律定压法测渗透率适用的条件之一是测试介质在岩石孔隙中的渗流须达到稳定状态。此方法比较适合于测量一些渗透率较高的岩石的渗透率（$\kappa>10^{-15}\ m^2$），不适合渗透率低的岩石。因为对于中高渗岩样来说，达到稳定状态所需时间较短，所以测试时间较短，当渗透率太低时，要达到稳态流动的时间太长，而且流量又特别小，使试验变得很困难。

③ 试验装备。石油工业中的达西试验采用定压法。渗流介质在压差作用下流经岩样，达到稳定渗流状态时，通过计量底部水流量，即可得到测试样渗透率。测量原理如图 6-7 所示。达西定律定压法测渗透率适用的条件之一是测试介质在岩石孔隙中的渗流需达到稳定状态。

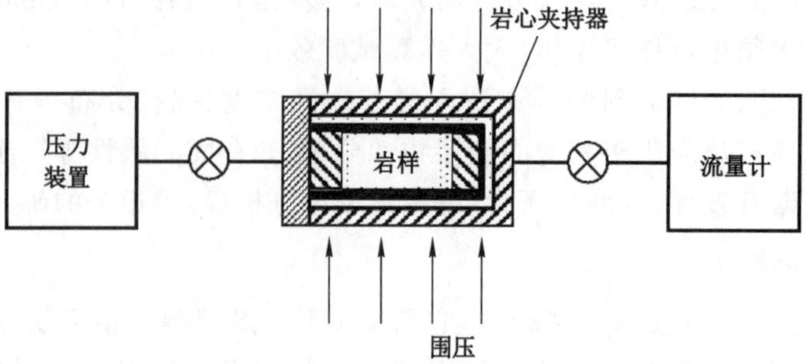

图 6-7　室内常用定压法测量渗透率装置

因此，传统水头定压法通常适用于渗透性在 1 D 级以上的岩样。达西定律引入石油工业后，采用的定压法，后继研究者不断提高计量仪的精度，改进试验装置，这使得目前石油行业室内稳态法测渗透率下限不断扩大。目前，室内试验可测得 $0.1\times10^{-3}\ \mu m^2$ 岩样，且试验重复性较好。

根据试验测量结果，建议岩样渗透率在 $1\times10^{-3}\ \mu m^2$ 以上。更低渗透率的样品，由于容器计量和人工操作问题可能导致重复试验得到的前后结果误差较大，不推荐本方法。

(2) 定流量法

① 测试原理。定流量法是通过提供稳定流量监测岩样两端压力变化因为高精度压力监测比流量计量更准确因而测量也更精确。定流量法是通过提供稳定流量，监测岩样两端压力变化。因为高精度压力监测比流量计量更准确，因而测量也更精确。定流量法的核心是高精度的恒流泵(图 6-8)，恒流泵法可按照试验需要精确控制注入流量，目前可达到 0.001～40 mL/min，可以根据测试地层的实际情况来精确地调节水力梯度，其结果也更接近实际情况。其缺点是定流量法的测量精度取决于恒流泵的质量。高精密的恒流泵价格昂贵，而且在测量低渗透岩样时，其局限与定水位法类似，即达到稳定的渗流状态所需要时间较长，测量结果受环境和温度因素的影响逐渐增大。因此，建议被测岩样的渗透率在 $0.1\times10^{-3}\ \mu m^2$ 以上。

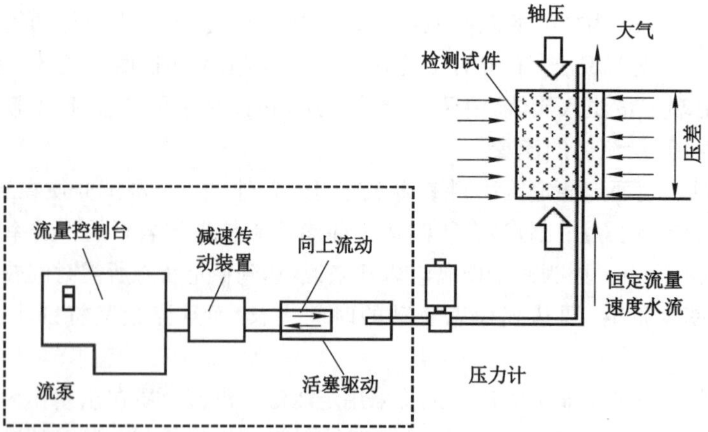

图 6-8　定流量法测试渗透率装置

② 优缺点。稳态法对于渗透率大于 1×10^{-3} μm² 中高渗透率的储层岩石，测试结果较为准确。但是，若为了保证精度，对设备装置的要求就很高，并且在测量时需要很长的流速稳定时间。定压法在室内测常规岩心渗透率方面已经非常成熟，研究者针对试验装置方面也做了许多改进，使渗透率测量更易于操作、更准确。在测试 10^{-3} μm² 级以上岩心试验中，其准确性和经济性比较合适。定流量法在测量特低渗等岩样时可以满足试验精度要求，但是基于定流量法制作的设备对测量装置本身性能要求高，试验操作过程中对操作人员要求也较高。

6.3.2.2　瞬态法

瞬态压力脉冲法的原理最早在测量花岗岩渗透系数时提出的，并给出了其近似解。在测试样两端各有一个封闭的容器，测试时待上、下容器和岩样内部压力平衡后，首先给上端容器一个压力脉冲，然后上部容器压力将慢慢降低，下部容器压力慢慢增加，监测两端压力随时间变化情况，直至容器内达到新的压力平衡状态。

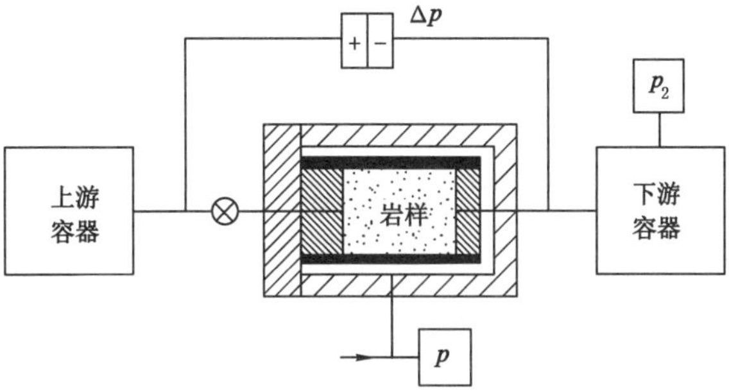

图 6-9　瞬态压力脉冲法的原理

通过上、下游压力衰减曲线可求得测试样渗透率。布雷斯(W. F. Brace)给出了计算渗透率的近似解析解：

$$\frac{\Delta p(t)}{p_i} = e^{-\theta t} = \frac{\kappa A}{\mu_W C_W L}\left(\frac{1}{V_u} + \frac{1}{V_d}\right) \tag{6-8}$$

式中，$\Delta p(t)$ 为岩样两端压差实测值；p_i 为初始脉冲压力；θ 为衰减曲线斜率；V_u，V_d 分别为上、下游容器体积。

瞬态压力脉冲法在非稳态下测量渗透率，较传统稳态法所需测试时间大大缩短，而且高精度的压力计量要比传统流体计量更准确，因而测试结果也更精确。目前，此方法已广泛应用于致密低渗岩样的测量试验中。但是 W. F. Brace 在测量花岗岩渗透率求解过程中是假定岩样孔隙度为零，尽管在计算致密孔岩样时有一定的合理性，但在计算页岩等孔隙度相对不能忽略的岩样时其误差较大。后继研究者在求解方法上做了很多研究，提出了精确的解析解和图解法。迪克尔(Dicker)等人详细讨论了上、下端容器体积对测量过程的影响，琼斯(Jones)提出的渗透率测量装置下限达到 0.01 μD。目前，基于此原理制备的 PDP-200 已有商业制品出售，在测量如页岩气等超低渗储层岩心方面效果较好。

经过几十年的发展，压力脉冲法在数据处理和测量装置上不断得到改善，在测量煤层气页岩气等低渗超低渗储层渗透率方面，压力脉冲法效果极好。目前，国内也有厂家基于此原理研制渗透率测试装置，但精度较之国外尚有较大差距。瞬态压力脉冲法不适合测量渗透

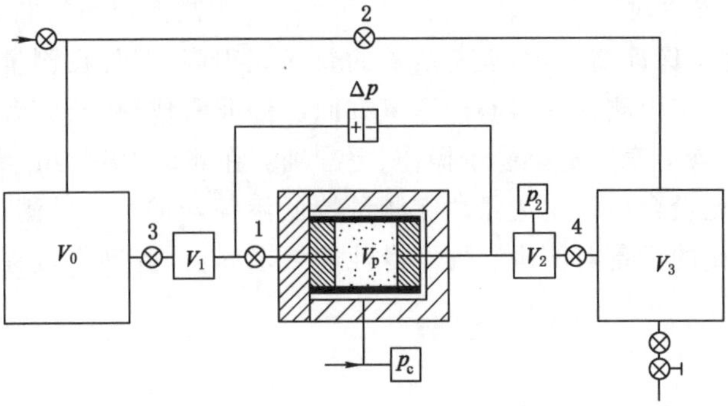

$V_0 \sim V_3$，V_p—容器体积。

图 6-10　Jones 改进的瞬态压力脉冲法装置图

性高的岩石，因为对于渗透性高的岩石，压力脉冲平衡时间过快，测试时间太短，初始脉冲造成的压力紊乱，使得数据记录过程中尚未检测出压力衰减，压力就已经达到平衡。

6.3.2.3　脉冲法

与常规稳态法渗透率测试原理不同，脉冲衰减法是基于一维非稳态渗流理论。通过测试岩样一维非稳态渗流过程中孔隙压力随时间的衰减数据，并结合相应的数学模型，对渗流方程的精确解答和合适的误差控制简化，就可以获得测试岩样的脉冲渗透率计算模型和方法。

压力脉冲法测渗透率的试验时间不宜过长，也不宜太短，前者受设备密封、环境温度、微生物滋扰影响较大，后者则受人为操作影响。传统压力脉冲法测量渗透率，由于岩样上、下端容器容积是固定的，因此对某一测量介质，其压缩储容是固定的，这就限制了仪器的测量范围。国内学者针对此情况研制了变容压力脉冲法测渗透率装置。变容压力脉冲法装置中上下游容器内是液体和气体的混合介质，因为液体和气体的压缩性差别大，通过调节液体和气体的比例，可以实现测量时间的调节，从而扩大装置的量程。其测量范围可达 $10^{-7} \sim 10^{-1}$ D。

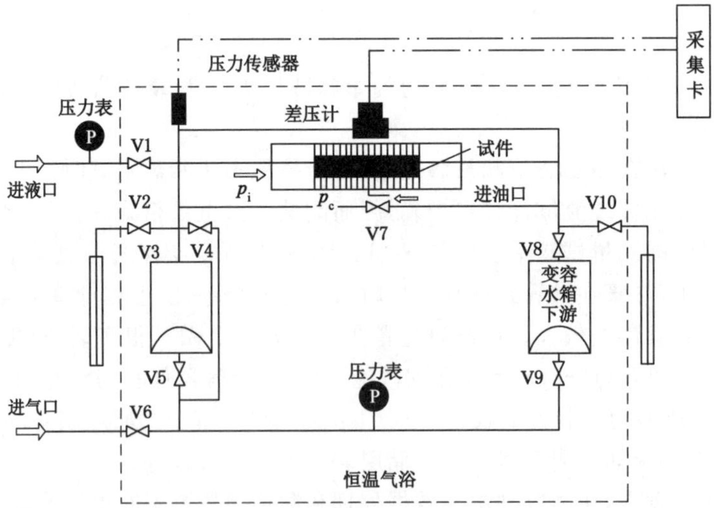

$V_0 \sim V_{10}$—阀门。

图 6-11　变容压力脉冲法测渗透率装置图

脉冲法技术适用于测量超低渗以下的岩样，在测试高渗透岩样时误差很大，这限制了此方法的测试范围，变容压力脉冲法在实验原理上较好地解决了这一问题，已有按此原理制作的设备，其测量范围达 7 个数量级。

6.4　岩石有效应力原理

有效应力原理是岩体力学理论中最重要的概念之一，无论是研究岩石的强度或变形，有效应力的概念是贯穿始终的。由于岩石是一种三相材料，其性质与连续固体材料有着显著的不同。可以说有效应力原理的提出和应用阐明了碎散颗粒材料与连续固体材料在应力关系上的重大区别，是使岩体力学成为一门独立学科的重要标志。

孔隙水压力包括两类：

(1) 静孔隙水压力

静水条件和稳定渗流条件这两种情况都是水位不随时间发生变化，则：

$$\frac{\partial u}{\partial t}=0 \tag{6-9}$$

(2) 超静孔隙水压力

由外荷载引起的超静孔隙水压力随时间发生变化，则：

$$\frac{\partial u}{\partial t}\neq 0 \tag{6-10}$$

普通固体的物质结构比较简单，力学研究直接采用应力即可，不需要采用有效应力。若研究固体的弹性变形，采用胡克定律即可。可是，岩石(包括土)不是普通的固体，而是多孔介质，物质结构比较复杂，里面发育了很多孔隙，孔隙里还包含了流体，且流体具有一定的压力。岩石不仅受到外压的作用，还同时受到内压(孔隙压力)的作用。岩石受到外压的作用后就会压缩，岩石受到内压的作用后就会膨胀。因此，在研究岩石的变形时，需要把内压的作用从外压中扣除，即有效应力。“有效应力”一词最初应用于土力学研究，表示土颗粒之间的接触应力(支撑应力)。1923 年，太沙基(Terzaghi)在含水饱和土壤力学特征研究基础上提出有效应力原理，即有效应力等于上层总压力减去孔隙水压力，如下式所列：

$$\sigma_{\mathrm{eff}}=\sigma-p \tag{6-11}$$

1941 年，毕奥(Biot)在研究三轴压缩力学问题时，发现低渗透性多孔介质(如岩石)不适合应用 Terzaghi 原理，提出了修正后的有效应力原理，即有效应力等于上层总压力减去等效孔隙压力；其中，等效孔隙压力等于孔隙压力与等效孔隙压力系数之积，等效系数介于 0 和 1 之间。当等效系数 $\alpha=1$ 时，就是 Terzaghi 公式：

$$\sigma_{\mathrm{eff}}=\sigma-\alpha p \tag{6-12}$$

岩石孔隙中的流体在所有方向上都对矿物颗粒施加压力。因此，流体压力等于孔隙压力(通过孔隙流体传递的压力)。

岩石的有效应力越小(流体压力越大)，其越容易被破坏。

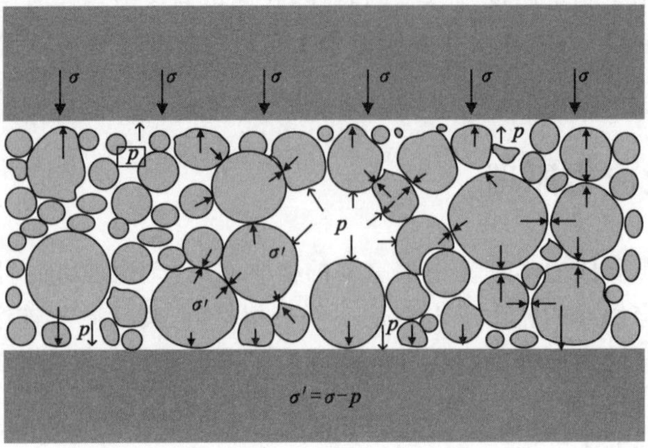

σ—有效应力；σ—总应力；p—孔隙压力。

图 6-14　有效应力

6.5　岩石孔隙特性的模拟与预测

6.5.1　模拟方法

为了深入研究岩石孔隙特性，需要采用合适的方法来模拟岩石孔隙结构。目前，常用的方法包括数值模拟方法、试验模拟方法和多尺度模拟方法。下面分别介绍这 3 种方法的原理和优缺点。

（1）数值模拟方法

数值模拟方法是基于数值计算的方法，通过对孔隙的几何形状和流体的物理性质进行建模，采用数值方法求解其物理特性。数值模拟方法通常包括以下步骤：

① 构建岩石孔隙结构的数学模型：通过对实际岩石样本进行显微镜观察、CT 扫描等手段，获取岩石孔隙结构的三维图像数据，并将这些数据转化为数学模型，以描述岩石孔隙的几何形态和分布规律。

② 建立岩石孔隙结构的数值模型：将数学模型转化为计算机可识别的数据格式，并建立相应的数值模型，以实现对岩石孔隙结构的模拟。

③ 选择合适的数值方法：针对不同的模拟问题和模型特点，选择适合的数值方法，如有限元法、有限差分法、格子玻尔兹曼(Boltzmann)方法等，以对岩石孔隙结构进行求解。

④ 进行数值模拟：通过计算机程序对岩石孔隙结构的数值模型进行求解，得到孔隙率、孔隙连通性、孔隙尺度分布等重要参数，以分析岩石孔隙结构对岩石物理、力学和流体性质的影响。

这种数值模拟方法可以为岩石物理、地质勘探、油气开采等领域提供重要的科学支持，为研究岩石孔隙结构及其影响因素提供了有效的手段。

数值模拟方法主要包括分子动力学(MD)、蒙特卡罗(MC)、有限元(FEM)、有限差分(FDM)等。

MD方法是基于牛顿力学原理的一种数值模拟方法，它可以模拟出原子或分子在空间中的运动状态，还可以模拟出固体、液体和气体等物质的宏观物理性质。另外，MC方法是基于概率统计的一种数值模拟方法，通过模拟粒子在状态空间的随机漫步来计算物理量的平均值和方差。FEM和FDM方法是基于连续介质力学的一种数值模拟方法，通过将连续介质离散化为有限数量的单元或节点，从而求解微分方程或积分方程。这些方法在岩石孔隙特性的模拟中都有应用。

数值模拟方法的优点是可以精确地描述孔隙结构的几何形状和流体的物理性质，同时可以通过参数变化来研究孔隙结构和流体特性之间的关系。但是，数值模拟方法需要消耗大量的计算资源，而且在对孔隙结构进行建模时需要进行很多假设和简化，对结果的准确性和可靠性会产生影响。

(2) 试验模拟方法

试验模拟方法是通过试验手段来模拟岩石孔隙特性。试验模拟方法包括物理模型实验、数字模型试验和图像分析试验等。

物理模型试验是通过制作岩石模型来模拟岩石孔隙特性，可以通过不同的试验手段来研究孔隙结构和流体特性之间的关系。数字模型试验是通过计算机模拟实验过程，模拟实验结果，可以较为精确地模拟实际情况。图像分析试验是通过图像处理技术，对岩石的显微结构进行分析和计算，从而得到孔隙结构和孔隙度等参数。

试验模拟方法的优点是可以直接观察到试验结果，具有较高的可信度和可重复性，同时可以对实验条件进行控制，可以模拟实际情况。但是，试验模拟方法需要大量的物质和人力物力投入，同时受到试验条件的影响，试验结果可能存在误差。

(3) 多尺度模拟方法

多尺度模拟方法是一种综合使用数值模拟和试验模拟方法的方法，它将不同尺度的模拟方法有机地结合在一起，形成多级、多维的模拟框架。多尺度模拟方法可以将微观结构和宏观特性联系起来，从而更加全面地了解岩石孔隙特性。

多尺度模拟方法主要包括分子动力学-有限元(MD-FEM)、分子动力学-多相流(MD-MF)、离散元-有限元(DEM-FEM)等。MD-FEM方法将分子动力学和有限元法结合起来，可以在微观和宏观尺度上进行模拟，能够较好地描述流体和固体之间的相互作用。MD-MF方法将分子动力学和多相流模型结合起来，可以模拟多组分流体在微观和宏观尺度上的流动和传输。DEM-FEM方法将离散元和有限元法结合起来，可以模拟岩石的微观结构和宏观特性之间的相互作用。

多尺度模拟方法的优点是可以将不同尺度的模拟方法有机地结合在一起，可以更加全面地研究岩石孔隙特性。同时，多尺度模拟方法可以对模拟结果进行验证和修正，提高模拟结果的准确性和可靠性。但是，多尺度模拟方法需要消耗更多的计算资源和物质资源，同时模拟过程中需要考虑不同尺度的耦合关系，模拟难度和复杂度较高。

总之，因为模拟岩石孔隙特性的方法不同，所以应根据研究的目的和需求选择合适的方法。

6.5.2 预测方法

(1) 岩石孔隙特性的数学模型

岩石孔隙特性的数学模型是预测和模拟岩石孔隙特性的基础。岩石孔隙特性的数学模型可以分为两类:离散模型和连续模型。

离散模型是将岩石视为由孔隙和实物组成的离散结构,通过统计学方法来描述岩石孔隙特性。离散模型的基本思想是将岩石的孔隙和实物视为离散的点或线段,计算它们之间的距离和分布情况,从而得出岩石的孔隙特性。离散模型主要包括离散点模型和离散线模型。

离散点模型是将岩石的孔隙和实物视为离散的点,通过计算它们之间的距离和分布情况来描述岩石的孔隙特性。离散点模型通常用于描述孔隙度、孔隙尺寸分布和孔隙形态等孔隙特性。常见的离散点模型包括泊松点过程模型和随机球模型。

离散线模型是将岩石的孔隙和实物视为离散的线段,通过计算它们之间的距离和分布情况来描述岩石的孔隙特性。离散线模型通常用于描述孔隙连通性和渗透率等孔隙特性。常见的离散线模型包括级联分形模型和裂隙网络模型。

连续模型是将岩石视为具有连续性的介质,通过偏微分方程或其他数学方法来描述岩石孔隙特性。连续模型的基本思想是将岩石的孔隙和实物视为连续的介质,通过物理学原理或统计学方法来建立描述岩石孔隙特性的偏微分方程或其他数学模型。连续模型主要包括扩散模型、渗流模型和声学模型。

扩散模型是将岩石的孔隙和实物视为连续的介质,通过扩散方程来描述岩石中物质的扩散过程,从而得出岩石的孔隙特性。扩散模型通常用于描述岩石中化学物质、热量和质量等的传输和反应过程,以及孔隙度、孔隙连通性和孔隙分布等孔隙特性。常见的扩散模型包括菲克(Fick)扩散模型、斯托克斯-爱因斯坦(Stokes-Einstein)方程和蒙特卡罗模拟。

渗流模型是将岩石的孔隙和实物视为连续的介质,通过渗流方程来描述岩石中流体的流动过程,从而得出岩石的孔隙特性。渗流模型通常用于描述岩石的渗透性、渗流率和渗透率等孔隙特性。常见的渗流模型包括达西定律、纳维-斯托克斯(Navier-Stokes)方程和格子玻尔兹曼方法(lattice Boltzmann method)。

声学模型是将岩石的孔隙和实物视为连续的介质,通过声波方程来描述岩石中声波的传播和反射过程,从而得出岩石的孔隙特性。声学模型通常用于描述岩石的声波速度、衰减和反射特性等孔隙特性。常见的声学模型包括毕奥(Biot)方程、瑞利(Rayleigh)方程和声学全波形反演。

岩石孔隙特性的预测是指在已知一些参数的情况下,通过模型或计算方法预测未知的参数。岩石孔隙特性的预测可以为地质勘探、油气资源评价、地下水资源管理等领域提供重要的科学依据和技术支持。

(2) 基于统计学方法的预测

基于统计学方法的预测是指通过统计分析和回归分析等方法,建立模型并预测岩石孔隙特性。统计学方法可以快速、准确地预测岩石孔隙特性,但是它对数据的要求较高,需要具备足够多的数据量和质量。

常用的统计学方法包括线性回归、非线性回归、主成分分析、聚类分析等。线性回归方法适用于线性关系的预测,非线性回归方法适用于非线性关系的预测,主成分分析可以减少数据的维度,聚类分析可以对数据进行分类。

(3) 基于机器学习的预测

基于机器学习的预测是指通过使用机器学习算法，建立模型并预测岩石孔隙特性。机器学习方法不需要人为干预，可以自动进行特征提取和模型训练，因而具有较高的准确性和效率。

常用的机器学习方法包括支持向量机、决策树、神经网络、随机森林等。支持向量机适用于分类和回归问题，决策树可以生成树形结构的模型，神经网络可以模拟人脑神经系统，随机森林可以提高模型的准确性和实用性。

(4) 基于深度学习的预测

基于深度学习的预测是指通过使用深度神经网络等深度学习算法，建立模型并预测岩石孔隙特性。深度学习方法具有较高的准确性和自适应能力，可以自动进行特征提取和模型训练，因而被广泛应用于图像处理、自然语言处理、语音识别等领域。

常用的深度学习方法包括卷积神经网络、循环神经网络、自编码器等。卷积神经网络适用于图像处理和信号处理，循环神经网络适用于序列数据处理，自编码器可以对数据进行特征提取和降维。

(5) 基于物理模型的预测

基于物理模型的预测是指通过建立物理模型，使用物理学原理预测岩石孔隙特性。物理模型需要建立在岩石的力学、热学、流体力学等基本原理上，可以更好地解释实际情况，但需要大量的试验数据和理论支持。

常用的物理模型包括孔隙度模型、渗透率模型、声波传播模型等。孔隙度模型可以通过计算岩石内部的孔隙度来预测岩石孔隙特性，渗透率模型可以通过计算岩石中流体的渗透率来预测岩石孔隙特性，声波传播模型可以通过声波在岩石中的传播速度和衰减情况来预测岩石孔隙特性。

(6) 基于混合模型的预测

基于混合模型的预测是指通过将多种模型进行组合，建立混合模型并预测岩石孔隙特性。混合模型可以充分利用各种模型的优势，提高模型的准确性和鲁棒性，但需要更多的计算和数据支持。

常用的混合模型包括混合统计学模型、混合机器学习模型、混合物理模型等。混合统计学模型可以将多个统计学模型进行组合，混合机器学习模型可以将多个机器学习模型进行组合，混合物理模型可以将多个物理模型进行组合。

课后思考题

1. 岩石孔隙度是什么？
2. 胶结程度对岩石孔隙度有何影响？
3. 沉积方式对岩石孔隙度的影响主要体现在哪些方面？
4. 压实程度如何影响岩石的孔隙度？
5. 岩石中的孔洞型孔隙是如何形成的？
6. 溶蚀作用对岩石孔隙度有何影响？
7. 如何区分岩石中的有效孔隙和无效孔隙？
8. 岩石孔隙度的大小与岩石的渗透性有何关系？

第7章 岩体渗流特性

7.1 裂隙岩体渗流规律

7.1.1 裂隙岩体渗流特征

裂隙岩体的特点是岩体内存在大量的节理、裂隙，而且节理裂隙往往是成组展布的。这些节理裂隙的规模不大，小到几千厘米，大至几米，但节理裂隙的存在大大改变了岩体的力学性质，使得岩体的变形模量和强度参数降低，并呈现各向异性。总之，岩体的渗流特征主要表现为不均匀性、各向异性等性质。

7.1.1.1 岩体渗流通道的复杂性

地下水是储存并运动于岩石裂隙结构面中的。由于这些裂隙大小、形状和连通程度的变化，岩体的渗流通道是十分复杂的。对于裂隙为主的等效连续介质，关键是通过现场地质调查，弄清岩体内各类裂隙节理的特征及组合关系。对于准多孔介质，人们在研究岩体渗流规律时，并不去研究每个实际通道中水流的运动特点，而是研究岩体内平均水流通道中的渗流规律。这种研究方法的实质是用概化水流来代替仅在岩体裂隙中运动的真实水流。采用概化水流代替真实水流的条件是：概化水流通过任意断面的流量及所具有的水头必须和真实水流相等；同时，还要求概化水流所受到的阻力必须等于真实水流所受的阻力。值得注意的是，岩体概化水流的流速与真实水流的流速可能差异很大。例如，设岩体中沿某一方向上有一组裂隙，其平均开度 $b=0.01$ mm，该组裂隙的间距 $\lambda=0.5$ m，则由 $q=\frac{gb^3}{12\mu}J_f$ 计算在15 ℃时裂隙面的渗透系数 $K_f=\frac{gb^2}{12\mu}=7.2\times10^{-3}$ cm/s。其中，q 为单宽流量，cm^3/s；b 为裂隙宽度，cm；g 为重力加速度，cm/s^2；μ 为水的动力黏度，cm^2/s；J_f 为水力比。相应地，将裂隙内的水流平均分配到岩体，就可以求得岩体的渗透系数 $K_m=\lambda^{-1}bK_f=1.44\times10^{-7}$ cm/s。由于裂隙面实际过水面积远小于裂隙面积，因而裂隙内的实际渗流速度比计算所得 7.2×10^{-3} cm/s 还要大。岩体与裂隙面相比，当水力梯度为 1 时，岩体渗流的概化流速比裂隙的渗流速度要小近 5 个数量级。在实际工程中，进行渗透稳定分析时这种差别对岩体稳定的影响是不可忽视的。

7.1.1.2 岩体渗流的不均匀性

岩体渗流的不均匀性主要是岩性差异而造成的，除岩性之外，主要是裂隙面发育程度的差异。岩体渗流的不均匀性通常表现为分带性和成层性。譬如，河谷岩体的渗流从岸边坡向坡内常出现明显的分带性。究其原因在于：一是与河谷岩体的应力分带特征有关，应力松弛带内的岩体渗透性远小于应力增高带内的岩体渗透性；二是靠近岸边坡面的岩体风化程度高，卸荷裂隙比较发育，其渗透性一般都较强。在沉积岩地区，岩体渗流的成层性一般都比较明显；在岩溶发育的地区，这种成层性就更加明显。渗流成层性的存在使得地下水往往具有承压性质。工程实践表明，即使渗流的成层性不很明显，但岩体的渗透系数随深度的增加而降低的规律总是存在的。据此，路易斯(Louis)于 1974 年将岩体的渗透系数表达为：

$$K = K_s \exp(-Ah) \tag{7-1}$$

式中，K_s 为岩体表部渗透系数；K 为深度为 h 处的岩体渗透系数；A 为渗透系数的梯度。

岩体渗流的各向异性对于以裂隙为主的等效连续介质，岩体渗流表现出强烈的各向异性。裂隙面(不连续面)的成组性及在空间展布的不均匀性是造成渗流各向异性的主要因素。通常情况下，在节理裂隙密集展布的方向上，岩体的渗透性占主导优势。在沉积岩地区，垂直层面方向的渗透系数与层面方向的渗透系数往往有较大差异。当渗流出现各向异性时，常用渗透张量表征岩体的渗透性。斯诺(Snow)于 1965 年推导了无限延伸 m 组不连续面岩体的渗透张量，其表达式为：

$$K_{ij} = \frac{g}{12\mu}\sum_{i=1}^{m}\frac{b_e^3(k)}{\lambda(k)}[\delta_{ij} - n_i(k)n_j(k)] \tag{7-2}$$

式中，$b_e(k)$为第 k 组不连续面的等效水力开度；$\lambda(k)$为第 k 反组裂隙面的间距；$n_i(k)$为第 k 组裂隙面的法线方向；g 为重力加速度；μ 为水的动力黏度；$n_i(k)$为第 k 组不连续面平均平面的单位方向向量；δ_{ij} 为二阶单位矩阵。

对$[K]$进行坐标变换，可以求出 3 个渗透主值及渗透主方向。

7.2　岩体渗流试验

20 世纪 60 年代以来，裂隙岩体渗流的研究逐步发展，已有不少结果。1856 年法国工程师达西通过实验所建立的达西线性渗流定律至今仍是研究渗流的基础。

7.2.1　岩体单裂隙渗流物模试验研究

由于单一裂隙是构成裂隙网络的基本元素，所以研究其渗流基本规律是岩体水力学的基本任务。对该问题的研究主要是以平行板间的正常层流为基础，由裂隙流体为不可压缩、黏性及水流为层流的假定，模拟岩体裂隙为两片光滑、平直、无限长的平行板构成，可以推导出岩体裂隙岩体渗流研究的基本理论——立方定理。络糍(Lomize)等人进行了单一裂隙水流试验，证明层流时立方定理的有效性。罗姆(Romm)通过对微裂隙和极微裂隙的研究，提出了只要裂隙宽大于 0.2 mm，立方定理是成立的。巴顿(Barton)通过大量试验，提出 JRC(节理粗糙度系数)修正法。在立方定理中裂隙宽度采用等效水力隙宽：天然岩体裂隙均为粗糙裂隙，很难满足平行板裂隙的假定。许多学者进行了仿天然裂隙的试验研究，对立方定理提出了各种各样的修正，对立方定理建立修正公式。目前，天然粗糙裂隙渗流的基本规律还没有得到完全统一的认识，渗流量与隙宽之间明显存在 3 种不同的关系：立方定律、超立方定律和次立方定律。针对不同修正方法之间存在的较大差异，甚至截然相反的两种关系，通过多种裂隙试件的渗流试验，表明其中可能存在一个临界问题，吻合裂隙试件符合次立方定理，非吻合试件遵循超立方定理。

7.2.2 裂隙岩体水力耦合物模试验研究

通过裂隙的流量与裂隙开度的立方关系成正比，而开度又受裂隙应力环境的影响。因此，实际裂隙的水力传导系数试验必须引入应力环境因素，即裂隙法向应力、剪切应力与开度的函数关系，从而确立应力与裂隙水力传导系数的关系。通过耦合节理裂隙力学开度的变化和水力学开度的变化，可实现节理裂隙的水力学耦合。学者们沿着不同的思路对比，开展了如下研究。

Louis 首先对单裂隙面渗流与应力的关系进行了探索性的试验研究，提出了指数型的经验公式：

$$K_f = K_0 e^{-\alpha\sigma_n} \tag{7-3}$$

式中，K_f 为裂隙水力传导系数；K_0 为初始水力传导系数；a 为常数；σ_n 为法向应力。

琼斯(Jones)针对碳酸盐类建议了对数型的岩石裂隙水力传导系数经验公式：

$$K_f = K_2'[\log(p_h/p)]^3 \tag{7-4}$$

式中，p 为法向有效压力；p_h 为使 $K_1=0$ 时的闭合法向有效压力；K_2'为试验常数。

尼尔森(Nelson)提出沙丘砂岩裂隙渗透系数的经验公式：

$$K_f = A + Bp^{-n} \tag{7-5}$$

式中，A,B,n 均为常数。

克兰兹(Kranz)等人得出 Barre 花岗岩的裂隙渗透系数的经验公式：

$$K_f A = Q_0(p_c - p_f)^{-n} \tag{7-6}$$

式中，A 为过水面积；p_c 为总压力；p_f 为内部孔隙水压力；n 为常数。

加莱(Gale)对花岗岩、大理岩和玄武岩的岩体裂隙进行了室内试验，得出经验公式为：

$$T_f = \beta\sigma_n^{-n} = \frac{gb^3}{12\mu} \tag{7-7}$$

式中，β 为常数；b 为裂隙开度；μ 为水的动力黏度。

显然，上述的经验公式都揭示出裂隙的透水性随着法向应力的增加而减小，是符合实际的。但是，它们所反映的减小程度不一样，式(7-5)～式(7-7)反映出渗透性随着应力的增加而衰减很快，最后趋近于 0，而实际上渗透性不可能达到 0，这一点已被岩井(Iwai)所证实。Iwai 通过试验发现，当应力达到 20 MPa 时，裂隙岩体的力学特性已接近于完整岩块，但其渗透性远远大于完整岩块。Nelson 提出的公式反映了这一点，因而式(7-5)更为合理。

为了更好地解释应力作用对裂隙面渗透性的影响机制，学者们还试图提出某种理论模型。甘吉(Gangi)首先提出钉床模型，将裂隙面上的凸起比拟成具有一定概率分布形式的钉状物，并以钉状物的压缩反映应力对渗流的影响；沃尔什(Walsh)则将为描述裂隙力学变形性质提出的洞穴模型进行了推广，用来描述应力对裂隙面的渗流特性的影响。但是，这两种模型具有一定的局限性，不能兼顾解释高应力下裂隙面的渗流、力学性质。于是曾(Tsang)等人在上述两种模型的基础上进一步提出了洞穴凸起结合模型，这一模型将裂隙面被看作由两壁面凸起的接触面与接触面之间的洞穴构成的集合体，以洞穴模型反应裂隙面的变形性质，以凸起模型反映裂隙面的渗流性质。研究表明，随着应力的增加，不仅引起洞穴直接减小，而且引起凸起接触面积的增加；在高应力下，裂隙上的洞穴平均直径已经减小到一定程度，使得洞穴的形状由长形变成球形，接近于岩块中的孔隙形状，其力学性质也接近于岩块，但其渗透性却与裂隙面上凸起的接触面积有关，在高应力下裂隙面并不能完全闭合，还存在着渗流通道，其渗透性大于完整岩块。

7.2.3 裂隙岩体非饱和渗流物模试验研究

由于非饱和水力参数难以测量和确定，我国在20世纪90年代也开始了这方面的研究。所做的工作主要集中在单裂隙非饱和渗流机理的研究和非饱和水力参数的确定方面。目前，大多通过水油模拟稳态驱替试验和二相流试验研究单裂隙非饱和渗流的机理和测定单裂隙非饱和水力参数。

普吕斯(Pruess)通过天然凝灰岩裂隙的水汽二相流试验和多孔介质的拟合模型得出了相对渗透系数饱和度的经验关系式：

$$K=\left(\frac{S_1-S_2}{1-S_2-S_3}\right)^4 \tag{7-8}$$

式中，K 为水相的相对渗透系数；S_1 为相应于 K 的水相饱和度；S_2 为束缚水饱和度；S_3 为残余气饱和度。

孙役等人进行了不同隙宽、不同饱和水位、不同降雨强度下的一系列非饱和渗流模拟试验，建立了裂隙隙宽与毛细压力、饱和度与毛细压力、裂隙隙宽与饱和度以及毛细压力与非饱和渗透系数之间的试验关系。饱和度与毛细压力的关系为：

$$S=\frac{1}{1+a\mathrm{e}^{bh}} \tag{7-9}$$

式中，S 为饱和度；h 为毛细压力；a，b 均为拟合参数。

毛细压力与非饱和渗透系数的关系为：

$$K=\frac{\alpha K_{\mathrm{b}}}{1.0+a\mathrm{e}^{bh}} \tag{7-10}$$

式中，K 为非饱和渗透系数；K_{b} 为饱和渗透系数；α 为毛细作用引起的渗透性衰减系数；a，b 均为拟合参数。

由于物模试验中水相的饱和度很难确定，很多学者致力于数值模拟法和数学推导法，但物模试验法在研究裂隙非饱和渗流特性和机理方面具有不可替代的地位。另外，数值试验法和数学推导法中所作的假定需由物模试验来检验。只要测量准确，用物模试验法所建立的毛细压力-饱和度和相对渗透系数-饱和度（毛细压力）关系应比另外两种方法更符合实际。

7.3 达西定律

我们可以通过对达西定律的认识，进一步了解和掌握渗透率的概念。达西定律是描述饱和土中水的渗流速度与水力坡降之间线性关系的规律，又称为线性渗流定律。法国水利学家达西在1956年发表了流体在多孔隙度介质中流动规律的试验结果，发现无论砂层类型如何改变，流量总是与测压管水柱高差、砂层柱横截面积成正比，而与砂柱的长度成反比。

(1) 水头形式的达西定律

水头形式的达西定律是通过试验总结得到的公式，即：

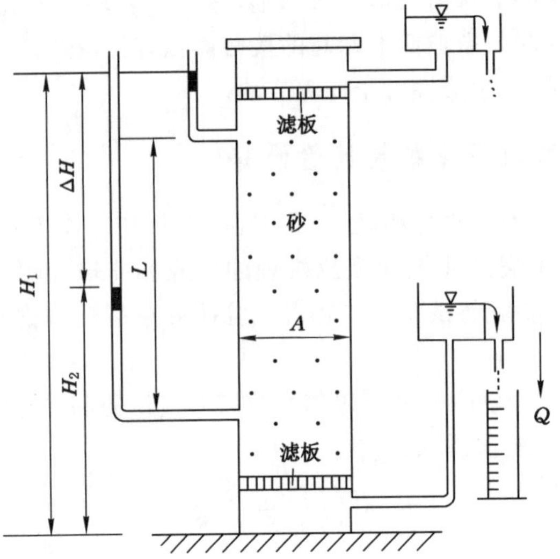

图 7-1　达西试验仪装置示意图

$$Q = K\frac{\Delta h}{L}Av = \frac{Q}{A} = K\frac{\Delta h}{L} \tag{7-11}$$

式中，K 为比例系数(又称为渗透系数)；Q 为单位时间内通过筒中砂层的水流量；v 为渗流速度，即单位时间内通过单位截面积的流量；$\Delta h/L$ 为单位长度上的水头损失，其中 $\Delta h = h_1 - h_2$，L 为砂样沿水流方向的长度；A 为过水断面积(包括岩石颗粒和颗粒间孔隙两部分)。

(2) 压力形式的达西定律

如果将水头高度 h_1 和 h_2，换算成液面高度为 h 时的压力 p_1 和 p_2(折算压力)，可得出折算成压力形式的达西定律公式：

$$p_1 = \rho g h_1 p_2 = \rho g h_2 \tag{7-12}$$

$$Q = \frac{K(p_1 - p_2)}{\rho g L} = \frac{K}{\rho g} \cdot \frac{\Delta p}{L}A \tag{7-13}$$

式中，ρ 为流体密度；g 为重力加速度；其余符号意义同前。

设 $K' = \frac{K}{\rho g}$ 为压力形式的渗透系数，大量试验表明，渗透系数与流体的动力黏度成反比，与砂样对流体的渗透性有关。因此，渗透系数可进一步表示为：

水头形式时渗透系数：

$$K = \frac{\rho g \kappa}{\mu} \tag{7-14}$$

压力形式时渗透系数：

$$K' = \frac{\kappa}{\mu} \tag{7-15}$$

要特别强调的是，在式(7-15)的渗透系数中，分子项与岩石本身的孔隙特性有关，分母项与流体的特性有关，我们把渗透系数中的分子项(κ)称为岩石的渗透率，它是含孔隙岩石渗透能力的固有特性(指确定的岩石)，渗透率与流体的性质无关。上述达西关系式是均匀孔隙介质中单相流体在稳定层流情况下推导出来的。如果不满足上述条件，则岩石的渗透率就会降低。实际上，孔隙介质是不均匀的，其中的渗流往往为非稳定的线性渗流。但大量的实验表明，很多渗流还是符合达西定律的。

(3) 广义达西定律

对于实际中均匀的孔隙介质，当不均匀的流体(即多相)同时渗流时，常做非平面、非稳定的线性渗流，大量试验证明，此时达西定律也是适用的。当水头差和砂柱长度无限小时，广义达西定律为：

$$\nu = K\frac{\mathrm{d}h}{\mathrm{d}L} \quad \left(K = \frac{\rho g \kappa}{\mu}\right) \tag{7-16}$$

当折算压力差值和砂柱长度无限小时，广义达西定律为：

$$\nu = K'\frac{\mathrm{d}p}{\mathrm{d}L} \quad \left(K' = \frac{\kappa}{\mu}\right) \tag{7-17}$$

式中，$\mathrm{d}h/\mathrm{d}L$ 为单位长度的流动造成水头的变化量；$\mathrm{d}p/\mathrm{d}L$ 为单位长度的流动造成折算压力的变化量；κ 为多孔隙骨架岩石的渗透率，仅与岩石骨架的性质有关，是多孔岩石的固有属性；μ 为流体动力黏度。

流体不同于固体，只要施加剪应力就会发生连续变形，流体的这种连续变形称为流动。同时，流体也具有阻止变形的性质，一般称为流体的黏滞性。它是处于运动状态的流体阻止其产生剪切变形的性质的度量。

达西定律适用于流体力学中的不可压缩流体。这意味着流体的密度在整个流动过程中保持不变。这种流体可以是液体或气体，但在应用达西定律时，必须将其视为不可压缩流体。

达西定律适用于稳态流动。这说明，流体的速度和压力在整个流动过程中保持不变。如果流体的速度或压力发生变化，那么达西定律就不再适用。

达西定律适用于流体在直管中的流动。这是因为在直管中流体的速度和压力分布是均匀的。如果流体在弯曲管道中流动，那么速度和压力的分布将会发生变化，达西定律也就不再适用。

达西定律适用于流体在恒定截面的管道中的流动。这意味着管道的截面积在整个流动过程中保持不变。如果管道的截面积发生变化，那么流体的速度和压力分布也会发生变化，达西定律也就不再适用。

达西定律是由砂质土体实验得到的，后来推广应用于其他土体，如黏土和具有细裂隙的岩石等。研究表明，在某些条件下，渗透并不一定符合达西定律，因此在实际工作中我们还要注意达西定律的适用范围。大量试验表明，当渗透速度较小时，渗透的沿程水头损失与流速的一次方成正比，则：

$$q = KiA \tag{7-18}$$

$$v = \frac{q}{A} = Ki \tag{7-19}$$

式中，q 为单位渗水量，$\mathrm{cm^3/s}$；v 为断面平均渗透速度，$\mathrm{cm/s}$；i 为水力梯度，表示单位渗流长度上的水头损失($\Delta h/L$)，又称为水力坡降；K 为反映土的透水性的比例系数，称为土的渗透系数，它相当于水力梯度 $i=1$ 时的渗透速度，故其量纲与渗透速度相同，$\mathrm{cm/s}$。

一般情况下，砂土、黏土中的渗透速度很小，其渗流可以看作一种水流流线互相平行的流动—层流，渗流运动规律符合达西定律，渗透速度 v 与水力梯度 i 呈线性关系。粗颗粒土（如砾、卵石等）由于其孔隙很大，当水力梯度较小时，流速不大，渗流可认为是层流，v-i 呈线性变化，达西定律仍然适用。当水力梯度较大时，流速增大，渗流将过渡为不规则的相互混杂的流动形式——紊流，这时 v-i 呈非线性变化，达西定律不再适用。

7.4 非线性渗流定律

裂隙中的流体流动符合流体力学的基本原理，纳维-斯托克斯(Navier-Stokes)方程(简称 N-S 方程)能够实现对粗糙裂隙渗流的规律的描述。通过对 N-S 方程的简化，获得刻画单裂隙渗流的理论模型——立方定理，立方定理中假设上下裂隙面为平行且光滑的平面，裂隙的渗流量与裂隙开度的三次方成正比。但是，天然岩石裂隙并非立方定理中假设的光滑的平行面，因此在采用立方定理不能表现出粗糙裂隙渗流的特性：

$$Q = -\frac{We_{\mathrm{h}}^{3}}{12\mu}\nabla p \tag{7-20}$$

式中，W 为裂隙试样的宽度；e_{h} 为水力裂隙开度；∇p 为水压力梯度；μ 为水的动力黏度。

根据立方定理裂隙渗流量与水力梯度之间是线性相关性，但是这种线性关系只有在流动过程中当惯性力相对于黏性力可以忽略不计时裂隙流体流动表现出线性特性。在流动过程中，当流体流速增加时，随着流量的增加，水力梯度增加 1 倍并不会产生 2 倍的流量，由于水力梯度和渗流量之间增量的不一致，使得两者之间不再表现出线性相关性。因此，采用立方定理不能描述高速渗流状态下的渗流规律。

在多孔介质中，渗流过程受到介质的孔隙度、孔径分布、孔隙连通性、孔隙几何形状、渗流速度等多种因素的影响，渗流往往表现为非线性行为。渗流非线性模型是用于描述多孔介质渗流行为的数学模型。它们广泛应用于工程领域，如石油工业、地质勘探和水文学等。这些模型能够描述复杂多孔介质中流体的运动和交换过程，以及与孔隙结构、介质特性和流体属性等相关的非线性效应。

渗流非线性模型可以分为两类：宏观模型和微观模型。宏观模型适用于描述介质的宏观性质和大尺度的渗流行为，如达西定律和达西-福奇海默(Darcy-Forchheimer)模型。而微观模型则适用于描述介质的微观结构和小尺度的渗流行为，如 Boltzmann 方法和分子动力学方法。

渗流非线性模型包括 Forchheimer 模型、达西-福奇海默 Darcy-Forchheimer 模型、埃尔贡(Ergun)模型、康采尼-卡曼(Kozeny-Carman)模型和巴克利-莱弗里特(Buckley-Leverett)模型，本章进介绍前两种模型。

7.4.1 Forchheimer 模型

为了探究高速渗流状态下裂隙的渗流规律，提出了许多经验和理论方程式。其中，Forchheimer 方程被广泛地应用于裂隙和多孔介质的非线性流动，即

$$-\nabla p = AQ + BQ^{2} \tag{7-21}$$

$$\begin{cases} A = \dfrac{\mu}{kA_h} = \dfrac{12\mu}{We_h^3} \\ B = \dfrac{\beta\rho}{W^2 e_h^2} \end{cases} \tag{7-22}$$

式中，∇p 为裂隙两端的压力梯度，$kg/(m^2 \cdot s^2)$；Q 为通过裂隙的体积流量，m^3/s；A 为线性系数，$kg/(m^5 \cdot s^{-1})$；B 为非线性系数，kg/m^8；ρ 为流体密度，kg/m^3；β 为非线性因子；W 为裂隙的宽度。

线性系数 A，其大小与水力裂隙开度 e_h 相关，非线性系数 B 与非线性因子 β 和水力裂隙开度相关，其中非线性因子 β 与裂隙的几何形态相关。在已有文献中，对于非线性因子 β 的讨论很少涉及。在 Forchheimer 方程中，非线性因子 β 虽然与裂隙粗糙度相关，但并没有建立裂隙粗糙度与非线性因子 β 间的量化关系式，不能实现对粗糙裂隙渗流量的预测。

粗糙裂隙渗流表现出显著的非线性特性，采用 Forchheimer 方程能够对非线性渗流进行很好的描述，根据 Forchheimer 方程由两部分组成，即线性部分和非线性部分，流体流动过程中黏滞力起主导作用时表现出线性特性，在非线性渗流过程中惯性力起主导作用。需要注意的是，式(7-22)中的线性系数 A 和非线性系数 B 均与水力裂隙开度 e_h 相关而非物理裂隙开度 e_m。根据前人研究物理裂隙开度下水力梯度和裂隙渗流量之间的关系，通过对不同渗流试样的水力梯度和渗流量进行拟合，可以获得 Forchheimer 方程的线性系数 A 和非线性系数 B。其中，线性系数 A 的大小仅与水力裂隙开度 e_h 相关，因而可通过线性系数 A 进行反算获得水力裂隙开度 e_h。其表达式如下：

$$e_h = \left(\frac{12\mu}{WA}\right)^{1/3} \tag{7-23}$$

在渗流过程中，随着水力梯度的增加，裂隙渗流量并没有产生相应的渗流量，使得水力梯度与渗流量之间的关系偏离原有的线性相关性，即流体渗流表现出非线性特性。非线性因子 β 可根据下式计算：

$$\beta = \frac{BW^2 e_h^2}{\rho} \tag{7-24}$$

物理裂隙开度也是水力裂隙开度的重要因素之一，水力裂隙开度随着物理裂隙开度的增大而增大，可采用指数函数对两者关系进行描述，则：

$$e_m = a e^{\lambda e_h} \tag{7-25}$$

式中，a，λ 均为拟合系数。

根据试验结果可以发现，在相同物理裂隙开度下，裂隙的粗糙度越大，水力裂隙开度越小。在分析水力裂隙开度与物理裂隙开度关系中，要考虑裂隙粗糙度对水力裂隙开度的影响。式(7-25)虽然能够在一定程度上表现水力裂隙宽度与物理裂隙宽度之间的关系，但是其中并没有考虑粗糙度对水力裂隙开度 e_h 的影响，存在一定的缺陷。

一阶导数均方根 Z_2 是一种裂隙表面几何形貌统计参数，即

$$Z_2 = \sqrt{\frac{1}{L^2}\int_{y=0}^{y=L}\int_{x=0}^{x=L}\left(\frac{dz}{dx}\right)^2 dx} = \sqrt{\frac{1}{(N\Delta x)^2}\sum_{j=1}^{N}\sum_{i=1}^{N-1}(Z_{j,i+1} - Z_{j,i})^2} \tag{7-26}$$

式中，L 是粗糙裂隙面的长度和宽度；N 为在一个方向上划分的数目，Δx 采样精度，$\Delta x = L/N$；Z_{ji} 为裂隙面上坐标(j,i)处的高度。

由于裂隙粗糙度对水力裂隙开度影响较大，考虑裂隙粗糙度的影响，采用下式描述水力

裂隙开度与物理裂隙开度与 Z_2 的关系，即

$$e_h = e_m e^{\frac{-\varepsilon \cdot \sqrt{Z_2}}{e_m^{\zeta}}} \tag{7-27}$$

式中，ε 和 ζ 分别为反映粗糙度和物理裂隙开度对水力裂隙开度影响的系数。

文中 ε 和 ζ 的值分别为 0.597 2 和 −0.937 7，其值分别在 95% 置信区间内(0.488 6，0.705 8)和(−1.242，−0.633 8)。当物理裂隙开度 e_m 无限增大时，由于物理裂隙开度很大，粗糙度对流体流动的影响可以忽略不计，此时水力裂隙开度与物理裂隙开度近似相等，满足立方定律的渗流要求。水力裂隙开度随着裂隙粗糙度的增大而减小，当裂缝粗糙度足够大时，裂隙的流动通道闭合，水力裂隙开度接近 0，粗糙裂隙将失去渗流能力。

在 Foechheimer 方程中非线性系数 β 主要与粗糙裂隙的几何形态相关。因此在对非线性系数的参数化分析中，主要考虑粗糙度对非线性系数的影响。通过总结分析发现，非线性系数 β 可视为是有关水力裂隙开度 e_h 的函数，两者之间可采用指数函数进行描述。非线性系数和水力裂隙开度之间的函数关系如下式：

$$\beta = k e_h^{-\omega} \tag{7-28}$$

式中，k，ω 均为拟合系数。根据式(7-28)可见，非线性系数随着水力裂隙开度的增大而减小。

以上研究结果表明，水力裂隙开度与裂隙粗糙度和物理裂隙开度有关。将式(7-24)代入式(7-25)中，可建立非线性系数与裂隙粗糙度之间的关系式：

$$\beta = a e_h^{-\omega} = a \left[e_m e^{\frac{-\gamma\sqrt{Z_2}}{e_m^{\eta}}} \right]^{-\omega} = a e^{-\omega} e^{\left(\frac{\gamma\omega\sqrt{Z_2}}{e_m^{\eta}} \right)} \tag{7-29}$$

式中，a，γ，η，ω 分别为反映裂隙粗糙度和物理开度对参数 β 的影响系数。式(7-29)能够很好地表现非线性系数与物理裂隙开度和 Z_2 之间的关系，其 R_2 = 0.979 1。式(7-29)中，β 随着 Z_2 的增大而减小，当 e_m 足够大时，粗糙度对渗流的影响将会忽略不计，此时 β=0，表现为线性渗流。式(7-29)有明确的物理意义，能够实现对粗糙裂隙渗流的预测。

7.4.2 Darcy-Forchheimer 模型

Darcy-Forchheimer 模型是最早提出的描述多孔介质中非线性渗流的模型，是描述渗流非线性效应的经典模型之一。该模型是在达西定律的基础上发展起来的，并且考虑了孔隙介质中非线性摩擦阻力的影响。其数学表达式为：

$$\boldsymbol{q} = -\frac{\kappa}{\mu} \nabla p - \frac{k_1}{\mu} \mid \boldsymbol{v} \mid \boldsymbol{v} \tag{7-30}$$

式中，$\boldsymbol{q}$ 为渗流流量密度矢量；κ 为介质渗透率；μ 为介质动力黏度；p 为介质中的压力；k_1 为 Darcy-Forchheimer 阻力系数；$\boldsymbol{v}$ 为速度矢量。

当流动速度较小时，Darcy-Forchheimer 模型退化为达西定律。Darcy-Forchheimer 模型适用于介质孔隙率较小、孔隙直径较大的多孔介质，例如岩石和砂土等。该模型的优点在于可以描述多孔介质中流体的非线性行为，如非线性阻力和涡流等。但是，它也存在一些限制，如不能考虑介质的非均质性和各向异性等。

7.5 岩体渗流介质模型

渗流是流体通过裂隙介质或多孔介质的一种流动，与工程安全密切相关。对渗流的研

究最早始于对土的研究，著名的达西定律标志着经典渗流理论的诞生。而在岩体工程中，也涉及渗流问题，裂隙岩体的渗流作用对基岩上土的承载能力、边坡稳定性及地下工程都有显著的影响。天然岩体的结构面呈现的随机性使得裂隙岩体具有非均匀性，不连续性和各向同性等明显的特征。裂隙岩体渗流模型的研究在裂隙岩体渗流分析中起重要作用。

裂隙岩体渗流模型的提出能够有效地帮助人们解决工程中遇到的实际问题。在一些学者阐述裂隙岩体渗流模型优缺点的基础上，更加精确地构建和选择与实际工程适应的模型是学者们仍需进一步探讨的研究方向。

模型的建立依据为不同的假设和适用条件，存在各自的优缺点。通过对以往研究的了解，把裂隙岩体渗流模型划分为等效连续体模型、离散裂隙网络模型等。下面主要对这两种模型的原理性质及优缺点进行介绍。

7.5.1　等效连续体模型

由于实际裂隙中的水体含量是分布不均的，等效连续介质模型的假定使得水体均匀分布至岩体的各个部位，模拟出对称渗透张量的特性，继而在形成各向异性连续体的基础上利用经典的连续介质理论计算、分析。当岩体的裂隙度较大时，该模型认为岩石的孔隙介质和裂隙网络均匀分布于整个计算域内，裂隙岩体表现出与多孔连续介质相似的渗透特性水位随空间连续分布渗流场的求解以渗透张量为基础。该模型假定地下水在岩体中的流动服从达西定律，渗透系数为岩体单元的平均值。欧达(Oda)基于两个假定(一是裂隙为弹性连续体，二是每一裂隙由平行板组成)，提出了渗流与应力耦合作用的等效连续渗流模型。

但在等效连续介质模型中，对于单一裂隙，则以下几种情况必须予以考虑：如断层那样的主要导水管道；基于裂隙特性而非实测资料来预测岩体的渗透特性；井周围裂隙网络的渗透系数很低，模拟水压断裂和油井注入。

地质构造应力往往使裂隙成组发育在宏观上表现出明显的方向，称为裂隙的主方向。同时，裂隙发育数量与迹长在各主方向上又具有分形特性，可据分形理论模拟各主方向上裂隙分布，从而求得各向异性岩体渗透张量。根据分形理论，裂隙在某一发育主方向贯穿一定尺度岩体单元的裂隙条数可由下式得到：

$$N_\delta(F) = N_0(F)\delta^{-D} \tag{7-31}$$

假定裂隙的平均张开度为 b，则具有同一水位时，这一方向的渗透系数为：

$$K_{\mathrm{f}} = -\frac{gb^3}{12\mu}N_\delta(F) = -\frac{gb_3}{12\mu}N_0(F)\delta^{-D} \tag{7-32}$$

具有 n 个发育主方向，考虑连通系数 m 的裂隙岩体综合渗透张量表达式为：

$$K_{ij} = \sum\nolimits_r^m m_r N_{\delta r} K_F(\delta_{ij} - n_i^{(r)} n_j^{(r)}) \tag{7-33}$$

式中，$N_\delta(F)$为特征长度不完整岩体单元的裂隙条数；$N_0(F)$为系数；D 为分维数。

若总体坐标 x、y、z 轴的方向与岩体渗透参数主方向一致则渗流控制方程为：

$$\frac{\partial}{\partial x}\left[K_x \frac{\partial p}{\partial x}\right] + \frac{\partial}{\partial y}\left[K_y \frac{\partial p}{\partial y}\right] + \frac{\partial}{\partial z}\left[K_z \frac{\partial p}{\partial z}\right] = S\frac{\partial p}{\partial t} + \Phi \tag{7-34}$$

式中，K_x，K_y，K_z 分别为 x、y、z 方向的渗透系数；p 为水压力；S 为贮水系数：Φ 为源汇项。

此模型的优点是比较简单，仅有少数几个参数对于模型是必需的，如等效渗透系数、有效孔隙度等应用该模型关键是确定岩体的渗透系数或渗透张量 K。

等效连续体模型具有能运用各向异性连续介质理论进行分析的优点。它的优点表现在以下几点:在解决问题的方法上有一定的基础和经验;由于无需知道每条裂隙的确切位置和水力特性,因此对一些不易了解的单个裂隙数据工程问题是一个很有用的方法。

然而,等效连续体模型在运用时主要有两个方面的缺点:一是如何确定裂隙岩体等效渗透张量;二是不一定能保证得到等效连续体模型的有效性。

7.5.2 多孔介质模型

多孔介质模型主要思想忽略单个裂隙的物理组成结构,将裂隙假设为具有相当多的互相连通的多孔介质。从平均意义的统计角度研究和描述每个点的性质更为方便。实际上,孔隙和裂缝被简化为大量多孔介质,因而易于估计岩体的渗透率和孔隙率的参数。

7.5.3 双重介质模型

双重介质模型的主要思想:将裂隙考虑为流体的主要传输通道,而把多孔基质考虑为流体的主要存储空间,多孔基质的渗透性比裂隙的渗透性小得多,但其孔隙度的关系却恰恰相反,这两个渗流的研究系统之间存在一定的相关性和独立性。因此,在进行渗流分析时,孔隙、裂隙的参数都需要考虑到。

裂隙-孔隙双重介质模型是由前苏联学者巴伦布莱特(Barenblatt)提出的,他把岩体看作由孔隙和裂隙组成的双重介质空隙结构,孔隙介质和裂隙介质均处于渗流区域内,形成连续介质系统。在该系统内,孔隙体积远大于裂隙的体积,而裂隙的导水性远高于孔隙的导水性,因此孔隙介质储水,裂隙介质导水。由于裂隙介质的导水作用,在双重介质系统内形成了两个水头,即孔隙介质中水头和裂隙介质中水头基于达西定律分别建立两类系统的水流运动方程,这两种介质之间通过水流交换相联系。

裂隙-孔隙双重介质模型认为,裂隙岩体是由孔隙性差而导水性强的裂隙系统和孔隙性好而导水性弱的岩块孔隙系统共同构成的统一体。它考虑了两类系统之间的水交替过程。首先,基于达西定律分别建立两类系统的水流运动方程;其次,利用两类系统之间的水交替方程将其联系起来,根据水交替方程的建立方法,又可将其分为拟稳态流模型和非稳态流模型。

(1) 拟稳态流模型

拟稳态流模型认为,裂隙系统与岩块孔隙系统的水交替量和两类系统中的水头差成正比,由于水交替量是时间的隐式,因此称之为拟稳态流模型。

Barenblatt 首先提出了水力双重介质的概念,其主要观点是:裂隙系统和岩块孔隙系统皆遍布整个区域形成两个重叠的连续体在渗流场中每一点都具有两个水头值,该点附近岩块孔隙系统中的平均水头值和裂隙系统中的水头值,岩块的渗透率比孔隙率小几个数量级而裂隙的渗透率比孔隙率大几个数量级,水在岩体中的运动就表现为两类不同系统之间的激烈水交换;假设裂隙和孔隙岩块皆为均质、各向同性。Barenblatt 模型为双重介质理论的发展奠定了重要基础,但它反映的渗透机理是狭隘的,它将裂隙和孔隙系统都假定为各向同性的,以至于当忽略两类系统之间的水交替时可把裂隙岩体比拟成各向同性的孔隙介质,使得杂乱无章的裂隙系统只起着如同孔隙通道的作用这种极端渗透机理只在泥质岩体受剧烈构造变动或表面风化作用影响的岩体中出现。因此,Barenblatt 模型的主要缺点是不能反映裂隙岩体及其中水流普遍具有的各向异性特点。为此，沃伦(Warren)在Barenblatt模型的假设之上对裂隙系统的几何特性和渗透特性增加了新的限制其假定是岩体中发育有均质、正交、互相连通的裂隙系统，渗透主轴与每一方位裂隙组相平行，垂直于各主轴的裂隙组等间距分布、宽度不变；两类不同系统之间广泛发生水交替，水交替量与水头差成正比。显然，该模型能够考虑到裂隙岩体的渗透特性普遍具有各向异性的特点，较Barenblatt模型前进了一步，但是该模型没有反映裂隙系统空间结构的不均匀性以及其中水流普遍具有的各向异性，它只能应用于均质的正交裂隙网络，而且在同一点给出两个压力值较困难。

(2) 非稳态流模型

非稳态流模型认为两类系统的水交替是通过岩块孔隙中的水向裂隙中的流动来完成的，根据岩块孔隙中的水流运动规律来建立水交替方程。由于水交替量是时间的显式，因此称之为非稳态流模型。在非稳态流模型中，根据对裂隙系统空间配置的不同假定，目前主要包括平行裂隙非稳态流模型和组裂隙非稳态流模型。

平行裂隙非稳态流模型的主要假定是：裂隙系统由1组具有相同隙宽和间距的无限延伸的平行裂隙所构成，岩块为裂隙切割成柱状体；两类系统的水交替表现为岩块孔隙系统中的流体向裂隙中的垂直线性流动，这样可以采用具有适当边界条件和初始条件的一维支配方程来描述。显然，该模型只适用于由顺层裂隙系统所形成的渗透空间结构。

组裂隙非稳态流模型的主要假定是：裂隙系统由3组具有相同裂隙宽度的相交裂隙构成，岩块为裂隙切割成块状体，并以一系列具有相同半径的等效均质球体代替；两类系统的水交替表现为流体由岩体基质中心向裂隙的径向流。显然，该模型较平行裂隙非稳态流模型有所改进，但仍对裂隙配置做了一定限制。

裂隙-孔隙双重介质模型的突出优点是考虑了两类不同系统之间的水交替过程，尤其适合于考虑流体在裂隙含水层中的储存作用，但在它所包含的两种模型中拟稳态流模型是假定水交替量与两类系统的水头差成正比，不直接为时间的显式，实际上这会带来很大误差。Zimmerman指出，这种误差只在很长时间之后才会消除，而在初期是不能忽略的。对于非稳态流模型，水交替方程是与裂隙系统的空间配置有关的。为了建立水交替方程所有这些模型对裂隙系统的配置和形状都做了一定的限制，这样就局限了这些模型的应用，在实际工程中需要根据岩体中裂隙的实际发育情况合理选用。因此，裂隙孔隙双重介质模型尚需进一步完善。

7.5.4 离散裂隙网络模型

岩体经历了长期的地质作用，产生了不同类型、不同力学性质和不同规模的节理、裂隙及断裂面。这种裂隙个体在空间上相互交叉，构成网络状系统介质渗流模型，具有非均质性和各向异性。同时，由于裂隙网络中阻水裂隙的存在，裂隙的连通性差，引起裂隙中水流断续分布。这些互不连通的裂隙或存在阻水裂隙的网络，称为非连通裂隙网络模型。过去，许多学者大量运用连续渗流模型去研究岩体的体积单元的研究领域，数据结果显示却并不精确。特别是对小范围内的测量，它们并不适用。一些裂隙岩体比较基本但有不可忽略的性质，如裂隙半径、密度、产状和透水性，它们不能被平均。这些性质在裂隙岩体的渗流演化过程中是非常重要的，往往能导致裂隙岩体及其中的渗流的非均质性。因此，为了能更加精确的研究这些性质，Louis提出了离散裂隙网络模型来模拟裂隙岩体。

离散裂隙网络模型分析采用简化的模型(图 7-1),研究裂隙网络中结点,离散介质模型渗流控制方程为:

$$\frac{\partial}{\partial x'}\left[K_x{}'\frac{\partial p}{\partial x'}\right]+\frac{\partial}{\partial y'}\left[K_y{}'\frac{\partial p}{\partial y'}\right]=S\frac{\partial p}{\partial t}+\Phi \tag{7-35}$$

式中,x'和 y'分别为局部坐标轴;$K_x{}'$和 $K_y{}'$分别为沿 x'和 y'轴的主渗透系数;p 为水压力;S 为贮水系数;Φ 为源汇项。

考虑到裂隙变形耦合效应,裂隙渗透系数可表示为:

$$K_x{}'=K_y{}'=-\frac{g}{12\mu}(b-\delta_n)^3 \tag{7-36}$$

式中,δ_n 为裂隙法向变形;μ 为水的运动黏度系数;b 为裂隙初始厚度。

根据多年来对离散裂隙网络模型的研究,学术界一致认为其模型假定为:流体的流动均限定在所研究的裂隙网络中。离散裂隙网络模型研究方法如下:

① 根据待研究现场的实地数据及参数生成相对应的裂隙网络。

② 设定能求解模型的所有边界条件,对应于实际岩体属性进行求解。

③ 对划分的网络应采用统计学的原理以进行更为精确的求解。

可以看出,离散裂隙网络模型对岩体裂隙网络体系中的每条裂隙都加以具体地模拟,并试图得到裂隙体系中各点的真实渗流状态。显然,它具有拟真性好、精度高等优点。但当裂隙较多时,其工作量相当大,特别是三维问题,甚至不可能实现。另外,由于裂隙分布具有随机性,要建立离散的真实裂隙系统也十分困难。因此,除了较简单情况,离散裂隙网络模型尚难以在实际工程中得到广泛应用。

课后思考题

1. 什么是结构面?结构面的成因有哪些?
2. 对于裂隙岩体的强度、变形和渗透性的影响因素有哪些?
3. 什么是达西定律?不同条件下的达西定律公式是什么?
4. 流体均可适用达西定律?其对于流体介质本身、流动状态及压力情况的适用条件是什么?
5. 裂隙岩体渗流模型可分为哪几部分?其各自的适用条件是什么?
6. 为什么将裂隙假设为具有相当多的互相连通的多孔介质?

第 8 章

岩体力学数值分析方法

8.1 数值分析概述

岩石是一种自然界材料，也是一种地质结构体，具有非均质、非连续、非线性等特性。由于复杂的边界条件、几何形状和加卸载过程，岩体力学问题通常无法使用解析方法进行求解。相比之下，数值分析方法具有广泛的适用性，不仅能够模拟岩体复杂的力学和结构特性，也能方便地分析各种边值问题和施工过程，并对工程问题进行分析预测。因此，岩体力学数值分析方法是解决岩土工程问题的有效手段之一。

目前常用的岩体力学数值分析方法主要包括有限单元法、有限差分法、无单元伽辽金法、离散单元法、连续-非连续单元法和数值流形法等。其中，前三种方法为基于连续介质力学的方法，离散单元法为基于非连续介质力学的方法，而后两种方法兼具这两大类方法的特点。有限元法基于最小总势能变分原理，以其能方便地处理各种非线性问题、灵活地模拟岩土工程中复杂的施工过程等特点，因而成为岩体力学领域中应用最广泛的数值分析方法。

数值分析方法的共同特点是将所分析的问题（方程）离散为线性代数方程组并采用适当的求解方法解方程组，获得基本未知量，进而根据几何和物理方程求出其他未知量。对于岩土工程问题，应包括随工程活动和时间变化，岩土体中的节理、裂隙等各种不连续面及其扩展过程和自然环境变化过程的数值模拟。数值分析的物理力学参数一般先由室内试验初步测定，再结合实际岩体的赋存环境和工程因素进行二次优化，以确定最终用于数值分析的物理力学参数。此外，基于工程现场的实测位移开展位移反分析，也是数值分析获取较准确计算参数的有效方法。

8.2 有限单元法

20 世纪 60 年代，美国克劳夫(R. W. Clough)教授及我国冯康教授分别独立在论文中提出了“有限单元”的概念。经过半个多世纪的发展，有限单元法已从分析弹性力学平面问题扩展到空间问题和板壳问题；从静力问题扩展到动力问题、稳定性问题和波动问题；从线性问题扩展到非线性问题；从固体力学领域扩展到流体力学、传热学以及电磁学等其他连续介质领域；从单一物理场计算扩展到多物理场的耦合计算。有限单元法经历了从低级到高级、从简单到复杂的发展过程，目前已成为工程计算应用最广泛的方法之一。

有限单元法(finite element method)将实际复杂的结构体(求解域)假想为由有限个单元组成,每个单元只在“节点”处连接并构成整体,求解过程是先建立每个单元的节点位移和节点力关系方程:然后按单元间的连接方式组集成整体,形成方程组;再引入边界条件,对方程组进行求解;最终获得原型在“节点”和“单元”内的未知量(位移或应力)及其他辅助量值。有限元法按其所选未知量的类型,可用节点位移或节点力作为基本未知量或两者皆用,分为位移型、平衡型和混合型有限元法。

有限元法在岩土工程中主要用于分析岩土介质的连续小变形和小位移问题,其概念清晰,可在不同理论层面建立起对有限元法的理解,而且由于引入了变形协调的本构关系,无需引入假定条件,保持了理论的严密性。目前,有限元法已广泛应用于求解弹塑性、黏弹性、黏弹塑性、弹脆性以及黏弹脆性等岩土工程问题,对非均质、不连续问题,可采用特殊单元进行模拟分析,从而获得岩土体应力、应变的大小与分布。

8.2.1 有限元法求解问题的步骤与要点

(1) 有限元法求解岩体力学问题的基本步骤

① 确定计算模型和参数。

② 划分单元网格。

③ 选择位移函数。

④ 建立单元刚度矩阵。

⑤ 组集单元刚度矩阵,形成总刚度矩阵。

⑥ 计算等效节点荷载,形成总体荷载列阵。

⑦ 引入边界约束条件,修正总体刚度方程。

⑧ 求解修正后的总体刚度方程,获得所有节点位移。

⑨ 根据几何和物理方程计算单元应变和应力。

⑩ 输出或绘制计算结果图。

(2) 在求解实际工程问题中应掌握的基本要点

① 根据模型对称性、材料性质以及关键部位的边界尺寸等因素确定最终的计算模型。例如对于圆拱型隧道,若其受力、几何形状及材料性质均对称于 y 轴,则可取其 1/2 作为研究对象;而外边界可根据隧道的跨度和高度确定,通常外边界取跨度的 3～5 倍,在边界之外的区域可认为不受开挖等因素的影响。同时,还应避免模型出现刚体位移及转动。

② 计算参数的确定方法主要包括 3 种:一是根据室内试验确定,室内试验确定的参数不能直接采用,通常需要折减,因为室内试验一般确定的是试样尺度岩块的力学参数,而数值计算需要岩体力学参数。文献与实践经验表明:对岩石密度和泊松比无需微折减处理,弹性模量可取岩石的 1/2 左右,强度参数(黏聚力、岩石抗拉强度)可取岩石的 1/4,内摩擦角减小 4°～6°。实际运用中,可基于以上原则并结合岩石的具体情况对参数折减程度进行调整,例如硬岩可适当多折减,软岩则少折减。二是根据现场试验和实测参数确定,由现场获取的参数一般也要进行合理优化之后方可使用。三是利用量测位移进行反分析确定。

③ 根据所确定的几何模型,二维问题可采用三角形或四边形单元进行划分,三维问题可采用四面体或六面体单元进行划分。对于二维问题,在相对规则的区域划分为规则四边形单元,复杂区域可选择任意四边形或三角形单元,网格划分时应尽量避免出现钝角。对于

断层、节理应划分为岩体的“节理单元”，且节点编号时应使同一单元的节点编号最大差值最小化。应力集中和重点研究区域的单元应采用细化网格，以保证计算结果的精度。

计算机技术的快速发展为有限元法的广泛应用提供了条件。20 世纪 70 年代以来，相继出现了一些通用的有限元分析系统，如 SAP、NASTRAN、MIDAS、ANSYS 和 ABAQUS 等，以及大型岩体力学有限元程序，如 FINAL、GEO5、PLAXIS 和 ADINA 等，大幅促进了有限元求解流程的自动化。除模型建立和参数选取部分，其余计算流程都可自动完成，例如利用软件的后处理功能，可获得破坏区（塑性区）应力和位移等值线、应力场和位移场矢量图以及任意截面的应力分布和位移分布曲线等。

8.2.2 强度折减法与失稳判据

有限元法通常采用强度折减法并结合失稳判据对岩土工程中的稳定性问题进行分析，特别是在边坡稳定性分析中，相比传统的极限平衡法，有限元强度折减法能够满足应变相容和平衡方程，其具体优点主要包括：无需预先假设滑动面的位置和形状；能模拟边坡支护加固和开挖施工过程的稳定性；不受边坡边界条件、几何形状以及材料不均匀性等的影响，能够计算具有复杂地质条件边坡的安全系数；可模拟边坡的渐进破坏过程，并得到应力、应变和位移等信息。

强度折减法最早由辛克维奇（O. C. Zienkewicz）等人提出，后被广泛采用并提出抗剪强度折减系数（shear strength reduction factor，SSRF）的概念。强度折减法一般根据 Mohr-Coulomb 准则，按照式（8-1）和式（8-2）对抗剪强度参数进行折减，直到边坡体达到极限平衡状态为止。岩土体的实际抗剪强度参数与极限状态的抗剪强度参数之比称为安全系数。同时，连接岩土体塑性区中塑性应变值最大的点，即可得到岩土体的潜在破坏面。

$$c_{\mathrm{m}} = \frac{c}{F_{\mathrm{r}}} \tag{8-1}$$

$$\varphi_{\mathrm{m}} = \arctan\left(\frac{\tan\varphi}{F_{\mathrm{r}}}\right) \tag{8-2}$$

式中：c_{m}，φ_{m} 分别是维持极限平衡所需要的黏聚力和内摩擦角；c，φ 分别是岩土体的黏聚力和内摩擦角；F_{r} 是强度折减系数。

通过采用不同的强度折减系数 F_{r} 对强度参数进行折减，在计算过程中不断增大 F_{r}，达到临界破坏时的 F_{r} 即为安全系数 F_{s}。

利用强度折减法对岩土工程进行稳定性分析的关键是如何找到临界破坏时的折减系数，使得岩土体恰好达到临界失稳状态，因此，选择合适的失稳判据至关重要。目前，应用较多的判据主要包括三种。

（1）特征点位移突变判据

岩土体破坏的标志应是破裂面上的应变或位移出现突变，这一观点符合岩土体失稳破坏的实际情况，且有明确的物理意义。因此，可选取若干特征点，在强度折减过程中对其位移进行连续监测，特征点的位移发生突变时判定岩土体发生破坏。

（2）塑性区贯通判据

该判据是目前岩土工程稳定性分析中常用的判据，然而塑性区发生贯通不一定意味着岩土体发生破坏，即塑性区贯通判据仅为岩土体失稳的必要条件，而非充分条件。

(3) 计算收敛判据

在数值计算过程中,以计算是否收敛作为评判准则,在 F_r 不断增大过程中,当计算收敛时,可判定岩土体处于稳定状态,当计算出现不收敛时则认为岩土体发生破坏,此时所得的 F_r 即为安全系数。

8.3 有限差分法

有限差分法是求解初值和(或)边值问题较早提出的数值方法之一。随着计算机技术的飞速发展,有限差分法以其独特的计算格式和流程显示出一定的优势,其主要思想是将待求解问题的基本方程组和边界条件(一般均为微分方程)采用差分方程(代数方程)近似表示,即由有一定规则的空间离散点处的场变量(应力、位移)代数表达式代替,这些变量在单元内是非确定的,从而将求解微分方程的问题转化成求解代数方程的问题。

有限单元法一般采用隐式的矩阵算法,而有限差分法则通常采用显式的时间递步法解算代数方程。连续介质快速拉格朗日法是最具代表性的显式有限差分方法之一,该方法遵循连续介质的假设,利用差分格式按照时步积分求解,随着计算型结构形状的变化不断更新坐标,适用于分析非线性大变形问题,且其界面或滑动面可用来模拟滑动或分离的界面,如断层、节理或摩擦边界。因此,基于连续介质快速拉格朗日法开发的商业程序 FLAC 非常适用于岩土工程的计算模拟。岩土材料达到极限状态时可能会经历塑性流动,FLAC 软件运用显式拉格朗日算法和混合离散划分技术,能准确分析岩土工程中的大变形塑性流动问题,适用于岩土工程的稳定性分析。然而,显式有限差分法假定在每一迭代时步内,每个单元仅对其相邻单元产生力的影响,且计算时步必须足够小,以保证显式算法计算稳定,大大增加了计算时间,特别是对线性问题的求解,其效率明显低于有限单元法。此外,有限差分法对网格的要求也更高,网格的尺寸一般根据模拟岩体的实际特征和柯朗稳定条件来决定。

8.3.1 有限差分法求解问题的基本步骤

有限差分法遵循牛顿第二定律,基于连续介质力学中的广义胡克定律(本构关系)和几何方程,计算获得任意时刻节点的速度、位移、单元应变和应力。

对于固体材料,微分形式的本构方程为:

$$\sigma_{xx} = E\frac{\partial u_x}{\partial t^2} = \frac{\alpha_{xx}}{\partial_x} \tag{8-3}$$

式中,σ_{xx} 为应力;u_x 为位移。

运动方程(或平衡方程)为:

$$\rho\frac{\partial^2 u_x}{\partial t^2} = \frac{\partial \sigma_{xx}}{\partial x} \tag{8-4}$$

8.3.2 FLAC 软件简介

FLAC3D(Fast Lagrangian Analysis of Continua)由美国 ITASCA 公司开发的仿真计算软件。FLAC 有二维和三维计算程序两个版本,二维计算程序 V3.0 以前的版本为 DOS 版本,V2.5 版本能够使用计算机的基本内存(64K),所以程序求解的最大节点数仅限于

2 000 个以内。1995 年，FLAC2D 已升级为 V3.3 版本，其程序能够使用扩展内存。因此，大大扩展了计算规模。FLAC3D 是一个三维有限差分程序，2020 年已发展到 V7.0 版本。

FLAC3D 是二维的有限差分程序 FLAC2D 的拓展，能够进行土质、岩石和其它材料的三维结构受力特性模拟和塑性流动分析，图 8-1 展示了 FLAC3D 软件界面。通过调整三维网格中的多面体单元来拟合实际的结构。单元材料可采用线性或非线性本构模型，在外力作用下，当材料发生屈服流动后，网格能够相应发生变形和移动(大变形模式)。FLAC3D 采用了显式拉格朗日算法和混合-离散分区技术，能够非常准确地模拟材料的塑性破坏和流动。由于无需形成刚度矩阵，因而基于较小内存空间就能够求解大范围的三维问题。FLAC3D 发展到现在已经很成熟了，从建模到分析以及后处理，已经有比较完整的分析流程和大量的算例，也是岩土中使用人数较多的模拟软件，它采用的是有限差分方法，目前主流应用在分析边坡问题、岩土体的渐进破坏和崩塌现象，岩土体材料的固结过程和流变现象等。

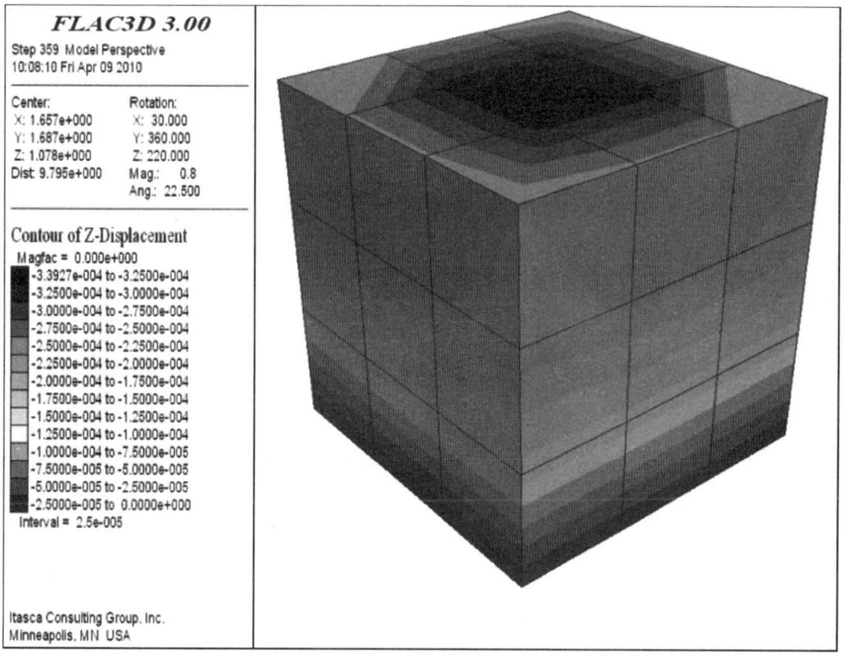

图 8-1　FLAC3D 软件界面

(1) FLAC3D 的优点

① 对模拟塑性破坏和塑性流动采用的是“混合离散法”。这种方法比有限元法中通常采用的“离散集成法”更为准确、合理。

② 即使模拟的系统是静态的，仍采用了动态运动方程，这使得 FLAC3D 在模拟物理上的不稳定过程不存在数值上的障碍。

③ 采用了一个“显式解”方案。因此，显式解方案对非线性的应力-应变关系的求解所花费的时间，几乎与线性本构关系相同，而隐式求解方案将会花费较长的时间求解非线性问题。而且，它没有必要存储刚度矩阵，这就意味着；采用中等容量的内存可以求解多单元结

构；模拟大变形问题几乎并不比小变形问题多消耗更多的计算时间，因为没有任何刚度矩阵要被修改。

(2) FLAC3D 的不足之处

① 对于线性问题的求解，FLAC3D 比有限元程序运行得要慢。

② 用 FLAC3D 求解时间取决于最长的自然周期和最短的自然周期之比。但某些问题对模型是无效的。

③ 前处理功能较弱，复杂三维模型的建立比较困难。

8.4 离散单元法

连续介质分析方法具有计算效率高、可构建复杂模型等优点，但也存在诸多缺陷，如不能反映岩土材料细微观结构之间的复杂相互作用，难以再现岩土体材料非连续介质的破裂孕育演化过程，难以计算岩土体材料的大变形、运动问题。在这一背景下，离散单元法应运而生。

离散单元法(discrete element method)最早应用于具有裂隙、节理的岩体问题，将岩体视为被裂隙、节理切割的若干块体组合的非连续介质。基于岩体的变形主要受控于软弱结构面这一客观事实，提出了将岩块假定为刚体，以刚性单元及其边界的几何、运动和接触的相互作用为基础，基于单元之间的接触本构方程进行计算，求解节理岩体的变形与应力状态。根据离散体单元的几何形状，可分为块体离散元和颗粒离散元两大分支。其中块体离散元以多边形块体或多面体块体为基本单元，依照块体间的接触状态，可分为顶点-面接触、面-边接触、顶点-边接触等接触关系，在接触搜索时需先判断块体间的接触形式，并确定其接触面法向；颗粒离散元则以圆盘或圆球等为基本单元，与块体离散元相比，其基本单元形状较为简单，无需进行复杂的接触关系判断，具有更高的计算效率。根据所采用的求解算法，离散元方法可分为动态松弛法和静态松弛法。动态松弛法通过牛顿第二定律计算单元体的位置、速度等运动信息，并通过单元间的力-位移关系更新单元接触力，两者交替作用，按时步(time step)迭代遍历整个计算模型，并通过阻尼耗散系统能量，使系统快速收敛到准静态或静态。静态松弛法通过寻找单元失去平衡后再次达到平衡的单元位置，联立单元间的力-位移关系建立方程组，并通过迭代求解矩阵的形式求取单元应力与位移等。静态松弛法由于涉及矩阵的求解，可能存在解的奇异性和不收敛性，因而目前大部分离散元软件采用动态松弛法进行求解。目前，基于离散元理论开发的软件为解决众多涉及颗粒、结构、流体与电磁及其耦合等综合问题提供了有效模拟平台，已成为力学过程分析、方案设计优化和产品研发的有力工具。其中，UDEC、3DEC 和 PFC 软件为岩土及类岩石材料的力学行为基础理论研究(破裂机制与演化规律、颗粒类材料动力响应等)和工程应用研究(地下工程灾变机制、矿山崩落开采、边坡岩土滑塌、岩石破碎、爆破冲击等)提供了有效计算手段。下面将着重以颗粒离散元为例，介绍其基本原理及在岩土工程中的应用。

8.4.1 颗粒流基本理论

颗粒流理论将介质离散为许多颗粒的集合，其宏观力学行为由颗粒集合体的性质和状态定义，从细观角度研究介质的力学特性和行为。在利用颗粒流理论求解问题时，不需要定义介质的宏观力学行为，根据每个颗粒的运动以及颗粒之间作用力描述介质的力学行为。颗粒运动遵循牛顿第二定律，颗粒的相对运动和颗粒间相互作用力之间的基本关系按照接触本构模型确定，颗粒可彼此接触或者分离。通过选择合适的接触模型及适当的细观接触模型参数，可模拟介质的宏观力学特性。

颗粒单元的直径及排列分布可根据需求设定，通过调整颗粒尺寸及粒径分布可控制模型的孔隙率和非均匀性。墙体是面(facet)的集合，面可组成任意复杂多变的空间结构，在PFC2D模型中面以线段的形式表示，在PFC3D模型中则为三角形。墙体具有一定的刚度，往往作为模型的速度边界或位移边界，对颗粒产生约束作用。

8.4.2 PFC颗粒流数值模拟软件

在离散元法中，通常采用DEM(discrete element method)方法，将岩石等非连续介质离散成为许多小颗粒，并考虑颗粒之间的相互作用力以及颗粒的运动和变形，从而模拟裂纹的扩展过程。对于岩石裂纹扩展的模拟，DEM方法通常采用PFC(particle flow code)软件进行模拟，该软件具有优秀的离散元模拟能力，可以模拟岩石中裂纹的扩展、岩体的破坏等多种过程。

PFC是颗粒流程序，是由美国Itasca公司开发的一款计算软件，主要用于研究散粒体或可简化为散粒体的系统的分析。PFC软件是采用动态松弛法进行求解的细观力学分析软件，其将介质整体离散为圆盘形(disk)或球形(sphere)颗粒单元进行分析，从细观角度研究对象的受力、变形、运动等力学响应。Itasca公司于1994年首次推出颗粒流模拟软件PFC(2D/3D)10版本，目前已更新至6.0版本。计算模型由颗粒、接触及墙体构成，在二维分析时，离散颗粒为单位厚度的圆盘，在三维分析中为实心圆球。每个颗粒均为具有一定质量的刚体，颗粒间允许产生一定的重叠，并通过接触本构模型计算其相互作用。有二维(PFC2D)和三维(PFC3D)两种，该软件属于离散元(DEM)范畴。与连续介质力学方法不同的是，PFC试图从微观结构角度研究介质的力学特性和行为。简单地说，介质的基本构成为颗粒(particle)，可以增加、也可以不增加“水泥”黏结，介质的宏观力学特性(如本构)决定于颗粒和黏结的几何和力学特性。这与国内20世纪80年代岩体力学界比较流行的实验室“地质力学模型”试验很相似，该试验中往往是用砂(颗粒)和石膏(黏结剂)混合，按照相似理论来模拟岩体的力学特性。

PFC中的颗粒为刚性颗粒，但在力学关系上允许重叠，以模拟颗粒之间的接触力。颗粒之间的力学关系非常简单，即牛顿第二定律。颗粒之间的接触破坏可以为剪切和张开两种形式，当介质中颗粒间的接触关系(如断开)发生变化时，介质的宏观力学特性可以经历从峰前线性到峰后非线性的转化，即介质内颗粒接触状态的变化决定了介质的本构关系。因此，在PFC计算中不需要给材料定义宏观本构关系和对应的参数，这些传统的力学特性和参数通过程序自动获得，而定义它们的是颗粒和水泥的几何和力学参数，如颗粒级配、刚度、摩擦力、粘结介质强度等微力学参数。

(1) PFC的优点

① 不受变形量的控制，可以方便地处理非连续介质力学问题，体现多相介质的不同物理关系。

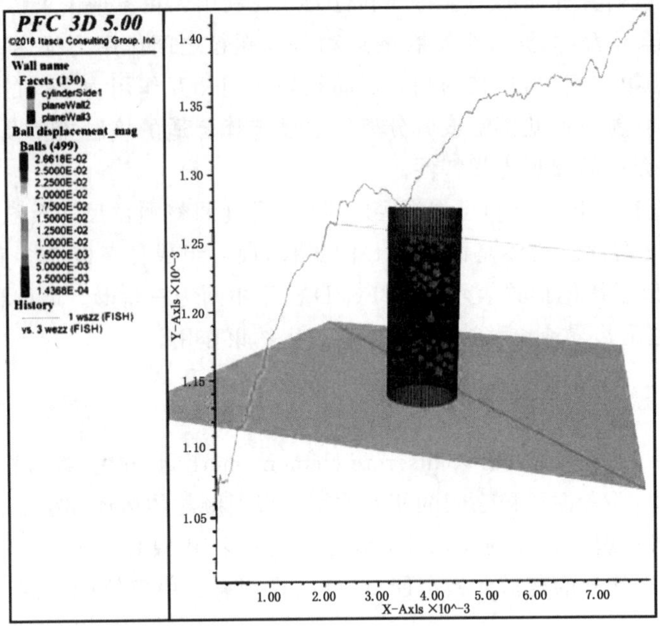

图 8-2　PFC3D 软件界面

② 可以有效模拟介质的开裂、分离等非连续现象，可以反映机理和结果等。

(2) PFC 的缺点

① 参数的标定很困难，复杂的模型建立很难，力学机理很复杂。

② 更关键的是和其他软件相比缺少很多工程案例的支持和验证。

③ 主要停留在科究阶段，在实际的工程应用上很少。

课后思考题

1. 数值法相比于解析法的优势是哪些？
2. 常用的数值法具体有哪几种？
3. 什么是连续介质数值计算？其原理是什么？
4. 有限元法及边界元法各自的原理及其适用条件是什么？
5. 岩石裂纹扩展模拟的一般步骤有哪些？
6. 什么是离散元法？其优势有哪些？

第 9 章

巷道围岩控制技术

9.1 巷道围岩失稳破坏模式

隧洞围岩破坏机理与破坏形态的研究，以往一般是基于现场实际观察与室内模型试验，由此获得一些定性的概念，在此基础上提出一些关于破坏机理的假设，并在假设基础上提出围岩压力的计算方法。一般来说，这些定性的概念在一些特定情况下是正确的，但不适用于所有情况。例如，普氏(M. M. Протоляконов)压力拱理论比较适用于拱顶平缓的松散岩土体中的深埋隧洞；又如基于洞顶上面松散岩土体应力传递的岩柱理论与太沙基理论，比较适用于浅埋隧洞与松软岩土体中。总之，这些破坏机理都是基于松散体假设。

9.2 巷道围岩应力计算

巷道围岩应力计算是矿山工程、地下工程和隧道施工中非常重要的部分。它有助于分析和预测巷道开挖后的围岩力学行为，确保工程的安全性和稳定性。围岩应力计算涉及岩体的力学性质、巷道的几何形状、开挖方式以及地下水、地应力等外部因素。通过这些计算，可以分析巷道开挖对围岩的影响，并采取必要的支护措施。

围岩应力计算的方法有很多，其中最常见的有解析方法和数值模拟方法。下面是几种常见的计算方法。

(1) 理论解析方法

理论解析方法常用于简单的巷道形状(如圆形或矩形巷道)和一定的假设条件下。经典的解析方法主要基于弹性理论，考虑围岩的应力、变形以及巷道开挖对岩体的影响。

① 圆形隧道的围岩应力(基于薄壁圆筒理论)：经典的薄壁圆筒理论假设巷道的开挖影响仅限于较小的围岩区域，即假设巷道半径远小于岩体的宽度(远离边界的区域)。这种方法用于简单的圆形巷道模型。

② 地应力场：需要考虑地应力场中的初始应力状态，假设巷道的深度为 h，原始的垂直应力为 σ_{v}，水平应力为 σ_{h}。

③ 开挖后的应力分布：当巷道开挖后，岩体发生变形，原始的围岩应力会重新分布。根据薄壁圆筒理论，巷道周围的围岩应力可以通过以下公式计算。

径向应力(σ_r)：

$$\sigma_r = \frac{\sigma_{\mathrm{h}} + \sigma_{\mathrm{v}}}{2} - \frac{\sigma_{\mathrm{h}} - \sigma_{\mathrm{v}}}{2}\left(\frac{R_0}{r}\right)^2 \tag{9-1}$$

式中，R_0 为巷道的半径；r 为任意点的径向距离。

环向应力(σ_θ)：

$$\sigma_\theta = \frac{\sigma_h + \sigma_v}{2} + \frac{\sigma_h - \sigma_v}{2}\left(\frac{R_0}{r}\right)^2 \tag{9-2}$$

切应力(τ_{rz})：

$$\tau_{rz} = 0 \tag{9-3}$$

(2) 数值模拟方法

数值模拟方法通常用于复杂地质条件下，尤其是巷道形状不规则或围岩力学性质不均匀的情况。常见的数值模拟方法有有限元法(FEM)和离散元法(DEM)等。

① 有限元法：利用有限元分析(FEA)可以精确地模拟巷道的开挖过程和围岩的应力变化。通过建立巷道及周围围岩的有限元模型，可以模拟巷道开挖后的应力重分布，进而分析围岩的应力状态和变形。通过设置合适的边界条件(如原始地应力、岩体边界等)和材料模型(如线性弹性、弹塑性模型等)，可以获得围岩应力、位移等参数。

② 离散元法：离散元法主要用于模拟岩体的破裂和断裂行为。在巷道开挖中，围岩的应力可能导致裂纹的产生和扩展，离散元法可以模拟这些微观破裂过程，提供更加细致的应力分布和岩体破坏信息。

隧洞开挖后围岩应力重分布，并出现应力集中。如果围岩应力处处小于岩体强度，这时岩体物性状态不变，围岩仍处于弹性状态。反之，当围岩局部区域的应力超过岩体强度，则岩体物性状态改变，围岩进入塑性状态或拉破坏状态。围岩的塑性状态是局部区域的剪应力达到岩体抗剪强度，从而使这部分围岩进入塑性状态，但其余部分围岩仍处于弹性状态；围岩的拉破坏状态是围岩局部区域的拉应力达到了抗拉强度，产生局部受拉分离破坏。

当硐室周边径向应力 σ_θ 满足下式时，认为围岩进入塑性状态：

$$\sigma_\theta = F[(1+\lambda) - 2(1-\lambda)\cos 2\theta] \geqslant R_c \tag{9-4}$$

当满足下式时，则围岩中出现拉裂破坏：

$$-\sigma_\theta = -F[(1+\lambda) - 2(1-\lambda)\cos 2\theta] \geqslant R_t \tag{9-5}$$

式中，R_c 为岩石抗压强度；R_t 为岩石抗拉强度。

在 $\lambda<1$ 的情况下，受剪破坏发生在隧洞两侧，受拉破坏则发生在隧洞顶部和底部。一般说来，值越小越不利。当 $\lambda>0.33$ 时，圆形隧洞围岩将不出现拉应力。通常情况下，出现拉应力对围岩十分不利，所以设计人员通过改变隧洞形状来消除围岩中的拉应力。因此，在这种情况下，围岩主要是受压剪破坏。

围岩内塑性区的出现，一方面使应力不断地向围岩深部转移，另一方面又不断地向隧洞方向变形并逐渐解除塑性区的应力。塔罗勃(Talober)、卡斯特奈(Kastner)等人给出了 $\lambda=1$ 时，圆形隧洞弹塑性围岩中的应力图形(图 9-1)。与开挖前的初始应力相比，围岩中的塑性区应力可分为两部分：塑性区外圈是应力高于初始应力的区域，它与围岩弹性区中应力升高部分合在一起称作围岩承载区(bearing zone of surrounding rock)；塑性区内圈应力低于初始应力的区域称作松动区(relaxation zone)。松动区内应力和强度都有明显下降，裂隙扩张增多，容积扩大，出现了明显的塑性滑移，这时若没有足够的支护抗力就不能使围岩维持平衡状态，松动区内出现破裂而整体破坏。

塑性区内应力逐渐解除显然不同于未破坏岩体的应力卸载。前者是伴随塑性变形被迫

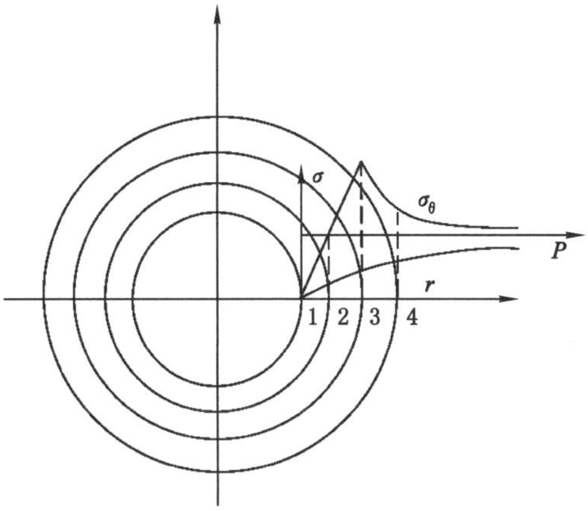

1,2-塑性区;3,4—弹性区;1—松动区;2,3—承载区;4—初始应力区。

图 9-1　弹塑性围岩应力状态图

产生的,它是强度降低的体现,而后者则是应力的消失,并不影响岩体强度。当岩体应力达到岩体极限强度后,强度并未完全丧失,而是随着变形增大,逐渐降低,直至降到残余强度为止。这种形式的破坏称为应变软化或强度弱化。研究表明,强度弱化时 c 值明显降低,而 φ 值则降低不多。在围岩塑性区中,沿塑性区深度各点的应力与变形状态不同,c、φ 值也相应不同,靠近弹塑性区交界面的点 c、φ 值高,而靠近洞壁的点 c、φ 值低。与此同时,塑性区中随着塑性变形增大,变形模量 E 逐渐减小,而泊松比 μ 却逐渐增大,所以塑性区 E 和 μ 也随塑性区深度而变化。因此,在围岩应力与变形的计算中应考虑塑性区物性参数 c、φ、E、μ 值的变化。即使为简化计算,而视物性参数为常数,也应选取一个合适的平均值作为计算参数。

9.3　巷道围岩稳定性

9.3.1　围岩稳定性影响因素

影响围岩压力的因素很多,通常可分为两大类:一类是地质因素,包括原岩应力状态、岩体力学性质、岩体结构和岩石组成及其物理化学性质等;另一类是工程因素,包括开挖方法和手段、支护设置时间、隧洞形状和轴比、支护结构截面厚度、支护结构类型与材料等。

9.3.1.1　地质因素

(1) 原岩应力状态的影响

原岩应力是引起围岩变形、破坏的根本作用力,原岩体中主应力的大小和方向不同,对隧洞的作用力也不同,因而直接影响着围岩压力。

通常,原岩应力有两种,一种是地质构造应力,受地质构造与地形变化等影响,它对隧洞围岩压力具有很大的影响;另一种是自重应力,自重原岩应力随深度的增加而增加,所以隧洞埋深越大,围岩压力一般也就越大。这种现象在采矿工程中表现得十分明显。

原岩应力方向对围岩压力也有显著影响。通常情况下,当隧洞轴向与最大主应力的方向垂直时围岩压力就大，平行时围岩压力就小。这是因为隧洞轴线方向不同，原岩应力对其作用不同前者隧洞横截面受到的作用力大，而后者受到的作用力小。

侧压力系数 λ 对围岩压力的大小和分布都有影响。一般来说，值越大，围岩压力越大；值越小，围岩压力越小。但对支护而言，则是 λ 值偏离 1 越大越危险，因为 λ 值偏离 1 越大围岩压力分布越不均匀，λ 值越接近 1 围岩压力分布越均匀。

(2) 岩体力学性质的影响

岩石的力学性质是指强度、变形参数和力学属性。因此，强度和变形模量小的岩体围岩压力必然大，反之亦然。岩体的属性是指弹性、塑性和黏性。岩体的塑性变形和黏性流动是影响围岩压力大小的重要因素，许多围岩压力大的隧洞，如发生大变形岩体的隧洞，围岩压力常常由塑性变形和黏性流动引起。

(3) 岩体结构的影响

围岩压力对岩体结构的影响十分显著。通常岩体破坏首先从弱面开始，这是围岩压力在节理、破碎带、断层和褶皱区表现显著的重要原因。层状岩体具有定向弱面，所以层状岩体的走向和倾角也与围岩压力密切相关。如果岩层走向与隧洞轴向平行或夹角很小，则岩体结构容易与隧洞轴线形成不稳定的松动体，因而围岩压力大。在设计隧洞方向时，应尽可能使洞轴与岩层走向成较大的夹角。水平岩层对隧洞侧壁稳定性往往较好，因而侧壁围岩压力较小。反之，陡倾岩层容易造成侧向围岩压力。

(4) 岩石组成及其物理化学性质的影响

岩体往往由于风化作用而导致各种强度指标急剧下降，属性恶化，围岩压力也随之增大。含有蒙脱石的岩体，风化脱水再遇水则崩解为黏土或碎片。如果含有硬石膏和无水芒硝钙芒硝岩体，吸水后则变相、结晶膨胀、体积增加近十倍，从而使围岩压力增大。

9.3.1.2 工程因素

(1) 开挖方法和手段的影响

目前，采用的开挖方法有矿山法（MM）、掘进机法（TBM）和盾构法（SM）等，不同的开挖方法围岩压力会有所不同，但目前对机械开挖的围岩压力的研究还不够。矿山法中有全断面一次开挖和分部分逐次开挖两种，对于小断面隧洞通常采用全断面一次开挖的方法，后者又有多种施工方案，以适应不同的地层与工程。由于化大跨为小跨和分部分逐次开挖，并在软弱岩层中支护紧跟开挖，使围岩应力和变形有多次转移和平衡的过程，并可减少围岩临空面的幅度，从而保证围岩稳定，由此而引起的围岩压力要较全断面一次开挖法小。

开挖时应尽可能减少对围岩的振动破坏，并尽可能使表面平整光滑，以免造成围岩强度损失和破坏，避免过高的应力集中。实践表明，采用机械或人工掘进，围岩强度损失要小于爆破开挖。采用低振动爆破、预裂爆破、光面爆破则要小于普通爆破，其中普通爆破的爆破松动区最大，光面爆破次之，预裂爆破最小。采用机械掘进或光面爆破，围岩表面比较平整，围岩应力集中比普通爆破小。

(2) 支护设置时间的影响

实践和理论分析都表明，支护设置时间严重影响着围岩稳定和围岩压力。造成这种影响主要有如下几方面的原因：

① 隧洞掘进过程中，由于受到开挖面的约束，使开挖面附近的围岩不能立即释放其全部瞬时弹性位移。换言之，原岩应力未立即全部释放。这种现象就是开挖面的“空间效应”。

因此，如果在"空间效应"的范围内设置支护，就可减少支护前的围岩位移值，从而起到稳定围岩的作用。

② 围岩进入塑性后，由于围岩塑性应力重分布需要一定的时间，因而在塑性区的形成过程中。如果支护越早，则支护前围岩已释放的位移就越小，因而围岩就越稳定，但由此而引起的围岩压力也就越大。

③ 在黏弹性黏弹塑性岩体中，由于岩体的流变性，支护设置时间的早晚会影响围岩压力的大小。通常支护得越早，由围岩的蠕变而引起的支护前的位移就越小，因而围岩压力也就越大。这种现象称为时间效应，塑性流变岩体有很长时间效应。

(3) 隧洞形状和轴比的影响

由于围岩应力及变形与隧洞形状和轴比有关，因而围岩压力也与隧洞形状和轴比有关。通常认为，圆形和椭圆形隧洞的围岩压力要比矩形或梯形隧洞小。在椭圆形隧洞中，当椭圆轴比 a/b 等于原岩应力静止侧压力系数 λ 时，围岩压力最小。半椭圆形、抛物线落地拱形、半圆直墙拱形等围岩压力介于圆形和矩形之间。

当洞形曲线形状相近时，对围岩压力起决定性影响的是洞形的跨高比（轴比）。按线弹性理论分析结果，当其他条件均不变时（包括衬砌截面厚度），在 $\lambda<1$ 的情况下，随着隧洞跨高比的增加，洞周围岩位移成比例增加，隧洞围岩压力的总水平分量，以及总垂直分量应近似线性增加。但是由于跨高的增加，衬砌刚度急剧下降，使围岩压力的总垂直分量随跨高比的增长率小于跨高比的增长率，因而围岩压力平均垂直分量随着跨高比的增长反而降低（图 9-2）。

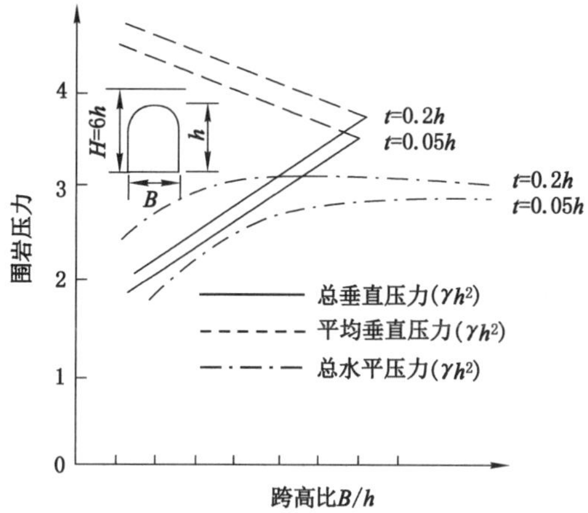

γ—围岩容重。

图 9-2　围岩压力与跨高比关系

随着隧洞跨度的增大，洞周围岩塑性区范围及塑性位移均增加，围岩压力的增长速率超过跨度的增长速率，因而随着跨高比的增加，围岩压力有所增加。

9.3.2　围岩失稳判据

地下工程的开挖过程可以看作一个既有能量储存又有能量耗散的过程，岩体系统从稳定的平衡状态到失稳前的临界状态，整个过程可以看作一个准静态过程。由于系统在天然状态下就具有能量，且这个能量难以确定，因此取应变能增量 E 作为状态变量，用系统应变能的变化来考察围岩系统的稳定性。在岩土工程动态开挖施工模拟中，则第 k 开挖步 n 个单元有：

$$E(k)=\sum_{i=1}^{n}E_i(k)=\sum_{i=1}^{n}\int_{v_i}\sigma_{ij}\Delta\varepsilon_{ij}\mathrm{d}v_i \tag{9-6}$$

式中，σ_{ij}，$\Delta\varepsilon_{ij}$ 分别为单元 i 的应力和应变增量。

用一连续的能量函数 $E=(t)$ 表示 $E(t)$ 随施工过程中加卸载的变化，t 为加卸载时间，将函数进行泰勒级数展开，取对函数影响显著的项至 4 次项，得：

$$E=f(t)=\sum_{i=1}^{4}a_it^i \tag{9-7}$$

式中，$a_i=\left.\dfrac{\partial^i f}{\partial t^i}\right|_{t=0}$。

令 $t\rightarrow x-\dfrac{a_3}{4a_4}$，将式(9-8)可化成尖点突变标准函数形式如下：

$$V(x)=x^4+ux^2+vx \tag{9-8}$$

式中，$u=\dfrac{a_2}{a_4}-\dfrac{3a_3^2}{8a_4^2}$，$v=\dfrac{a_1}{a_4}-\dfrac{a_2a_3}{2a_4^2}+\dfrac{a_3^3}{8a_4^3}$。

由 $\dfrac{\partial V}{\partial x}=0$ 和 $\dfrac{\partial^2 V}{\partial x^2}=0$，联立可得分叉集方程为：

$$8u^3+27v^2=0 \tag{9-9}$$

则 $\Delta=8u^3+27v^2$ 可以作为围岩体演化状态与临界状态的距离，称为突变特征值。只有当 $\Delta=0$ 时，系统才可能跨越分叉集发生突变。

具体用于有限元计算时，对 m 个开挖步能量增量值序列 $\{E\}=\{E(1),E(2)\ LL,E(M)\}$ 在最小二乘准则(使 $\sum(f-f_i)^2$ 最小) 下进行拟合，使其化为多项式形式，确定多项式系数 a_i，进而通过突变特征值对围岩系统稳定性进行判别。

9.3.3 巷道围岩支护理论

巷道围岩支护理论是煤矿、隧道、地下工程等建设中非常重要的理论体系，旨在研究如何通过合适的支护结构确保地下巷道的稳定性，防止塌方、变形或其他安全事故的发生。这一理论不仅涉及力学和材料学，还与地质学、施工技术和矿山安全密切相关。

9.3.3.1 巷道围岩支护的目的与基本要求

(1) 巷道支护的主要目的

① 保持巷道稳定，防止岩层塌落、变形或坍塌。

② 确保人员和设备的安全通行。

③ 有效控制地下水流动，避免水害事故。

(2) 支护的基本要求

① 结构安全：支护结构要能承受巷道内外的各种荷载和地质环境的变化。

② 经济性：支护设计要在确保安全的前提下，选择成本适中的支护材料和结构形式。

③ 施工可行性：支护方案应考虑到施工技术的可行性，避免过于复杂或不易实施的方案。

9.3.3.2　支护的类型

根据巷道的不同情况,支护可以分为以下几类:

(1) 岩层稳定支护:适用于岩层较为坚硬的巷道,主要通过机械或物理方式稳定岩层,防止塌方。

(2) 木支护:传统的支护方式,适用于条件较为简单、施工需求不高的场所。

(3) 钢支护:现代矿山工程中常用的支护方式,具有较强的承载力和适应性,适用于深部矿山及复杂的地质条件。

(4) 喷射混凝土支护:通过将混凝土喷射到巷道表面,形成一层坚固的保护层,用于加固巷道及防止塌方。

(5) 锚杆支护:通过锚杆将不稳定的岩层固定在支护结构上,常与钢支护或喷射混凝土联合使用,适用于软弱岩层或深部巷道。

9.3.3.3　巷道支护的力学分析

巷道支护的力学分析是支护设计的基础,主要研究支护结构与周围岩土体之间的相互作用。力学分析涉及以下几个方面:

(1) 巷道的应力场分析:通过理论计算或数值模拟方法,分析巷道开挖后岩层的应力分布、变形特性以及巷道周围岩体的应力变化。

(2) 支护结构的受力分析:分析支护结构在不同荷载作用下的受力情况,确保支护能够有效抵抗外界荷载。

(3) 变形分析:考虑岩体和支护结构的变形行为,预测巷道可能发生的变形情况,避免出现过大变形或崩塌现象。

9.3.3.4　支护的设计原理

巷道支护设计需要根据具体的地质条件、巷道形态、开挖方式等因素进行综合考虑。一般来说,支护设计的基本原理包括:

(1) 最大限度地发挥岩层自稳作用:通过设计合适的支护结构,使得巷道周围的岩层能够与支护共同工作,减少支护的荷载。

(2) 合理选择支护类型和材料:根据岩层的稳定性、巷道尺寸、开挖方式等因素,选择合适的支护类型(如钢支护、喷射混凝土、锚杆等)。

(3) 优化支护结构的布置:支护的布置要考虑巷道的开挖工艺、巷道的跨越尺寸以及周围岩层的稳定性,确保支护结构的均匀分布,避免局部超载或不足。

(4) 应力传递与分布的均匀性:支护结构的设计要使得巷道内的应力均匀分布,避免集中应力导致支护失效。

9.3.3.5　巷道支护的理论模型

巷道支护的理论模型通常包括:

(1) 弹性理论模型:用于研究岩体和支护结构的弹性变形行为,适用于岩层相对坚硬、变形较小的情况。

(2) 塑性理论模型:用于分析岩体发生塑性变形的情况,适用于软弱岩层或复杂地质条件下的巷道支护设计。

(3) 有限元法与数值模拟:近年来,数值模拟技术,如有限元法(FEM)被广泛应用于巷道支护设计。通过数值方法，可以模拟巷道开挖后的应力、变形以及支护的响应，得到更精确的支护设计方案。

9.3.3.6 巷道支护的施工技术与监测

支护施工技术需要根据实际工况选择合适的方法，并在施工过程中进行实时监测，确保支护结构的有效性。常见的施工技术包括：

(1) 喷射混凝土施工：通过喷射设备将混凝土快速喷洒到巷道表面，形成坚固的保护层。

(2) 锚杆施工：在巷道的墙面或顶板钻孔，安装锚杆，并通过注浆等方式增强岩层的稳定性。

(3) 钢支护施工：通过支撑架、支撑杆、钢板等材料对巷道进行加固，确保支护结构的强度和稳定性。

此外，还需要通过巷道监测系统(如测斜仪、地应力计、位移计等)实时监测巷道的变形情况，及时调整支护方案。

9.3.3.7 巷道支护的安全管理

为了确保巷道支护的长期稳定性，还需要进行科学的安全管理。安全管理的关键措施包括：

(1) 定期检查支护结构的稳定性，发现问题及时处理。

(2) 根据巷道变形和岩层应力变化调整支护设计，避免支护过度或不足。

(3) 对施工人员进行专业培训，确保支护施工技术到位，并确保施工过程中的安全。

课后思考题

1. 弹塑性围岩应力状态图中的应力分区如何理解？
2. 影响巷道围岩稳定性的因素有哪些？
3. 什么是原岩应力？原岩应力可分为几种？
4. 煤、岩巷道的围岩控制技术是哪几种？
5. 简述棚式支架的支架架型及其所适用的巷道类型。
6. 喷射混凝土技术现最常用的支护方式优点是什么？

第 10 章

非常规储层致裂技术

10.1 水力压裂技术概述

水力压裂(hydraulic fracturing)技术在石油与天然气工业中的应用起始于 20 世纪 30 年代。当时,格里比(Grebe)等人发现,井眼内的流体压力可以使岩石结构发生变化并产生水力裂缝。美国于 1947 年对堪萨斯州雨果顿油田的一口气井进行水力压裂处理,这是水力压裂技术第一次用于气井生产。1988 年,美国得克萨斯州巴奈特(Barnett)页岩的一口气井通过水力压裂作业成功提高了页岩气产量。

自 1947 年水力压裂技术首次使用至今,其在油气开发工业中的广泛应用使得相关理论技术得到了不断完善,现已成为常规油气井的重要增产措施,并在低渗透气藏、致密油气藏、页岩油气藏中得到广泛应用。

油气井水力压裂施工主要分两个阶段:第一阶段用射孔弹射穿钻完井后的套管与水泥环,在井壁上产生射孔孔道,随后向井内泵入一种称为前置液的黏性流体,当井底压力超过地层破裂压力时,射孔段会产生裂缝并向周围储层延伸;第二阶段将掺有支撑剂的黏性液体泵入井中,目的是停泵泄压后支撑剂将压开的裂缝支撑起来,使其不完全闭合。压裂结束后向井内泵入一些化学剂,致使流体的分子结构被破坏,黏度降低,进而易于返排出井口,而充填有支撑剂的裂缝则为油气流向井筒提供了高导流能力的通道。这种高渗透通道的典型特征是窄且长,宽度一般在 10 mm 左右,但从射孔段到裂缝尖端的长度可达 300 m。整个施工过程耗时十几分钟到几个小时,具体取决于裂缝的设计尺寸以及要输送的支撑剂体积。现场压裂施工表明,一个成功的压裂作业可使产量增加 3 倍以上。由此可见,该项技术具有很高的经济应用价值。

水力压裂增产的原理是通过在储层中形成具有一定几何尺寸和高导流能力的填砂裂缝,降低井底附近地层中流体的渗流阻力和改变流体的渗流状态,使得原来的径向流动变为油气层与裂缝的近似线性流动和裂缝与井筒的径向流动,消除了储层中油气的径向节流损失,减少了油气从储层流向井底的能量损耗,从而实现油气产量的大幅度提高。

根据常规与非常规储层特征,可将水力压裂增产技术分为常规压裂技术和体积压裂(或称缝网压裂)技术。常规压裂技术主要应用于常规油气开采,按其施工目的可分为解堵型压裂和改造型压裂;体积压裂技术主要用于非常规油气开采中。根据井筒特性可将水力压裂技术分为直井压裂和水平井压裂。水力压裂压出的裂缝按其表面方位可分为水平缝与垂直缝,水平缝一般出现在浅层(井深在 1 000 m 以内),其裂缝面基本呈圆形,近似平行于水平面;垂直缝的裂缝面基本呈半椭圆形,近似垂直于水平面,一般成对出现(双翼裂缝)。目前,油气井深度一般大于 1 000 m,因而压出的裂缝基本为垂直缝。

常规压裂技术利用双翼垂直裂缝改善储层渗流能力,但因储层垂向渗流能力未得到有效改善,故无法实现对储层整体渗流能力的改造。非常规油气资源主要采用水平井压裂技术,直井压裂主要用于新开发区块储层数据采集、压裂设计检验、压后效果分析等,目的是为大规模高效开发积累经验。体积压裂通过对储层实施全方位、立体式的改造,最终形成复杂网状裂缝。

10.2 水力压裂类型

水力压裂按其施工目的可分为解堵型压裂、改造型压裂和体积压裂,主要区别如下所述。

(1) 解堵型压裂

解堵型压裂主要适用于渗透率较大的储层,压出人工裂缝,从而解除钻井过程中的污染,提高近井地带的渗流能力。施工方式是较大排量、高砂比,有时也配合端部脱砂等工艺进行压裂作业。此种压裂方式能够提高单井产量,由于裂缝尺寸小,对井网部署、注水开发、采收率等开发指标影响较小。

(2) 改造型压裂

改造型压裂主要适用于低渗、特低渗储层。施工中采取大液量、高砂比的方式注入高黏度压裂液,最终在储层中形成几十米甚至上百米具有一定导流能力的填砂裂缝,可以增加储层泄油面积,提高单井产量。20 世纪 50 年代以来,国际各大油气公司都将水力压裂作为提高油气井产能的主要手段之一。例如,北美的生产井中,大约有 70%的气井和 50%的油井都使用过水力压裂。随着其在油气田开发中的广泛应用,水力压裂技术得到迅速发展,由此促进了它在低渗透油气田开发中的成功运用,从而使以前不能有效开发的各种地质形态储层成为油气生产的有生力量,如低渗透油气储层、墨西哥海湾弱胶结的近海岸沉积、可以萃取甲烷的软煤层以及天然裂缝储层和几何结构复杂的透镜状地层等。

(3) 体积压裂

体积压裂技术通过采用大排量、低黏度的施工方式以及转向材料与技术,在储层中开启并沟通天然裂缝,有效"打碎"储集体形成复杂裂缝网络,实现对储层长、宽、高方向的三维改造。目的是最大限度地扩大裂缝壁面与储层基质的接触面积,使油气从储层基质的任意方向均能够以较短距离向裂缝渗流,大幅度提高储层整体渗透率,最大限度地增加储层动用率。1997 年至今,致密油气、页岩油气的迅速发展得益于体积压裂的成功运用。

水力压裂是一项较通用的技术,既适用于提高油气井产量,也适用于开采地热能。它还有许多其他用途,如危险固体废料的处理、实地应力的测量、采矿中断层的激活、土壤和地下含水层的修复等。另外,在地表岩层,如接缝和岩浆驱替的堤坝中,也可发现由受压流体诱导产生的水力裂缝;浮力驱动下原油的初次运移有可能在岩石中创造裂缝并通过其渗流,此现象与水力压裂相似。

10.3　压裂现场的施工方法

我国多数油气藏具有多层系、多油组和纵、横向非均质性强的特点。因此，广泛应用多种分层压裂技术。

10.3.1　限流量法

在压裂过程中，当压裂液高速通过射孔孔眼进入储集层时会产生孔眼摩阻，该摩阻随泵注排量的增加而增大，并使井底压力上升。一旦井底压力超过各层段的破裂压力，就在各个层段压出了裂缝。限流量法就是依据水力学中的泊棱叶定律而提出的一种一次压开多个层段的分压技术。

10.3.2　封隔器法

(1) 工艺原理

借助封隔器将压裂目的层与其上下层段分隔出来成为一个独立压裂单元的分层压裂方法称之为封隔器法。根据选用封隔器与管柱组合的不同，这一分压方法又分为单封隔器、双封隔器和“封隔器(油管)＋桥塞”3 种系列，如图 10-1 所示。

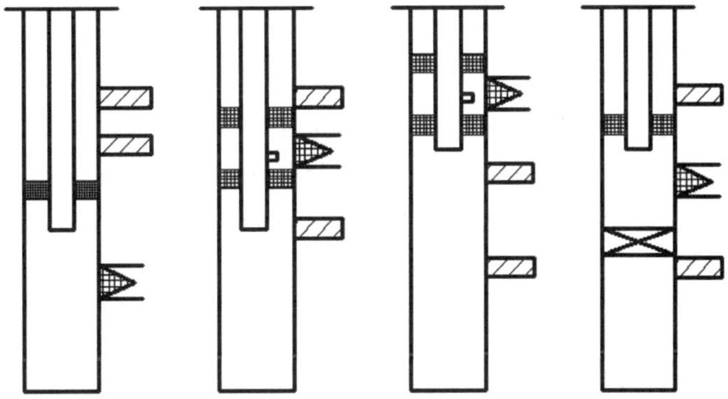

图 10-1　封隔器法分层压裂示意图

由图 10-1 可见，近十年来发展成熟的桥塞系列包含了单封隔器和双封隔器分压的功能，井下管柱也相对简单。这种分压方法是将单封隔器或油管与可提捞回收的桥塞组合在一起逐层进行分层压裂。分压时，桥塞随油管下至压裂目的层下部坐稳，封隔器位于压裂层上部，即可对该层进行压裂。分压后，捞住桥塞上提至第二层下部，使用封隔器或油管再压裂第二层。如此重复，直到压完所有目的层段。

(2) 适用条件

封隔器法适用于各类油气藏新、老井的分层压裂。与限流量法比较，具有压裂目的层明确、针对性强、压裂效果好等诸多技术优势，已在众多油气藏压裂改造中得到广泛应用。

10.4 压裂配套技术新发展

10.4.1 前置液中的支撑剂段塞

在斜井或非定向井中，裂缝在孔眼处起裂后，要沿着井筒周围绕流一段距离后，方能进入主裂缝中，即所谓的近井筒扼流效应。除了正对着裂缝方位的孔眼外，大多数孔眼都会出现上述扼流现象。因扼流通道较窄，近井筒摩阻较大，所以，有必要实施支撑剂段塞技术来打磨扼流通道，以迎接后续高浓度携砂液的到来。

（1）适用条件

① 斜井、高地应力的深井和非定向射孔井。

② 裂缝方位可能转向的重复压裂井层。

③ 裂缝不易起裂的塑性地层。

（2）技术优势

① 打磨近井筒扼流通道，消除近井筒摩阻。

② 试探性加砂，为后续调整泵注参数提供依据。

③ 增加压裂施工加砂规模，预防早期砂堵。

④ 配合线性胶，可起到控制裂缝高度过度向下延伸的作用。

10.4.2 低起步多级加砂与诺尔特(Nolte)坡阶式加砂

低起步多级加砂是利用裂缝的扩展规律，在保证加砂安全的前提下，最大限度地利用造缝空间，使裂缝充填得更为饱满，以获得理想的裂缝支撑剖面，最大限度地发挥压裂的增产潜力。Nolte 坡阶式加砂则是在低起步多级加砂基础上发展的无级式加砂，是低起步多级加砂程序的理想化情况，一般情况下难以达到。

两种加砂技术的原理及其对比见图 10-2。

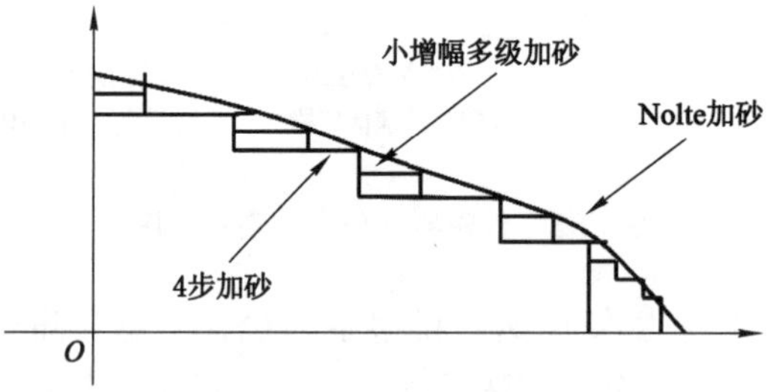

图 10-2　低起步多级加砂与 Nolte 坡阶式加砂程序示意图

10.5 非常规储层致裂方法

对于非常规储层，水力压裂是进行储层改造的重要手段，也是目前非常规储层开发的核心技术之一。水力压裂发展至今，其基本工艺技术依然是泵入前置液造缝、泵入携砂液填缝、泵入顶替液把管柱中的携砂液全部潜入裂缝，以避免压裂管柱砂卡或砂堵。水力压裂与储层地质条件的有机结合就可实现储层的体积改造。从严格意义上讲，任何一种常规的水力压裂工艺只要与储层特性相匹配，都可能实现储层的体积改造而成为体积压裂工艺，各工艺间的区别仅在于储层改造体积的大小。

根据压裂设计的目的，将压裂技术分为常规压裂技术、特殊压裂技术和体积压裂技术。常规压裂技术是以在储层中创造双翼高导流能力的单一裂缝为目标的压裂技术。

实际压裂中很多压裂设计方案都是根据需要开发的储层特征设计的，并通过相应的压裂工艺技术来实现。本书中将针对某一(某几)特定问题，在常规压裂设计的基础上再专门设计的压裂技术统称为特殊压裂技术。

体积压裂技术的目的是实现储层的体积改造，属于特殊压裂技术，近年来广泛用于非常规储层体积改造。

10.5.1　水平井分段压裂技术

水力压裂是指采油或采气过程中，利用水力作用在油气储层产生裂缝的一种技术。工艺原理是用压裂车将具有一定黏度的液体大排量泵入油气层，使地层产生裂缝；继续注入带有支撑剂的携砂液充填裂缝，停泵泄压后裂缝闭合在支撑剂上，从而在储层中形成具有一定几何尺寸和高导流能力的填砂裂缝，使油气井产量和注水井注入量都大幅度提高。20 世纪 80 年代以来，水平井压裂增产技术开始普及，目前主要分为两类：限流法压裂技术和分段压裂技术。其中，水平段较短时多采用限流法压裂技术，而水平段较长时多采用分段压裂技术。非常规油气开采一般采用水平井分段压裂技术，国外称为多级压裂技术，其核心是如何分段和分簇。

10.5.1.1　桥塞分段压裂技术

采用桥塞(bridge plugs)将水平井分段，然后逐段实施水力压裂的技术称为桥塞分段压裂技术。其工艺过程是：① 首先用射孔枪射开第一段，然后对其实施水力压裂，最后用桥塞座封隔离第一段；② 射开第二段，并对其实施水力压裂，压完后同样用桥塞座封隔离第二段；③ 按照上述方法依次完成水平井各段的射孔 - 封堵 - 压裂(图 10-3)。目前，现场压裂施工采用的桥塞主要有液体胶塞、机械桥塞、可钻式桥塞、可溶式桥塞和砂桥。

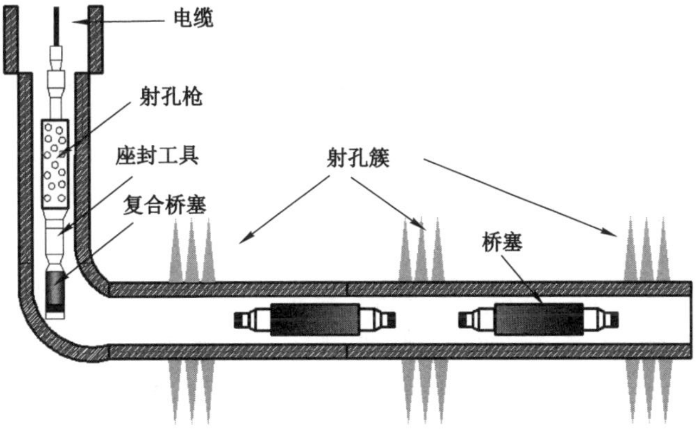

图 10-3　桥塞分段压裂

(1) 液体胶塞

液体胶塞分段压裂技术在水平井分段压裂中使用较早，主要用于套管完井。其基本工艺：① 射开第一段，然后对其实施油管压裂，压完后用液体胶塞和砂子隔离第一段；② 射开第二段，并对其实施油管压裂，压完后同样用液体胶塞和砂子隔离第二段；③ 依次重复射孔-封堵-压裂过程压开所需改造的水平段；④ 施工结束后冲砂并冲胶塞，合层排液求产。该工艺的主要缺点是作业周期长，冲胶塞施工易造成储层伤害。

(2) 机械桥塞

机械桥塞分段压裂是利用机械桥塞封堵实现水平井分段，重复射孔-封堵-压裂过程压开所需改造的水平段。其基本工艺：① 射开第一段，然后对其实施油管压裂，压完后用机械桥塞座封隔离第一段；② 射开第二段，并对其进行油管压裂，压完后同样用机械桥塞座封隔离第二段；③ 重复该过程依次压裂所需改造的水平段；④ 最后打捞所有桥塞，合层排液求产。该工艺的主要缺点是压后需下入工具打捞桥塞，存在埋砂或卡砂的风险。

(3) 可钻式桥塞

可钻式桥塞分段压裂是利用可钻式桥塞封堵实现水平井分段，重复射孔-封堵-压裂过程压开所需改造的水平段。其基本工艺与机械桥塞和液体胶塞相同，施工步骤：① 采用油管或者连续油管传输射孔射开第一段，然后提出射孔枪；② 从套管内进行第一段压裂；③ 用液体泵送"电缆＋射孔枪＋可钻桥塞"工具入井；④ 座封桥塞，并使射孔枪与桥塞分离，之后进行试压；⑤ 拖动电缆与射孔枪至第二段进行射孔，完成后提出射孔枪；⑥ 压裂第二段；⑦ 重复③～⑥过程实现多段压裂；⑧ 最后钻掉所有可钻式桥塞，合层排液求产。

(3) 可钻式桥塞

可钻式桥塞分段压裂技术的工艺特点是射孔座封桥塞联作。其优点是压裂结束后能在较短时间内钻掉所有桥塞，减小了液体在地层中的滞留时间，同时降低了外来液体对储层的伤害；相对于机械桥塞和液体胶塞节省了时间和成本，可靠性较高，是目前国内外普遍采用的水平井分段压裂方法。

可钻式桥塞分段压裂技术的关键工具是可钻式桥塞。目前，复合材料可钻式桥塞应用广泛，如 BakerHughes 公司的 Quick Drill 桥塞、Halliburton 公司的 Fas Drill 桥塞。这种复合材料桥塞不仅可钻性强，而且耐压、耐高温。

10.2.1.2 封隔器分段压裂技术

封隔器分段压裂技术是以封隔器工具为载体，通过封隔器在压裂段间产生压力遮挡而实现对某一段进行压裂改造；压完该段后，投球封堵已压裂段同时打开上一段的滑套，露出沟通压裂管柱与井筒的环空，然后对上一层段进行压裂改造；依次上返，实现多段分压；施工结束后，球体随压裂液返排出井筒，合层生产。

(1) 膨胀式封隔器分段压裂技术

膨胀式封隔器是一种基于橡胶吸收液体后膨胀的封隔器，液体主要有油、水和油水混合物，相应的封隔器分别称为遇油膨胀式封隔器、遇水膨胀式封隔器和遇油水混合物膨胀式封隔器。水力压裂中主要采用遇油膨胀式封隔器，此封隔器的核心部件是特殊的可膨胀橡胶，它是一种吸入液体后体积大幅度增加的特制橡胶。膨胀橡胶一般做成厚胶筒状，其外表面可为光面，也可在表面开沟槽(如汽车轮胎状)。

遇油膨胀式封隔器一般如“糖葫芦”般串联在压裂管柱上，随管柱一同下入井内。当封隔器到达指定位置后，在环空中泵入原油浸泡橡胶管。遇油膨胀橡胶管吸入原油后缓慢膨胀，逐渐贴住井壁（裸眼壁或套管内壁）并将压裂管柱与井壁之间的环空封住，从而达到隔离井段的目的（图 10-4）。

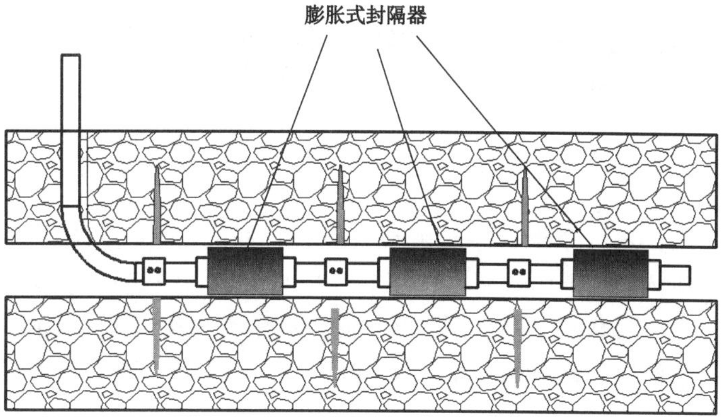

图 10-4　膨胀式封隔器水平井分段压裂

膨胀橡胶体积大幅度增加后，其硬度会大幅度降低，而橡胶硬度降低的直接后果是其承受压差的能力降低。实际压裂作业中膨胀橡胶要承受较大的压差，因此需要一定硬度保证其承压能力。膨胀橡胶贴住井壁后继续膨胀，将在井壁与橡胶之间产生挤压应力，在不破坏井壁与橡胶的情况下，挤压应力越大，封隔效果越好。由于橡胶膨胀率随限制膨胀的挤压应力的增加而降低，因此橡胶膨胀产生的挤压应力一般不大。膨胀橡胶极易变形，这使得橡胶在挤压应力作用下很容易沿轴向膨胀，即在胶筒两端产生所谓的“挤凸”，“挤凸”的橡胶给压裂液留出了穿刺通道，从而降低胶筒的封隔能力。

膨胀式封隔器可应用在裸眼井或套管井中。橡胶的膨胀和变形，使胶筒状表面易于贴紧凹凸不平的裸眼或者管径变形的套管井壁，因而对不规则井壁的裸眼井具有较好的封堵能力。膨胀式封隔器一次下放就可实现水平井段的有效封隔，没有活动部件，增加了施工的可靠性。对裸眼井而言，其省去了固井环节，降低了固井风险，同时节省了套管。膨胀式封隔器座封后无法解封，因而随膨胀式封隔器下放的压裂管柱一般也作为生产管柱。综上所述，这种一次性下放管柱就达到完井、压裂和生产要求，极大地缩短了作业时间，降低了生产成本。

裸眼井膨胀式封隔器分段压裂具有封隔效果好、作业简便、可靠性高和生产成本低等优点，缺点是不易取出管柱、井下其他作业受限。

膨胀式封隔器分段压裂技术通过投球开启滑套，目的是沟通压裂管柱与环空，实现压裂液的分流。如图 10-5 所示，压裂管柱上开有小孔（喷砂口），作用是沟通压裂管柱与外面环空，使携砂压裂液可顺利通过该喷砂口到达环空，实现对裸眼井筒的压裂。喷砂口由可移动的金属滑套封堵后随压裂管柱下入井筒，滑套上设计有圆形金属球座，球座直径沿水平井跟部到趾部从大到小排列。球由低密度高硬度的塑料材料制成，按需要从井口投入，并用液体泵送。小于某球座的球可以通过该球座到达下一球座，大于某球座的球直接堵在该球座上，封闭球座两边的流体，形成压差。当此压差达到一定值时，球、球座和滑套一起移动，让开预留的喷砂口,实现压裂液的分流。

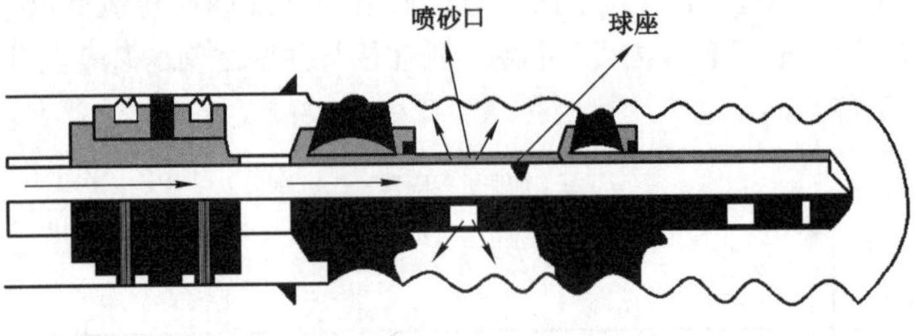

图 10-5　膨胀式封隔器分段压裂分流技术——开启滑套

靠近水平井趾部的第一个滑套一般由水力压力打开,其余滑套皆靠投球打开。球按体积从小到大的顺序投入,如图 10-6 所示。压裂改造结束后,各球随压裂液返排出井筒,合层生产。由于球座通孔直径较小,生产中会产生较大的压力损失,限制了油气生产,因而对于压裂段数较多、球座通孔直径较小的高产井,球座一般设计为可钻式,生产前钻掉球座。

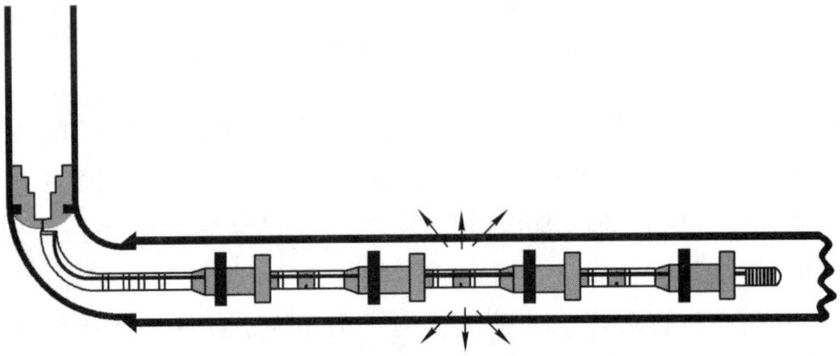

图 10-6　滑套投球法

由于打开某级滑套的球需顺利通过从水平井跟部到该滑套前的各级球座,因此该球直径需小于这些球座直径。各球之间以及各级球座之间的直径差随打开段数的增加而减小,球与球座之间的间隙也随之减小。因此,从原则上讲,投球打开滑套的分流段数有限。

如 3.5 in(1 in=2.54 cm,下同)的压裂管柱,设计 8 级滑套,其球与球座排列如下所列:

球直径(in):3.00,2.75,2.50,2.25,2.00,1.75,1.50,1.25。

球座通孔直径(in):2.875,2.625,2.375,2.125,1.875,1.625,1.375,1.125。

按以上顺序排列球或球座的直径差为 0.25 in,球与对应球座的直径差为 0.125 in。随着压裂段数的增加,这些直径差将进一步减小。微小的直径差可能会引起大于球座的球通过球座,或小于球座的球卡在球座上,出现没有压裂的井段,此类事故可能由球的变形或泵送球的压裂液速度引起。球与球座的温度差也可能造成该事故,原因是球与球座的直径差是在相同的地面温度下设计的,而实际施工时球座随压裂管柱一起下入井底,管柱-滑套-球座系统的温度将提前升高,其温度的升高可能会引起球座直径发生变化,但此时泵送的球依然为地面温度。

投球打滑套膨胀式封隔器分段分流技术除受分段段数限制以外,还有以下局限:需过顶替以清洗井筒,可能造成裂缝端部导流能力下降;一般无法关闭滑套,且球座尺寸逐级减小,这将造成生产过程中堵水困难与大流量下压力损失严重。

胶筒膨胀完毕后不收缩，始终紧贴井壁，保证座封质量合格。另外，膨胀式封隔器分段压裂技术具有可靠性高、成本和作业风险低、压裂后能很快转入试油投产等优点，在国内外得到较好的现场应用。

(2) 机械封隔器分段压裂技术

机械封隔器分段技术与膨胀式封隔器分段技术的主要区别在于封隔器的座封方式上，前者一般使用流体压力座封，而后者使用膨胀橡胶座封。

机械封隔器既可用于套管固井的水平井中，也可用于裸眼水平井；既可逐段地封隔压裂水平井，也可设计成不动管柱的方式。不动管柱的机械封隔器分段压裂需要采用投球-滑套方式进行分流，一般用于裸眼井中，故又称为裸眼封隔器分段压裂技术。它采用水力座封隔器，座封方式与膨胀式封隔器不同，但两者投球打开滑套的原理相同。

10.5.1.3　水力喷砂分段压裂技术

水力喷砂分段压裂是集射孔、压裂、隔离于一体的水平井分段压裂技术。它利用油管管柱上的喷射工具从油管内向外高速喷出流体与砂的混合物，此混合物可穿透套管与水泥环，并在储层岩石中形成孔眼，达到射孔目的(图 10-7)。实际压裂施工中需要从油套环空或油管与裸眼环空中泵入压裂液，需要 2 台泵才能实现油管内喷砂和环空压裂。目前，该技术既可用于套管完井中，也可用于筛管完井或裸眼完井中。

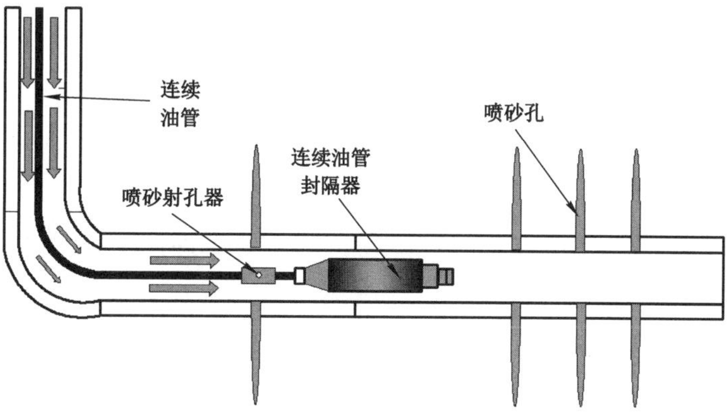

图 10-7　水力喷砂射孔压裂技术

水力喷砂分段压裂技术是利用水力喷射的高速射流来实现水力封隔分段，不需要封隔器或桥塞等封隔工具。射孔完成后油管继续喷射的高速流体在射孔的孔道和裂缝入口处形成负压区(原理同射流泵)，引导环空压裂液进入储层实现裂缝的起裂与扩展。

水力封隔分段可靠性并不高，原因是环空中的压力大于地层孔隙压力，这将导致低黏度压裂液通过上一段压裂的填砂裂缝继续向地层滤失。另外，若上一段裂缝的延伸压力较小，还可能引起其裂缝的二次压裂，造成正在射流压裂的裂缝达不到设计缝长。针对上述问题，可在上一段压裂裂缝处形成砂桥将其隔离，也可直接在射孔喷砂嘴前段加上封隔器。对于裸眼完井的水平井，由于裸眼段各处破裂压力并不相同，因而仅靠水力封隔分段的可靠性将进一步降低。

水力喷砂分段压裂采用环空压裂，这对于拖动油管分段压裂不存在压裂液分流问题，但对于不动管柱分段压裂,则需要采用投球-滑套方式来实现喷砂位置的分流。

10.5.1.4 水平井分段压裂技术新发展

(1) 水平井分段分流技术

水平井分段压裂技术的核心是分段技术与分流技术。分段是指在对某一段实施压裂作业时防止压裂液进入其他已压裂裂缝或压裂其他层段;分流是指引导压裂液从压裂管柱中进入指定压裂层段。

桥塞分段压裂技术的分段方式是桥塞,分流方式是射孔。这种射孔+桥塞的分段压裂技术需先下入射孔枪和桥塞以完成桥塞封堵和射孔,然后才下入压裂管柱实施水力压裂。整个施工耗时较长,但该技术可靠性高,完井与压裂成本低,且理论上无压裂段数限制,并可根据上一段压裂情况灵活调整压裂位置。

封隔器分段压裂技术随水平井完井方式(套管井或裸眼井)的不同而有一定区别。对于套管完井,分流方式为射孔,分段方式为封隔器。当使用单封隔器时,其工艺过程类似于桥塞分段压裂技术;当使用双封隔器时,需要先完成各段的射孔,然后用双封隔器卡住射孔段实施水力压裂。此种方式施工中,封隔器需要反复座封与解封,加之砂卡问题,因此技术可靠性较低。对于裸眼完井,可采用膨胀式封隔器分段压裂和机械式封隔器分段压裂两种施工方式。压裂管柱外分段方式为膨胀式封隔器或机械式封隔器,压裂管柱内分段方式为打开该级滑套的球,分流方式为投球打开滑套后的喷砂口。其主要优点是不动管柱,缺点是压裂段数受限和球座限流。

水力喷砂分段压裂通过油管上的喷嘴实现油管内携砂液的分流,分段方式为水动力与砂桥或水动力与封隔器。不动管柱水力喷砂分段压裂油管内的分段方式为打开该级滑套的球,分流方式为投球打开滑套后的喷嘴。

(2) 水平井分段压裂新技术

水平井分段压裂技术主要有施工设备多次进出井筒(如射孔+桥塞)压裂技术、压裂管柱一次入井逐段上提(如双封隔器单卡压裂)压裂技术、压裂管柱一次入井不动管柱(如膨胀式封隔器分段压裂)压裂技术。从分段分流可靠性角度进行对比,施工设备多次进出井筒压裂技术可靠性最高,压裂管柱逐段上提压裂技术次之,不动管柱压裂技术可靠性最低。

不动管柱分段压裂技术压裂水平井各段所需时间短,效率高,裸眼完井分段压裂技术更是节约了固井的时间和成本,一趟管柱就可实现分段、压裂和生产的一体化。目前,该技术存在的主要问题包括:需打开滑套实现管内分段与压裂液分流,这使得压裂段数受到限制;不射孔(射孔枪射孔或水力喷砂射孔)的分段压裂技术(如裸眼井的膨胀式或机械式封隔器分段压裂技术)不易实现多簇压裂,储层改造体积受到限制;打开的滑套不易关闭、生产管柱内存在许多球座,这些问题均会制约油气生产。由于上述问题有较大的技术发展空间,因此不动管柱分段压裂技术是水平井分段压裂技术的主要发展方向。

(3) 新型开关滑套技术

常见水平井分段压裂技术中不动管柱分段压裂需实现管内分段和分流,目前普遍采用投球打开滑套来实现管内分段(球封闭球座),并向地层分流(沟通压裂液与地层)。应用此类技术进行压裂后,在生产过程中当个别层段发生水侵等不利现象时,若能关闭问题层段滑套将提高油气产量和采收率,但在现有技术下,滑套一经打开就不易关闭,由此可见,亟须解决关闭滑套的问题。关闭滑套技术分段压裂是指通过关闭已压裂段滑套,达到生产管柱内控制流量的目的。

目前，投球打开滑套分段压裂技术的段数受球与球座尺寸限制，同时球座增加了油气生产时的压力降。针对上述问题，研发新型打开滑套技术以消除球与球座尺寸限制，可大幅度增加水平井的分段段数。

由此可见，若将新型的打开与关闭滑套技术相结合，则可实现按任意顺序选择压裂层段，不再必须从水平井趾端向跟端逐段顺序分段压裂，有利于储层体积改造。近年来，迅速发展的连续油管技术可实现此功能。此外，通过在滑套上安装无线频率识别芯片等接收控制信号器，可实现在地面控制滑套的开启与关闭。

连续油管打开与关闭滑套技术可用于不动管柱的裸眼完井(膨胀或机械)封隔器分段压裂，也可用于水力喷砂压裂中不动管柱的套管或裸眼完井分段压裂。

(4) 及时压裂技术

及时压裂技术主要用于套管完井中，其工艺过程是把各段需要的射孔枪一起用电缆下入水平井中，射孔一段，就拖动射孔枪到其下一位置，然后对此射孔段进行压裂，压完后泵入堵球封堵已压裂段孔眼；重复上述过程，再实施下一段射孔、压裂、封堵孔眼。该技术的优点是可随时调整射孔位置，进而实现段间距的调整。不足之处是需过顶替以泵入堵球，从而导致缝端导流能力下降，以及可能出现射孔枪砂卡等问题。另外，该技术由于需拖动射孔枪，不能实现任意顺序压裂。

(5) 套管外射孔压裂技术

套管外射孔压裂技术把射孔枪与套管一起下入井中后才进行固井。之后，启动射孔、实施压裂、投球封段；重复上述射孔-压裂-封段过程，实现下一段压裂。该技术的主要优点是节省了下射孔枪过程，缺点是射孔位置固定。

(6) 缝外混砂压裂

缝外混砂压裂技术是水力喷砂分段压裂技术的改进，主要目的是减小携砂液井筒段摩阻，提高水力压裂施工排量。该技术同样采用水力喷砂射孔、环空压裂，其与水力喷砂分段压裂的不同之处在于携砂液的泵送。水力喷砂使用环空段泵送携砂液，而缝外混砂压裂环空中只泵入不携砂的压裂液，高浓度的支撑剂通过油管进行泵送，两者最终在所压裂的裂缝外实现混合并达到设计砂比，实现压裂加砂。由于该技术环空中压裂液不携砂，因此泵速可大幅度提高。

缝外混砂技术仍旧通过裂缝外留下的砂堆形成砂桥，借其桥塞作用实现水平井分段。砂桥段是通过专门设计，将压裂液与支撑剂混合流人为脱砂后形成的。其优点是不需要过顶替，因而压裂缝的导流能力得到了较好保证。

10.5.2 特殊压裂技术

实际压裂设计时，考虑到储层具体特性以及为解决某些具体问题，可在压裂基本技术的基础上进行特殊设计或采用特殊方法。本书将为解决水力压裂中某一个问题所特别设计的压裂技术统称为特殊压裂技术，目前主要有控缝高技术、加砂技术和防砂技术等。此外，改变压裂液与支撑剂种类或配方以解决某些具体问题也属于特殊压裂技术。

理想情况下，水力压裂时裂缝沿储层水平方向延伸，垂直方向上被上下隔层限制在储层内。然而实际压裂中，裂缝延伸进隔层甚至穿越隔层的现象并不鲜见，这种情况会导致裂缝缝长减小,降低压后效果。更糟的是部分裂缝穿越上下隔层后沟通了含水层,导致储层水侵。由此可见,压裂设计时需考虑裂缝缝高问题。

隔层与储层间的层间胶结强度、隔层与储层岩体力学性质对比、隔层与储层水平方向地应力对比是限制裂缝侵入甚至穿越隔层的主控因素。压裂设计时可根据施工排量、压裂液性质、砂比以及隔层与储层地质特性进行严格计算,也可根据区块压后结果进行估算。但若仍然有裂缝垂向侵入甚至穿越隔层的可能,则一般采用控缝高技术。

10.5.2.1 人工隔层技术

人工隔层控缝高技术的基本原理是通过上浮式转向剂和下沉式转向剂在裂缝的顶部和底部形成人工遮挡层,以此增加裂缝末梢的阻抗,阻止裂缝中的流体压力向上和向下传播,继而控制裂缝在高度上进一步延伸。人工隔层控缝高度技术包括用上浮式转向剂控制裂缝向上延伸、用下沉式转向剂控制裂缝向下延伸和同时使用两种转向剂控制裂缝向上下延伸。

(1) 上浮式转向剂人工隔层控制裂缝向上延伸技术

该技术主要用于控制裂缝向上延伸,原理是利用上浮式转向剂形成人工隔层以达到控制裂缝向上延伸的目的。转向剂在压裂加砂前通过携带液注入,最终上浮聚集在新生裂缝的顶部,形成一块压实的低渗透层,如图 10-8(a)所示。这种人工隔层能够阻挡缝内流体压力向上部地层传递,因此一旦形成人工隔层,适当地提高施工压力并不会导致裂缝向上延伸。

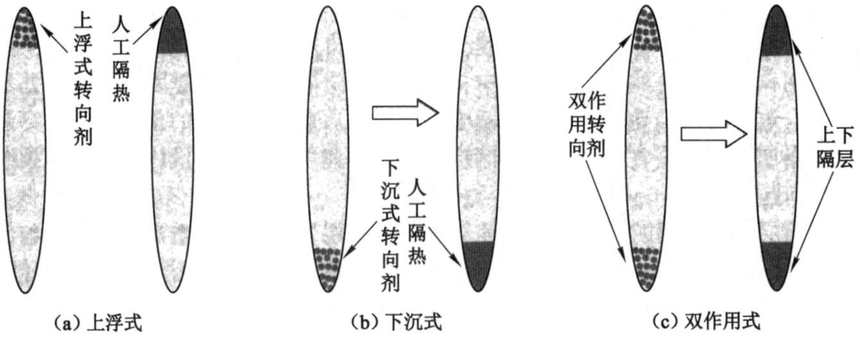

图 10-8 人工隔层技术

(2) 下沉式转向剂人工隔层控制裂缝向下延伸技术

该技术的工艺过程基本上与上浮式转向剂压裂工艺相同,但其先于上浮式转向剂人工隔层技术被人们了解和应用,如图 10-8(b)所示。目前常用的下沉式转向剂为粉陶或粉砂。

(3) 双作用转向剂控制裂缝垂向延伸技术

有些地层不仅需要控制裂缝向上延伸,还需要控制它向下延伸。为此,人们将上浮式转向剂和下沉式转向剂一同泵入地层。由于重力作用,它们随着携带液体分别向裂缝的上下边界移动,形成上下隔层。上隔层由空心玻璃球构成,下隔层由石英砂或粉砂构成。在泵入这两种转向剂前,需先泵入一种黏性前置液压开裂缝。泵入转向剂之后短时间关井,使它们分别上浮、下沉,在裂缝的两垂端聚积形成两个低渗或非渗透性隔层,从而控制缝高增长,如图 10-8(c)所示。

10.5.2.2 减小缝内压裂液流动压降

裂缝在储层水平方向上延伸较长，使得压裂液从裂缝近井端到裂缝尖端的流动压力降较大，从而引起近井端处裂缝易于向上下延伸进入隔层。目前，减小缝内压裂液流动压降的主要方法是降低压裂液黏度和施工排量。

10.5.3 体积压裂技术

体积压裂技术是以在储层中创造出复杂裂缝网络为目的，并在施工后实现储层立体改造的特殊压裂技术。这里的储层立体改造是针对常规单一裂缝而言的，在单一裂缝周围形成的横向分支裂缝"二维"储层改造，以及在缝高方向上形成的水平裂缝"三维"储层改造都是储层立体改造，所采用的压裂技术都是体积压裂技术。

目前主要使用的体积压裂技术有滑溜水压裂技术、混合压裂技术、多簇压裂技术、同步压裂技术、拉链式压裂技术、重复压裂技术和缝内高能气体压裂技术。当然，这些压裂技术也可设计为其他目的，或者虽然希望实现体积压裂但压裂施工后仍为常规单一裂缝。不以储层体积改造为目的，但实现了储层体积改造的压裂并不属于体积压裂技术范畴。例如，以在水平井上多压出几条裂缝为目的的多簇压裂技术，并不属于体积压裂技术；重复压裂中的压裂未压开储层或延伸未压好储层、清理老裂缝提高导流能力、堵老缝造新缝，以及老缝内转向造新缝等都是以造出高导流能力的单一裂缝为目的，均不属于体积压裂。重复压裂的这些方面都可采用常规的压裂工艺技术(排量、压裂液、支撑剂等)实现单一裂缝压裂。

(1) 水平井分段体积压裂技术

以常规水平井分段压裂技术(桥塞分段压裂技术、封隔器分段压裂技术和水力喷砂分段压裂技术)为基础，改进压裂设计以达到储层体积改造目的，这种技术就是水平井分段体积压裂技术。

水平井分段体积压裂技术以常规水平井分段压裂技术为基础，一般采用大液量、高排量、高压力、低黏度(如滑溜水)、小粒径和低砂比的施工方式，在人工主裂缝延伸过程中沟通和扩展天然裂缝或储层弱胶结面，产生大量横向剪切裂缝，最终能在储层中形成以主裂缝为主干的网络状裂缝。

(2) 水平井分段多簇体积压裂技术

多簇压裂是指在水平井筒某一压裂段上射孔两簇以上，最终形成两簇以上的人工主裂缝网络。该技术同样可用于常规低渗透油气田开发，形成两条以上的人工主裂缝，以增加井筒与储层的接触面积，缩短油气在储层中的运移距离。

作用于裂缝延伸过程中裂缝面上的水力压力大于储层原始实地应力，这会在裂缝附近产生附加应力场，使裂缝周围的实地应力场随之发生改变，形成新的实地应力场。新形成的实地应力场随裂缝的扩展、微裂缝的开启而变化。多条裂缝同时延伸时各自产生的应力场会相互作用形成应力干扰，改变各裂缝的延伸方向，同时两边裂缝还会对中间裂缝的起裂扩展产生抑制作用。因此，对常规低渗透油气储层进行多簇压裂时，各簇的簇间距应设置较远，以降低各簇裂缝的相互干扰。

但是，水平井分段多簇体积压裂设计思路与此相反，使簇间距设置较近，利用各裂缝间应力场的相互作用迫使簇间储层产生横向裂缝，各裂缝扩展方向发生改变以开启微裂缝，最终形成复杂裂缝网络。

实际设计的簇间距主要由岩体力学性质及孔隙结构确定，国外页岩气开采中簇间距一般设计为 10～25 m。由于各簇裂缝的开起与扩展可能存在微小的时间差异，先开裂的一簇裂缝所产生的附加应力场可能会阻止附近裂缝的起裂与扩展。因此，簇间距应进行科学计算，不宜设计得过大或过小。

为避免同一簇射孔中井筒处出现多条裂缝开裂，射孔段长度应设计较短，一般页岩气开采中，射孔段长度应小于 4 倍的井筒直径。当然，射孔长度也可根据岩石性质进行科学的力学计算分析。

10.5.4 气相致裂技术

非常规储层气相致裂方法是一项关键的技术，用于提高非常规气藏的开采效率和产能。相比传统的水压致裂技术，气相致裂方法具有独特的优势和适用性。传统的水压致裂技术通常利用高压水将岩石压裂，形成裂缝以释放天然气。然而，在某些情况下，水压致裂存在一些限制，如水资源不足、地层对水敏感等问题。气相致裂方法则通过注入氮气、超临界二氧化碳或空气等气体来实现岩石的压裂，从而克服了水压致裂的一些局限性。

(1) 氮气致裂

氮气致裂是一种常见的气相致裂方法，其内在机制涉及氮气在地下的压力和渗透性。氮气的分子较小，在地下压力下能够渗透到岩石微裂缝中，并施加高压力，从而促使裂缝扩展。氮气的压力是决定裂缝扩展程度的关键因素之一，通常需要将氮气压力控制在数千到数万 psi。氮气的渗透性取决于地下压力和温度，高压下氮气分子能够渗透到岩石微观孔隙中。氮气压裂适用于对水敏感的脆性页岩地层，因为它能防止粘土因水基处理而膨胀。由于气态氮气的密度较低，氮气致裂的主要应用是非常规储层，如煤层气，致密砂岩和页岩地层。

在美国得克萨斯州的巴纳特气田，采用氮气致裂技术进行了一次成功的致裂作业。该技术利用氮气的高压力注入地下岩石，使岩石微裂缝得以扩展，从而提高气藏的产能和采收率。在该致裂作业中，通过监测裂缝延伸长度，发现裂缝平均延伸长度为 91.44 m，最长达到 182.88 m。此外，与未致裂的井相比，气田产量提升了约 30%。

(2) 超临界二氧化碳致裂

超临界二氧化碳致裂利用二氧化碳的特殊状态在地下形成更大规模的裂缝网络。在超临界状态下，二氧化碳具有液态和气态的双重性质，超临界二氧化碳的密度接近液体、黏度接近气体、扩散系数比液体大、具有很强的溶剂化能力和良好的传质等物理特性，能够在地下形成较大的裂缝，并提高气藏的渗透率。超临界二氧化碳破岩最早应用于钻井提速，发现超临界二氧化碳射流破岩的门限压力比水射流低 50%以上。随着研究的深入，研究者发现超临界二氧化碳造缝能力要远大于液态二氧化碳，具有很好的压裂应用前景。超临界二氧化碳压裂技术采用的 CO_2 初始温度较高，确保 CO_2 在井筒内完全转化为超临界状态，最终 CO_2 以超临界状态进入储层。因此，SC—CO_2 压裂的缝内 CO_2 始终以超临界态形式驱动裂缝扩展。

在加拿大阿尔伯塔省的油砂区，进行了一次超临界二氧化碳致裂试验。该技术利用二氧化碳的超临界状态在地下形成更大规模的裂缝网络，提高了气藏的渗透率和产能。试验结果显示，在超临界 CO_2 的注入压力和流量控制下，裂缝平均延伸长度达到了 500 m，最大裂缝长度超过了 800 m。试验后的生产数据显示，与未致裂的井相比，产量提升了约 40%。

(3) 空气致裂

空气致裂利用空气的压力和体积变化在地下形成裂缝，增加气藏的产能。非常规储层的空气致裂原理：

一是利用高压空气将致密油气储层的孔隙和裂缝撑开。

二是高压空气在储层中流动时，会与岩石摩擦，产生摩擦力，摩擦力会进一步破坏岩石结构，促进裂缝的形成和扩展；

三是空气在压缩过程中会产生热量，而高压空气的注入也会使储层温度升高，温度升高会使岩石软化，更容易破裂。空气致裂能形成新的流体运移通道，从而提高储层渗透性和产量。随着勘探技术的进步，深层油气资源逐渐被发现。但由于深层地层压力高、温度高，传统的开发技术存在较大的安全风险和经济性问题。空气致裂技术凭借其清洁高效的特点，为深层油气开发提供了新的解决方案。

在中国四川页岩气田，采用了空气致裂技术进行了多次试验。该技术利用空气的压力和体积变化在地下形成裂缝，增加了气藏的产能。试验结果显示，在空气致裂作业中，裂缝平均延伸长度达到了 200 m，最大裂缝长度接近 400 m。试验后的生产数据显示，与未致裂的井相比，产量提升了约 25%。

(4) 优缺点分析

不同气相致裂方法的优缺点对比如表 10-1 所列。

表 10-1　不同气相致裂方法优缺点

气相致裂方法	优点	缺点
氮气致裂	成本相对较低：根据能源行业数据，氮气的价格相对较低，通常比其他致裂介质如液态二氧化碳或水便宜	压裂效果相对较弱：氮气的渗透性较差，裂缝形成相对较小。根据压裂实验数据，氮气致裂所形成的裂缝相对较小，裂缝延伸长度较短
	对环境影响小：氮气在地下注入后不会与地下水和地层中的其他化合物发生反应，因此环境影响较小	需要大量气体：由于氮气的渗透性较差，需要投入大量气体才能达到理想的压裂效果
超临界二氧化碳致裂	压裂效果明显：超临界 CO_2 具有较高的渗透性和扩散性，裂缝形成较大规模	成本较高：超临界 CO_2 致裂的成本相对较高，包括二氧化碳的回收和处理成本。超临界二氧化碳致裂相比传统的水压致裂技术具有较高的成本
	温室气体回收利用：二氧化碳可以从工业排放中回收利用，减少对大气的污染。通过回收工业排放的二氧化碳进行致裂作业，可以减少二氧化碳的排放量并实现资源再利用	技术要求高：超临界 CO_2 致裂技术需要高精密度的操作和监控，需要专业的技术团队和设备支持
空气致裂	成本较低：空气是免费的，并且不需要额外的处理成本	压裂效果较弱：空气致裂形成的裂缝相对较小，对提高渗透率的效果有限
	对环境影响小：空气是一种环保的致裂介质，不会对地下水和环境造成污染	适用范围有限：空气致裂主要适用于一些水资源匮乏、气体资源丰富的地区

课后思考题

1. 水力压裂是什么？
2. 水力压裂增产的原理是什么？
3. 水力压裂施工分为几个阶段？每个阶段是什么？
4. 桥塞分段压裂技术的工艺流程是什么？
5. 封隔器分段压裂技术是如何进行的？
6. 机械封隔器分段技术与膨胀式封隔器分段技术的主要区别是什么？
7. 人工隔层控缝高度技术包括哪几种？
8. 如何合理的设置簇间距？

第 11 章

地热能开发与利用技术

11.1 地热能概述

地热能是地球内部的天然热能，也是一种极具竞争力的清洁可再生能源。地热能具有储量大、分布广、绿色低碳、适用性强、稳定性好等优势。品位较好的地热资源埋深较大，岩石处于高应力、高温度环境下，其物理力学参数往往与地表的岩石表现出不同的变化。因此，需要在传统岩石力学理论基础上综合考虑温度的影响，从而解决地热开发利用过程中的岩石力学问题。

11.1.1 地热能特征与分类

我国地热资源大部分以中低温为主，主要分布在东南沿海和内陆盆地区，如松辽盆地、华北盆地、江汉盆地、渭河盆地以及众多山间盆地区。现已发现的中低温地热系统 2 900 多处，总计天然放热量相当于 7.5×10^6 吨标准煤①。全国已发现的高温地热系统有 255 处，主要分布在西藏南部和云南、四川的西部。

目前，全球潜在地热资源总量为 1 401 EJ，而目前利用的只有 2 EJ，占潜能的 0.14%。我国每年可开采的地热水总量约为 6.717×10^9 m^3，折合 $3.283\,4\times10^7$ 吨标准煤的发热量。所以，地热资源开发潜力巨大，作为一种补充能源是大有可为的。遗憾的是，因受技术水平和经济条件所限，利用率还不到资源保有量的 1/60，开发利用的潜力还很大。

地热资源按其在地下的赋存状态，可以分为水热型（地下 100～4 500 m）、干热岩型和地压型地热资源（地下 3 000～6 000 m），其中水热型地热资源又可进一步划分为蒸汽型和热水型地热资源。按温度高低，地热资源可划分为高温地热资源（>150 ℃）、中温地热资源（90～150 ℃）、低温地热资源（<90 ℃）3 种类型。我国地热资源蕴藏丰富，但由于地质和地球物理条件复杂，地热资源分布不均匀。各种类型的地热资源，必须通过一定程序的地热地质勘察研究工作，才能查明储量、质量和开采技术条件以及开发后的地质环境变化情况。地热水可采量的大小，主要取决于资源储量、开采技术、经济等条件的成熟程度。

11.1.2 地热开发方法

（1）世界地热发电

① 1 吨标准煤 $=2.903\,76\times10^7$ kJ。

至2005年，世界上已有24个国家建立了地热电站（2000年的统计为19个国家），总装机容量8 900 MW，目前的运行容量为8 000 MW。2003年世界地热发电量57 000 GW·h，比2000年增长了15%。据2005年世界地热大会对各国地热发电总量的统计：美国居世界首位，拥有2 544 MW；菲律宾居第二，为1 931 MW；其后依次是墨西哥、印尼、意大利、日本、新西兰，中国排名第15位。

（2）世界地热直接利用

世界上有71个国家对地热水开展直接利用，年利用地热能总量已达72 622 GW·h，年增长率为12.9%，比2000年增长了40%。据2005年世界地热大会统计世界中低温地热资源利用比例大致为：热泵（33%）、洗浴、游泳（29%）、供暖（20%）、温室种植（7.5%）、工业（4%）、水产养殖（4%）、农产品烘干（1%）、融雪和制冷（1%）、其他（0.5%）。中国地热直接利用的能量仍居世界第一，年利用（包括热泵）达12 604.6 MW。

（3）我国地热开发利用

我国地热资源开发明显受两个条件的限制：一是资源；二是地区经济发展水平。根据资源条件，沉积型盆地区的地热田虽然分布面广，可以成片开采，但因热储层埋藏较深，开采投资大，因此主要限于城镇及其周边地区，如北京、天津、西安、昆明等大、中型城市；构造隆起区的地热田虽然一般规模较小且分散，开发利用主要限于地热水露头附近，但因其埋藏较浅、易开采，开采投资相对较小，在交通方便、经济较发达的地区，都十分重视其开发利用，如海南省的南田、官塘等地。

地热资源的开发利用包括发电和直接利用两个方面。在我国被广泛地用于发电、供暖、温泉疗养、工业利用、医疗、洗浴、水产养殖、农业温室、矿泉水生产、灌溉等。北方地区开发地热资源主要用于供暖、洗浴、温泉疗养，南方地区则主要用于发展旅游、水产养殖、温泉疗养等。

截至2021年年底，中国地热供暖（制冷）能力达到$1.33\times10^9\ m^2$，地热直接利用规模多年稳居世界第一。未来我国北方地区地热清洁供暖、长江中下游地区地热供暖（制冷）、青藏高原及其周边地热发电仍将是产业发展热点。

11.2 水热型地热勘探及开发技术

11.2.1 水热型地热特征及勘探技术

水热型地热资源又称为常规地热资源，是指较深的地下水或蒸汽中所蕴含的地热资源，是目前地热勘探开发的主体。地热能主要蕴含在天然出露的温泉和通过人工钻井直接开采利用的地热流体中。按构造成因，可分为沉积盆地型地热资源和隆起山地型地热资源；按热传输方式，可分为传导型地热资源和对流型地热资源。

在地热资源勘察过程中，一方面继承和发展着传统的地质勘察方法，另一方面不断地把新理论、新技术和新方法及时地应用于地热资源勘察之中。从卫星图像、航空相片的航测到地球化学、地球物理勘察，再到地质钻探，已形成了从天空到地表再到地下的全方位立体勘察体系，达到了经济发展，地质先行的战略要求。

11.2.1.1　地球物理勘探

勘探地球物理学又称为地球物理勘探，简称物探。地球物理勘探是通过对地球一定深度范围内（从地表至地下 5～6 km）所测量的地球物理场的数据，进行处理解释，从而发现地下可能存在的局部地质体、地质构造，并推断它们的位置、大小、埋深以及属性。地球物理勘察方法是勘察地热资源的有力手段，应用十分普遍。地球物理勘察的任务是要寻求和解释所有地球物理学类型的异常，尽可能精确地测定地热田及其周围物质的不同物理特征，进而确定异常，以等水温线、等电阻率线等来圈定异常。依此推断地热地质和构造条件。目前常用的地球物理勘察方法包括浅层测温、电法、重力、磁法、地震勘探、红外线摄影测量等。

（1）航测勘探

航测（aerial survey）是指通过卫星、航空对地球表面进行照相拍摄或远红外线遥感拍摄，从而从区域上大范围圈定地貌特征和地质构造基本轮廓及地面地热显示位置和地热区隐伏构造。卫星图像和航空相片可两者结合使用，必要时可进行航空红外测量。遥感图像解译应结合地面地质、物探资料进行，遥感图像解译应先于地质测量工作，应用计算机图像处理技术，可大大提高解译水平和效果。

（2）地温勘探

地温勘探的基本原理是地热异常区的热量可以通过热的传导作用不断地向地表扩散。通过在地表以下一定深度的温度测量和天然热流量测定，便可圈定出地热异常区，并可大致推断出地下水的分布范围和高温地下热水的分布地段。地温勘探不仅能圈出浅部的地热异常，还能把隐伏的地下热水勘探出来。

（3）电法勘探

电法勘探是利用地壳中多种岩石、矿石间电学性质之差异，基于观测和研究电磁场（天然存在的或人工形成的）空间和时间分布规律，来勘察地质构造和寻找有用矿产。电法勘察常用的有电阻率法、自然电场法、激发极化法等。电法勘探是除了地温勘探法以外，使用最广泛的地球物理勘察方法，它可用来寻找储热断裂构造，推断地热异常区的分布范围和延伸方向。

① 电阻率法的基本原理是基于水的电阻率随温度升高而减少。用于地热勘探的电阻率法主要有对称的极法、联合剖面法和电测探。对称的极法、联合剖面法一般用来确定控热断裂的平面位置，追索其走向；电测探能够定量地求出标志层的埋深和某些电性层的厚度和埋藏深度，可以用来了解热储的空间分布特征。

② 自然电场法就是通过热田区的自然电位异常来探测地热的一种方法，由于地下热水在水压力驱动下沿断裂、裂隙流动时会产生电位差，而热水温度的变化会引起电位的变化，通过研究自然电位的分布来寻找热水通道，并大致确定热储的平面分布。自然电场法简单、快捷、成本低廉。

③ 激发极化法简称激电法。地下热储中的水热蚀变和水热矿化现象都有可能产生激电异常，激发极化法就是通过地下蚀变矿物的激发极化效应来圈定水热蚀变带，研究热储分布规律的一种电法勘探方法。

尽管电法勘探方法有很多种，但是由于受各种因素的制约和影响，为了尽可能提高识别地热异常的能力,必须将上述几种电法获得的结果来综合分析和加以运用。

(4) 大地电磁勘探

大地电磁测探法简称 MT 法,是利用天然存在的变化着的大地电磁场的一种方法。它通过在地面上所观测的天然大地电磁场来研究地下电性结构。如用连续的人工电磁波进行勘探,则称为 EM 法。大地电磁测探法不仅能勘探埋藏在地壳浅部的热储,而且可以分析地壳深部或上地幔中形成地热系统的热源及其区域地质和地球物理背景。大地电磁测探法的优点是勘探深度很大,且不用人工场源。对于实测结果的解释,通常遵循从定性到定量,最后进行地质解释的程序。通过定量解释,可以求出各电性层的电阻率和厚度。

(5) 重力勘探

重力勘探(gravity prospecting)的原理是基于岩石的密度和产状不同,使大地重力场发生畸变,从而可利用重力并结合其他地质和物探工作来探测地下热水区基底起伏变化及区域性的断裂构造和空间展布,寻找地下热水。在条件较好的地区,也可以用重力探测确定覆盖层的厚度。

用重力勘探法勘察地下热水,可以查明基底的基本构造状况,包括大的凸起、凹陷及区域性的断裂构造的展布。一般情况下,重力值高的地方是基底凸起,重力值低的地方为凹陷。断层或断层破碎带在重力图上表现为:局部重力异常呈带状分布。重力梯度变化大,在平面图上表现为重力线密集,有一定的延伸并构成条带状,也是大断层的表现。重力异常区走向如有明显变化,表明基底有断层通过。

重力勘探的优点是仪器体积小,操作简便,费用较低,效果较好。重力探测也存在局限性,其成果只能反映基底断距较大而且两盘基岩顶面有显著高差的断层,或者是水平方向宽度大的断层带。

(6) 磁(航磁)测勘探

磁法勘探在地面进行,称为地面磁法;在空中进行,称为航空磁法。磁法(航磁)探测主要是了解火成岩的分布,尤其是当岩体近于直立时。利用航磁资料,能有效地确定地热系统的区域地质构造、基底起伏和寻找地下隐伏岩体,还可计算与地热有直接关系的居里深度等深面。磁法还可确定多数高温地热田的热源。

(7) 地震法勘探

地震法勘探地热的原理就是通过测量由地震产生的弹性波来确定岩层的结构和它的力学性能,从而确定与地热系统有关的构造。地震法可分为主动地震法(有源地震)和被动地震法(无源地震)。

主动地震法是将炸药放在浅孔中爆炸或采取其他机械能源作为人工地露属源,用人工激发的地震波,如反射波和折射波等来传递地震信息,主要用来勘探与地热系统有关的构造。主动地震法目前主要应用反射波法和折射波法。用反射波法勘探石油效果明显,对有平坦地质结构或地层的地热区也有效,折射波法有助于确定浅层的地质结构,适用于勘测中低温地热。

用地噪声来研究地热系统是由于热田上产生的地噪声是一种稳定的连续振动,高于周围噪声水平为 10～30 dB;反映深部热源的高噪声水平的能量集中在 1～5 Hz 的频率范围内,低于工业噪声的频谱;在冲击岩和松软沉积盆地上的地震噪声振幅要高。通过地噪声信息可以确定噪声源的位置,研究热源的深度,还可利用地噪声强度的平面图研究热储范围。

11.2.1.2　地球化学勘探

地球化学勘探是地热勘察中广泛采用的最有效的手段之一。地球化学方法是通过分析天然热泉或沸泉的化学成分来判断地下热储的情况，在地热田研究中，从区域普查、重点地区的勘探与评价，直到热田开采的各个阶段，地球化学勘查方法始终是了解地热田的重要手段。地下热水以不同相态充填于构成地壳的岩石孔隙和裂隙中，并不断地向地表运移和上涌。它们在各种温度、压力等物理条件下，与周围岩石相互作用，溶解各种物质而形成其特殊的化学成分。地球化学研究包括同位素地球化学的研究，地热系统岩石和土壤中的多种微量元素，如 Hg、As、Sb、Bi、B、Li、Rb、Cs、Be、Sn、Pb、Zn 和 Mn 等与热水关系密切，可作为地热田勘探的指示剂。

11.2.1.3　钻探法勘探

钻探是查明地下热流体分布和储存条件的基本手段，是地热勘察中的重要环节。钻探是在经过初步的普查工作及对各种物化探资料充分综合分析后进行。钻探的目的主要在于验证过去工作所圈定的地热范围是否正确，并查明地下热水埋藏条件、运动规律、水温、水量、水位、水质等水文地质情况。目前我国钻探孔施工技术日臻成熟，施工能力有了很大的提高，2003 年在江苏连云港开钻的“中国第一钻”，其设计深度达 5 000 m，并且要求全部取芯。

地热资源勘察是一个复杂的系统工程，没有也不可能有一种万能的方法囊括所有内容。在各种方法中也不能简单地比较哪一种方法更优，各种地热资源勘察方法往往相对应于不同的勘察阶段，完成某一项任务，以便达到预期的目的。地球化学方法和地球物理方法中的航测、重力、大地磁法、地震、红外线浅层测温等方法，适宜于地热资源勘察的调查阶段和普查阶段。可以从区域上、面上和线上对地热出露区（点）和地热异常区进行圈定，初步查明地热田及其外围的地层构造、岩浆（火山）活动情况，研究它们与地热显示、地热异常的关系，推断地热田的热储、盖层、导水和控制构造。测定地热流体的天然排放量及其化学成分，估算地热田的热储温度和地热田的天然热流量，并为钻探孔布置（位置、数量、深度等）提供依据。

钻探方法是一种投资大、风险高，但在地热资源勘察和地热资源评价中必不可缺少的重要方法，一定要在经过初步的普查工作及对各种物化探资料充分综合分析后进行钻探法。钻探法可以详细查明地热田的热储结构，各热储的分布面积、厚度、产状、埋深及其边界条件，各热储内地热流体的温度、压力、产量及其变化关系。实测各项储量计算参数，建立热储参数模型，探求 B+C 级储量，提出合理开发方案并做出环境影响评价，为地热田开发利用提供依据。

为了既要满足地热资源勘察的要求，又能确保资金投入经济合理，地热资源勘察方法应遵循如下最优化原则：资料收集—地质调查—地球物理—地球化学—地质钻探—资源评价—开发利用—回灌保护—测量监视。如果能够应用热泵等新技术，结合对井回灌开采工艺，并且禁止粗放性、破坏性、掠夺性开采行为，真正做到保护性开发利用地热这一宝贵的资源，使其造福于人民，将是功在当代、利在千秋的一件大好事。

11.2.2 水热型地热利用形式

11.2.2.1 地热发电

高温地热资源主要用于地热发电，在国外发展很快，技术也较为成熟。地热发电每千瓦时的投资比小水电发电和太阳能光伏电站发电成本低很多，且运行稳定、可靠，与其他新能源比具有一定的竞争力。

中国地热发电始于20世纪70年代初期，先后在河北后郝窑、广东邓屋、湖南灰汤、江西遂川、广西象州、山东招远、辽宁熊岳等地建立起地热试验电站。至今，各地热试验电站因可利用的地热水温度偏低，除湖南灰汤、广东邓屋两个地热试验电站有时发电外其余全部停用。20世纪80年代初，在西藏羊八井、那曲建立了工业性地热电站，总装机容量约30.4 MW。目前，西藏羊八井地热电站的装机容量25.18 MW，实际发电总量稳定在15.0 MW。地热水温度130～170 ℃，开采总量为10.95×10^4 m/d，年发电量已超过1×10^8 kW·h，解决了拉萨电网中40%的电力，对拉萨的经济建设起到非常重要的作用。那曲地热电站的装机容量3.0 MW，开发利用地热水温度114.5 ℃，地热水开发利用总量约2.5×10^4 m/d，西藏朗久地热田有2 MW的机组发电。但由于处在少数民族地区的种种原因，近年来西藏地热发电进展不大。另外，在台湾地区大约有3.3 MW的机组发电。滇藏地热带是我国主要的高温地热带，发电潜力总量可达5.82 GW。这一地带有70多个城镇距高温地热田较近，有得天独厚的资源优势和进行地热发电的可能性。但这些地方地处偏远、技术落后、人口稀少，多为少数民族居住地区。由于当地气候条件恶劣、海拔高度大、交通条件差，国家电网和区域电网很难达到，很多地区的电力仍然不足，全国的缺电县主要也集中在这些地区，电力不足确实直接影响到当地的经济发展。如果能够在这些地区优先开发温度高、热能潜力大、流体质量好的深部热储，发展小功率和自动化程度较高的模块式地热电站与小水电站联合，从根本上解决这些地区的电力供应问题，是加快发展当地经济的最佳方案。

地热发电有助于振兴区域经济，很多地区利用地热发电站的热水进行农业耕作。

湖北地大热能科技有限公司（以下简称地大热能），由中国地质大学（武汉）组建，通过广泛的技术和经验积累，参考国内外地热发电成功案例，拟定科学合理系统化的地热发电项目方案，积极投身于国内外新能源开发领域，并不断向深层地热能源的开发进军，开拓EGS等世界尖端地热开发技术的科研与应用。地大热能在发挥自身科技与设备优势的基础上，主动与国际地热能市场接轨，进行地热发电技术与投资方面的交流与输出，积极开拓东欧、东南亚、中东、北非及中南美洲地热发电市场。

高温地热发电成本较低，约为0.3元/(kW·h)，有较强的商业竞争力。目前，我国地热发电的总装机容量虽小，但在我国的能源政策中已提出“不可忽视地热发电的作用，必要时应给予适当的扶持”。相信在相应政策的支持下，已具备资源条件的地区的地热发电会有更快的发展。

11.2.2.2 直接利用

(1) 地热供暖

利用地热采暖在北方城镇很有发展前途。地热采暖、供热不仅可节省煤炭的运输、占地，还可减少大量有害物质的排放，避免大气污染，能有效替代常规能源。地热采暖的运行成本仅相当于燃油锅炉的 1/4,其经济、社会、环境效益十分明显,因而受到特别的青睐。因此,我国的大部分地区,加大了以地热供热(采暖和生活热水)为主的开发力度。北京、天津、西安、昆明等大中城市的采暖面积日益增多。截至 2020 年年底,我国地热能供暖制冷面积累计达到 1.39×10^{9} m^2。按照国家能源局有关规划,到 2025 年,各地基本建立起完善规范的地热能开发利用管理流程,全国地热能开发利用信息统计和监测体系基本完善,地热能供暖(制冷)面积比 2020 年增加 50%,在资源条件好的地区建设一批地热能发电示范项目;到 2035 年,地热能供暖(制冷)面积比 2025 年翻一番。

中国开发利用地热与温泉,已有 5 000 多年的悠久历史,是世界上利用地热资源较早的国家之一,目前,中国地热供暖面积是世界上直接利用地热能供暖,面积最大的国家。

(2) 地热温室

随着地热温室在结构设计、材料、技术以及规模化上的发展,改变了过去北方农业的粗放操作,地热温室种植的反季节蔬菜和名贵花卉,除内销外,还可大量出口,对改善城乡人民生活、丰富菜篮子、活跃农村经济、扩大就业极为有利。在北京、天津、西安等北方大城市通过招商引资,建成多个具有一定规模的地热农业产业园区,专门种植名贵的水果、蔬菜、花卉,使这些地区已由过去的单纯农业经济转向地热农业产业循环发展,经济效益逐年增长,极大地提高了农业生产的产值。现在全国已有地热温室面积 1.33×10^{9} m^2,开采利用地热资源占年开采总量的 3.3%。

(3) 水产养殖

地热水产养殖可提高喜暖性的名贵、高产鱼类在北方的生长期和繁殖量,不但能保证特种水产品的安全越冬、全年生长,而且成本低、效益高。我国利用地热水进行水产养殖始于 20 世纪 70 年代,北京、天津、福建、湖北、广东等地起步较早,全国 20 多个省(自治区、直辖市)的 300 多个地热点开展水产养殖,鱼池面积约 4.45×10^{6} m^2,主要养殖罗非鱼、鲤鱼、草鱼、鳗鱼、甲鱼、青虾、牛蛙等,除供应国内市场外还大量出口日本等国。目前,我国水产养殖耗水量约占地热水总用水量的 5.7%左右,但是利用地热资源进行海水工厂化养殖系统的温度调控还未见研究报道,因此,利用地源热泵技术在我国沿海中低温地热地区进行海水工厂化养殖系统的研究对新能源的开发利用和节能减排具有重大意义。

(4) 地热洗浴、疗浴

地热水用作温泉洗浴是我国的传统,备受大众的喜爱。使用温泉、地热水浸泡、洗浴几乎遍及全国。早期地热水用于洗浴的方式简单,大多是建立营业性浴池或单位内部福利性浴池。地热水本身有较高的温度,含有多种特殊的化学成分及有益于人体的微量元素,具有很高的医疗保健价值。在疗浴中,主要利用热矿水中的化学成分、矿物质和热水温度刺激人体,通过神经反射,加快人的血液循环和新陈代谢。再配合理疗、针灸、按摩、药物等手段,对关节炎、类风湿、妇科、神经系统等疾病进行治疗,可收到明显的疗效。改革开放以来,尤其是进入 20 世纪 90 年代后,随着人民生活质量的不断提高,在人口密集的大中城市,人们对温泉保健疗养、洗浴的需求更为迫切。除历史上著名的西安华清池、大连汤岗子、广东从化温泉外,近年又在北京、天津、昆明、珠海等大中城市建成了一批集医疗、洗浴、保健、娱乐、旅游度假于一体的"温泉度假村"或"医疗康复中心",如北京城南的中国医疗康复中心、小汤山龙脉温泉疗养院、八达岭温泉度假村、海南琼海官塘温泉度假区该公司正注销、天津东丽湖度假村、塘沽温泉康乐中心及广东恩平的锦江、金山、帝都温泉度假村等。

11.2.3 地(土壤)源热泵系统

土壤源热泵是以土壤作为热源的热泵,通过埋地热交换器从土壤吸热或向土壤放热。夏季空调时,室内的余热经过热泵转移,并通过地埋换热器释放到土壤中,同时为冬季蓄存热量;冬季供暖时,通过地埋换热器从土壤中取热,经过热泵将热量供给用户;同时,在土壤中蓄存冷量,以备夏季空调用。土壤源热泵主要包括 3 套管路系统:室外管网系统、热泵工质循环系统和室内空调管网系统。其系统结构示意图如图 11-1 所示。

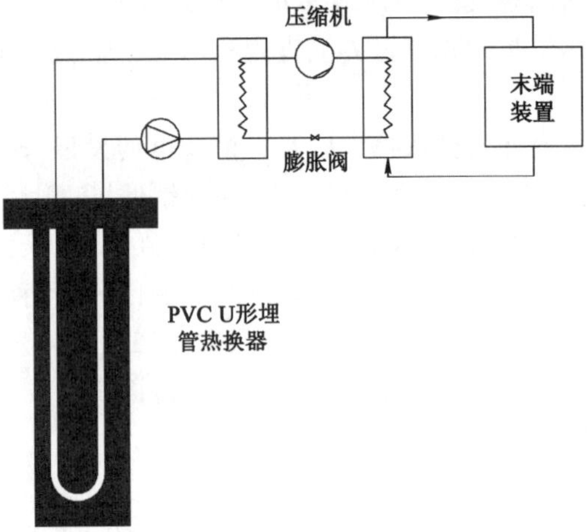

图 11-1　土壤源热泵的工作原理

土壤源热泵的埋管方式主要分为水平埋管、垂直埋管和螺旋形埋管 3 大类。

11.3 干热岩开发技术

11.3.1 干热岩与干热岩储层

干热岩(HDR)是一种没有水或蒸汽的热岩体,主要是各种变质岩或结晶岩类岩体。干热岩普遍埋藏于距地表 3～10 km 的深处,其温度范围很广,在 150～650 ℃。现阶段,干热岩地热资源是专指埋深较浅、温度较高、有开发经济价值的热岩体,保守估计地壳中干热岩(深 3～10 km 处)所蕴含的能量相当于全球所有石油、天然气和煤炭所蕴藏能量的 30 倍。干热岩在地球上的蕴藏量十分丰富。若将它开采出来加以应用,可以满足人类长期使用。据美国麻省理工学院(MIT)2006 年报告,只要开发 3 000～10 000 m 深度 2%的干热岩资源储量,就将达到 2×10^{20} EJ,是美国 2005 年全年能源消耗总量的 2 800 倍。据美国地热能市场评估报告数据(2007),美国国内地热项目开发的数目增至 193 个,正在开发的地热能量 1 035 MW,而地热潜力估计 12 271 369 MW,有极大的开发潜力。

11.3.2 干热岩开发技术现状

干热岩资源有着巨大的开发潜力,但在国内外的干热岩开发利用过程中存在很多科学和工程问题，特别是在以下多个方面需要进一步开展研究：资源靶区定位技术；人工压裂；微地震、示踪等监控监测技术；资源评价方法；地热地质模型；地下高温岩体多场耦合过程；地热介质的换热特性机制；能源转换效率评价；发电系统高效利用；示范试验现场建立等。在这些研究领域中，两个最为关键的技术是水力压裂和地球物理探测技术。

(1) 干热岩体人工压裂

针对不同的深部地应力场条件和裂隙发育特征，通过控制注入水流量使深部热储达到理想的剪切破坏，是目前人工压裂技术重点解决的问题。干热岩开发本身的压裂设备与石油、天然气开发中的压裂设备基本相同；主要区别在于干热岩的压裂设备需要解决耐高温问题。而且，相对于传统油气储层，高温岩体冷却收缩效应在干热岩储层激发中更容易发生。

在压裂模型和地热开发数值模型技术的基础上规划和设计水力压裂(区域、压力、岩体体积、流体、支撑剂和压裂工艺)。探测仪器选址并安装后，利用微震活动性、微重力测量、重力分析法、自然电位法和倾斜仪阵列等影像和成像手段，探测岩层裂隙分布及流体通道。压裂过程中对流速实时、有效的控制，通过数值模型及其控制技术实现。在控制流速的基础上，采用重复水力压裂或使用携带一定浓度的化学物质(如钡硫酸盐)的水进行压裂或使用爆破技术对流体通道进行扩展，同时利用支持剂的剥落和溶解作用保证流体通道的畅通，并通过低流速注入检测永久性残余增强渗透率。最后，对裂隙扩展和热储分别进行软件模拟，同时进行敏感度分析。近年来，国外的很多学者着手化学刺激技术的开发，主要包括以一定的破裂压力把酸或碱溶液注入地层，以达到溶解裂隙表面可溶性矿物或井筒附近沉积物的方法。化学刺激技术最早应用在石油行业中，以提高石油和天然气井的产量，其中许多方法和化学试剂可以借鉴。

(2) 地球物理勘查和监测技术

地球物理方法技术在干热岩勘探与开发各个环节中具有重要的作用，适宜于查明各种断裂的方向和性质；圈定地下深部热储的位置；确定与地下热水有关的地质构造；查明火成岩体的分布、规模和性质；监测地下水和热储的水文地质变化特征；判断地下热水的分布与埋藏状况等。

(3) 示踪剂技术

除了用地球物理方法研究压裂效果外，示踪剂方法是研究压裂产生的裂隙密度、联通性和热交换面积的有效方法，同时示踪剂方法也是评价热能产出能力的重要手段。除了经常使用的保守的示踪剂和温度敏感的示踪剂外，一种利用天然的化学组分和同位素，对刺激诱导开裂裂隙面发育情况进行示踪研究的新技术正在开发中。利用现有的解析解和数值模拟技术，通过示踪剂可研究复杂结构面和裂缝处的精确突破曲线。通过设计和分析示踪剂实验，同时测量吸附行为(分配系数)，可获得断裂面面积和裂缝间距。

(4) 其他关键技术

干热岩的经济有效的开发，还需要诸如以下关键技术和方法。

① 野外靶区表征与选址方法，结合地质、物探、干热岩技术指标体系，进行综合研究，建立靶区地质模型。

② 水-岩-气(汽)-热作用机制(包括传热传质、水与管道之间)，研究水-气-岩-热的物理-化学反应机制；构建高温、高压条件下水-气-岩相互作用的热力学和动力学数据库，构建干热岩实验室模拟系统。

③ 干热岩地下水动力-热传递-力学-化学(THMC)多场耦合数值模拟软件开发,建立近井和大尺度的 THMC 耦合模型,并通过实验室和现场数据验证模型。

④ 干热岩经济分析、地下地上结合以及考虑防腐因素的优化实施方案方法。

⑤ 在确定的野外靶区上进行干热岩钻探,同时开展测井工作,进行岩心(样)分析测试,结合测井和分析测试结果验证和完善干热岩关键技术模型,为今后开展干热岩资源研究、开发利用和其他相关地学科学研究提供试验基地。

11.3.3 增强型地热系统

增强型地热系统(EGS)是在干热岩技术基础上提出的,美国能源部的定义是采用人工形成地热储层的方法,从低渗透性岩体中经济地采出深层热能的人工地热系统,如图 11-2 所示。据美国能源部的增强型地热系统技术评估报告(2008),需要对 EGS 技术中 3 个关键方面进行评估,即地质条件、经济可行性和 EGS 在其他技术领域的适用性,最后通过耦合模型预测评价能源开发的可行性。

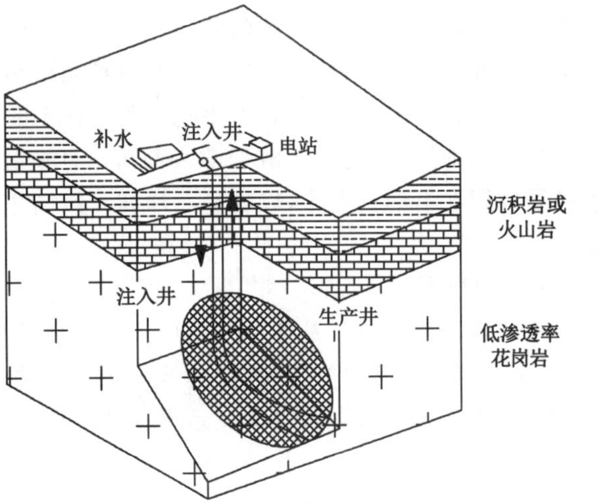

图 11-2 深层热能的人工地热系统

11.4 煤-地热共采技术

11.4.1 煤-地热共采理念

煤-热共采的概念:合理利用矿井现有煤炭开采系统,对煤炭和矿山地热资源实现协同共采,从而达到煤炭安全生产、地热高效开采、水资源合理利用和井下温度调控四位一体的最优资源利用效果的煤炭和地热资源开采新模式。

煤-热共采的基本框架如图 11-3 所示。要实现煤与地热资源共采,首先需要对热储层进行研究,探索热储层开发过程中的地质力问题,高地温矿井热源分析及地温场特征,由于矿山地热开采不同于常规的地热井开采方式,所以对矿山地热应制定新的技术经济评价体系，对不同形式的热源应统筹规划，确定不同的开采方式，合理规划开采顺序，分析矿井地热开采过程中的围岩运动和多场耦合及其演化规律。在理论基础上提出了煤-热共采实践中的关键技术问题，主要为煤-热共采工艺、井下钻井和成井工艺、井下抽采与回灌技术、高效能变工况热泵技术、间接换热与高效能集输技术、动态监测和智能调度技术等。

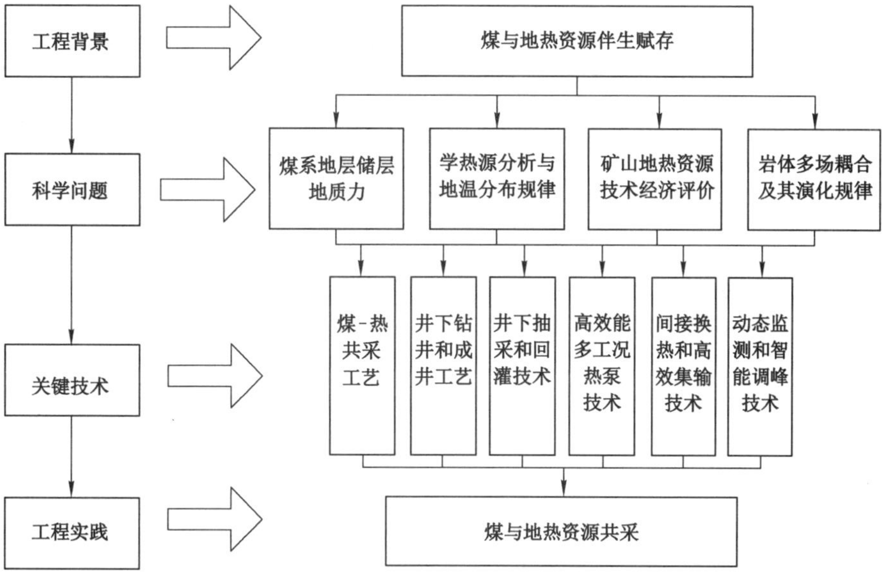

图 11-3　煤与地热资源共同开采的基本框架

11.4.2　煤-地热共采技术发展现状

(1) 煤-热共采工艺

井上系统主要包括乏风源热泵系统、换热站系统、管路系统等。在井上建立换热总站，换取矿井排水（含直接排水和井下降温系统产生的热水）、深部热水、矿井乏风的低位热能，将换得的热水供给用户。在井下，主要包括地下水库系统、水仓系统、地热井群系统、降温系统等。在井下钻采地热水，收集矿井涌水和深部地热水的热能以及井下降温系统换热，同时修建地下水库和水仓系统，水仓和水库的温度与水量稳定，可以根据其水温状况选作冷储和热储。

煤-热共采工艺技术的关键在于井下采矿活动和采水活动的相互协调。在有突水危险的矿井，可以在采煤之前进行地热水的预抽采，施工小孔径的探采结合井，抽水降压之后，再采煤。采煤之后，利用采动应力场和裂隙场对热储层进行卸压增透，然后再钻进开采井。在井下钻进地热井首先应确定钻井位置，钻井选址结合井下已有的巷道和硐室，采煤活动已结束的稳定地层，要保证地热井的出水温度和出水量。采水过程中，要制定抽采规划，结合热负荷需求，对储层资源进行保护。

(2) 井下钻井和成井工艺

为完成地热水的抽采，可采用煤矿井下接力钻进地热井的方案。从井下巷道和硐室选址，掘进钻井硐室，接力钻进地热井。井下接力钻进地热井有诸多优势，开凿地热井成本高、风险大,地热井的开凿成本与钻进深度成指数关系,在井下钻进地热井,节省钻井工程量,以淄矿集团唐口煤矿为例,井上开钻地热井需钻进 1 300 m,在井下只需钻进 300 m,可缩短钻孔施工周期,省去大量钻井费、管材费、完井费等,而且钻井施工在井下进行,还免去了设备占地和噪声污染等。

在井下钻进地热井也存在一些问题,地热井较常规水文钻井口径大、钻井深、成井工艺复杂;井下作业空间有限,常规钻井设备体积庞大,无法应用于井下。为了适应井下生产作业环境,应从以下几个方面改进和提高钻井和成井设备及工艺。首先,由于井下空间限制,应开发新型钻机和设备,新设备应占地较小,便于运输,能实现井下大口径钻井;其次,钻井设备应安全可靠,符合井下防爆要求,研发井下定向井钻井技术和成井工艺以及井下储层压裂技术,以保证较高的钻井成功率,高涌水量和涌水温度。

11.5 地热能利用技术

11.5.1 地热农业利用技术

(1) 地热温室

温室是我国北方寒冷地区冬季蔬菜育苗、生长发育的必备场所,是人类在建筑场所内控制和模拟自然气候从事植物栽培的一种高级园艺设施,按照栽培使用季节可以划分为两大类——冬季温室和春季温室。前者多为加温温室、后者多为不加温或短期加温温室。近年来,温室已经突破了园艺领域,开始比较广泛地应用于农、林、牧、副、渔等产业的科学研究方面。随着基础工业的发展和生产体制的变革,温室的结构、材料、形式也在不断地发展和进化。

温室的初投资和运行费用很大,其中能源消耗是一项很大的支出。近年来常规能源的价格不断攀升,使得大量结构简易,保温性能差的温室出现了燃料费远大于生产总收入的亏损局面,而地热在农业中的应用范围十分广泛,如利用温度适宜的地热水灌溉农田,可使农作物早熟增产,利用地热水养鱼,利用地热建造温室,育秧,种菜和养花,利用地热给沼气池增温,提高沼气的产量等。我国很多地区地热资源丰富,地热能是一种十分经济的能源,可将其用于建造地热温室,地热温室的最大优点是比较经济,其初投资不依赖于供热的热量,运行费用小。

(2) 地热养殖

利用地热水进行水产养殖主要是为了解决鱼类的越冬问题,解决鱼、虾类等名贵水产的亲本保种,种苗早繁以及冬季养殖问题。与天然水相比,利用地热水冬季养殖是一种省能源、易掌握的有效途径。特别对于高纬度寒冷地区水产的养殖、越冬来说,提高和稳定水温是至关重要的。近年来,华北地区在利用地热水进行罗非鱼以及对虾、罗氏沼虾的亲本保种、苗种越冬,均取得了可喜进展。地热养殖在保护不耐低温的亲鱼和鱼种安全过冬,提早产卵和孵化方面更显示出它的优越性。

用于水产养殖的温室越冬方式基本类型有两种:一种是玻璃温室;另一种是塑料棚温室。玻璃温室可以充分利用地热能,节省土地,容易管理,但成本较高,每平方米造价 500~800 元,如北京市小汤山西场就采用这种方式。塑料棚温室一般采用拱形钢管骨架拱面覆盖塑料薄膜，水池规格：长约 50 m、宽约 15 m，如天津雄县、静海县等地均采用这种方式。水产养殖温室着眼点在于室内池水温度。当水质符合要求时地热水可直接送入鱼池。水质不宜直接用于水产养殖时，例如在含氟量较高情况下可以在池内敷设蛇形管或盘管热交换器，利用地热水间接将池水加热。

(3) 地热孵化

随着地热能源的开发，地热孵化悄然兴起，对于家禽孵化，温度和翻蛋时间起着决定作用。地热孵化与其他人工孵化相比，改变了热源，取消了箱内鼓风，整个孵化过程有所创新，地热孵化主要的几个技术环节是水温水量，孵化前试水试温，升温入孵，节流调温，水盘散湿，定时不定位翻蛋，落盘更温和照蛋胚检。随着家禽业的发展和农场规模的不断扩大，大型孵化机的需求量日益增加。目前我国投入使用的万枚孵化机均以电为能源，这不仅能耗大，而且不利于广大农村和边远地区使用近年来，由于能源紧缺状况加剧和地热资源的开发利用，以地热为热源的孵化机日益受到人们的重视，电孵化和地热孵化的原理都是以用加热器提供孵化机内需要的温度，保持鸡蛋在最适宜孵化的环境温度(37.8 ℃)，胚蛋在此温度下经过 21 d 发育成为雏鸡。

11.5.2　地热水资源综合利用及深加工

开采地下深层热水，综合利用是提高地热利用率的重要途径。地热综合利用是多方面的，可用于供暖/制冷、温泉康养、农业养殖、发电、工业利用、融雪等。但有些项目受地域、人文等条件所限，有些项目在某一地区可能是不合理的。

地热综合利用优先考虑的方案是非饮用生活热水，节约大量能源。例如，将 1 m^3 的 10 ℃冷水加热到 45 ℃，需要消耗的热量约 44 kW，即需要燃烧大约 14 kg 优质煤或 3.8 m^3 天然气。

地热非饮用生活热水负荷包括：住宅生活用热水、理疗、室内游泳池、工业用热水等。通常许多热水负荷是全年负荷，使用期长、利用率高，再加它本身的价值就很高，只要能达到一定量的热用户，就会产生比供暖高几倍的经济效益。随着生活水平的提高，要求提供生活热水的建筑物会越来越多。有些水质较好的地热井，可以开发生产含有一定矿物质的矿泉直饮水饮料。虽然水质中某些元素超过国家卫生部直接饮用水水质标准，但是经过必要的处理后完全能够达到直接饮用水的水质标准。

11.5.3　地热发电

地热发电是利用地下热水和蒸汽为动力源的一种新型发电技术，它涉及地质学地球物理、地球化学、钻探技术、材料科学和发电工程等多种现代科学技术。地热发电和火力发电的基本原理是一样的，都是将蒸汽的热能经过汽轮机转变为机械能然后带动发电机发电。不同的是，地热发电不像火力发电那样需要备有庞大的锅炉，也不需要消耗燃料，它所用的能源是地热能。地热发电的过程，就是把地下热能首先转变为机械能，然后再将机械能转变为电能的过程。地热发电如图 11-4 所示。

要利用地下热能，首先需要由载热体把地下的热能带到地面上来。目前能够被地热电站利用的载热体，主要是地下的天然蒸汽和热水。按照载热体类型、温度、压力和其他特性的不同，可将地热发电的方式划分为地热蒸汽发电和地下热水发电两大类。此外，还有正在

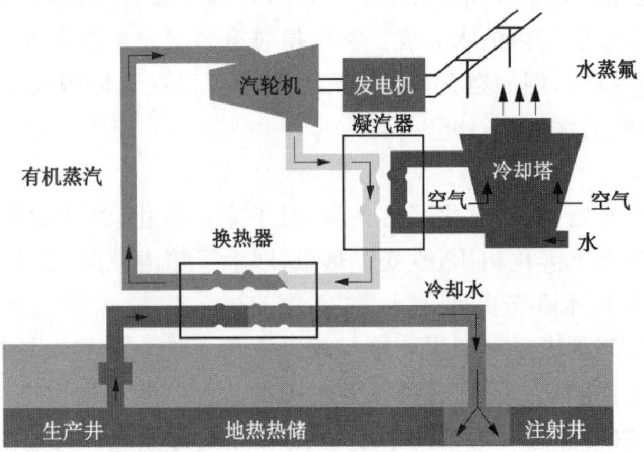

图 11-4　地热发电示意图

研究试验的干热岩发电系统。

课后思考题

1. 地热资源是如何划分的？
2. 我国地热开发的限制有哪些？
3. 水热型地热资源是什么？
4. 地热资源勘察过程都有哪些？
5. 现阶段，主要使用何种技术利用干热岩？面临的困难有哪些？
6. 煤－热共采工艺技术的关键在于哪些方面？

第 12 章

钻井技术与工艺

12.1 钻井技术

钻井的过程就是钻头研磨地层岩石，从而形成一个从地上联通地下的通道。钻头在岩层的钻井过程中，随着钻进深度的增加，地层岩石的力学性质也会随着变化，如硬度、强度。因此，钻井过程中，不仅要考虑研磨过程中的钻头磨损问题，还需要考虑井壁形成、变形、破坏/塌井的力学问题。同时，在解决钻井过程中的岩石力学问题中，既需要用岩石力学的基本理作为框架，又需要发展适合于深部地球环境的岩石力学新方法、新理论。

12.1.1 钻井设备与工具

石油钻井的设备与工具主要包括：钻机、钻头、钻柱、井泵、井架等。

钻机是在勘探或矿产资源（含固体矿、液体矿、气体矿等）开发中，带动钻具向地下钻进，获取实物地质资料的机械设备，又称为钻探机。整套钻机包括驱动与传动、旋转、提升、循环等系统设备，以及辅助设备与测量仪表等。

钻井的提升系统用于提升钻柱重量，实现拧卸钻杆。它由井架、天车、游动滑车、大钩、钢丝绳、绞车等组成。

绞车是钻机提升系统的主要设备，其作用同起重机机械的卷扬机。绞车的主要功能有：提供不同的起升速度以满足起下钻柱、下套管等作业的需要；悬挂钻柱、送进钻柱、控制钻压；利用锚头上、卸钻具螺纹，起吊重物；充当转盘的变速机构或中间传动机构；采用整体起升式井架时，用来起放井架；完成其他辅助作业。

天车装在井架顶部，游动滑车用大绳吊在天车上，大绳的一端装在绞车滚筒上，叫作快绳；另一端则固定在井架底座上，叫作死绳。绞车滚筒旋转时缠绕和放开快绳，使游动系统上下起落。游动滑车下边挂有大钩，以悬吊钻具。

转盘是旋转系统的主要设备，它装在井架底座的大梁上，位于钻台中间、井口之上。它的主要功能是：通过方钻杆、方补心将动力传递给钻柱，从而带动钻头旋转破碎岩石；在起下钻或下套管时，悬持全部管柱的重量；完成起钻和接单根时的卸扣工作；满足处理事故时对旋转钻柱的要求；在使用井底动力钻井时，承受钻柱的反扭矩。

水龙头在钻机中具有特殊的作用。既属于旋转系统，又是循环系统中的一个重要部件，同时又是旋转系统和提升系统连接的一个重要纽带。它是挂在大钩上，上与水龙带相接，下与方钻杆相接。

水龙头的主要功能：一是钻进时悬挂并承受井内钻柱的重量；二是连接旋转与不旋转之间的纽带，从而改变运动方式；三是与水龙带、方钻杆、钻柱等共同组成了钻井液的循环通道。

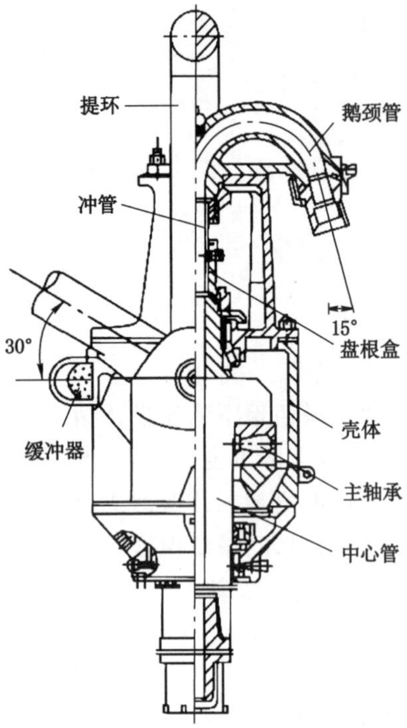

图 12-1　水龙头典型结构

水龙头的结构主要包括提环、壳体、中心管、鹅颈管、密封圈及旋转轴承等。固定不转的壳体外两侧的槽内用轴销固定着提环。中心管的蘑菇形法兰座在主轴承上从而将载荷传递给壳体，中心管可随方钻杆旋转。中心管下接保护接头，用以连接方钻杆，上部有冲管和鹅颈管。正常钻进时，来自钻井泵的钻井液通过地面管汇、立管、水龙带、鹅颈管、冲管、中心管进入方钻杆进行循环，如图 12-1 所示。

钻井水龙头通过提环挂在大钩上，上部通过鹅颈管与很长的水龙带相连，下部接方钻杆，连接下井钻具，是钻机中非常具有专业特点的设备。

对水龙头的要求：水龙头的主轴承必须具有足够的强度和寿命；高压钻井液密封系统（称冲管总成）必须工作可靠，寿命长，更换快速、方便；机油密封良好，能自动补偿工作过程中密封元件的磨损；各承载零件，如提环、壳体、中心管等，应有足够的强度和刚性。

大量钻井实践表明，水龙头的寿命和工作质量主要取决于主轴承的结构类型、轴承布置方案和钻井液密封系统的结构形式。

钻机循环系统的设备主要包括泥浆泵、水龙头、地面管汇、泥浆净化装置和泥浆槽、罐等。其主要任务是不断地通过钻柱向井内注入钻井液，清洗井底，并迫使钻井液携带岩屑通过钻柱与井壁之间的环形空间返回到地面。钻井液携带的岩屑在地面被清除后，钻井液流入钻井泵上水池，再泵入井内，如此反复进行。

驱动设备提供各工作机需要的动力，而传动机构则将动力机和各工作机联系起来，将动力传递并分配给各工作机。

动力装备主要有柴油机驱动和电驱动两种装置。除在电网附近钻井用电动钻机以外，深井、超深井钻机采用电驱动者日益增多，但目前国内所用钻机大多数采用柴油机驱动。

要使钻机各机构和系统有机地结合成一整体，准确、协调、高效率地进行工作，必须有灵敏准确、安全可靠的控制系统，如机械、液压或电控装置等以及集中控制台和测量记录仪等。

如前所述，可用于石油钻机的控制系统有多种方式，但由于气控制系统具有以下特殊的优点，所以它是目前钻机上最广泛应用的一种控制方式。

钻机气控系统主要由四部分组成：动力机构，是将动力机的机械能转换为气体压能的转换设备，它包括空气压缩机和储气罐；执行机构，即将输出的气体压能转换为机械能的转换设备，包括气动马达、汽缸和气动离合器等；控制操纵机构，包括各种控制阀，如调压阀、换向阀等；辅助机构，包括气管线、接头和维护装置等，如空气压缩机、钻鼠洞设备、井口防喷装置、辅助发电设备、辅助超重设备、活动房屋等。

钻开高压油气层时，为了防止压力失控而造成严重的井喷事故，必须在下入表层套管后安装井控设备。每口井必备的井控设备主要是井口防喷器组和压井管汇。防喷器组常由一个闸板式全封防喷器、压井管四通和两个闸板式半封防喷器组成。前者关闭时可把井筒全部封死，若在井内有钻柱还可剪断钻柱封闭井筒。后者则可抱紧管柱本体，封死管外的环形空间。管外防喷器主要在起下钻及井内有管柱时使用。在欠平衡不压井钻进时，则在管外防喷器上面还应安装一个旋转防喷器，其密封胶芯可抱紧方钻杆并随之旋转，还可让方钻杆上下移动。

(1) 钻头

钻头是在钻井过程中直接破碎岩石的工具。钻头质量的好坏和与岩性是否相适应，对提高钻进速度和降低钻井成本起着重要作用。

目前，石油钻井中使用的钻头分为刮刀钻头(切削型)、牙轮钻头(冲击压碎剪切型)及金刚石钻头(研磨型)3 大类。其中，牙轮钻头使用得较多，按完成的钻进进尺，牙轮钻头约占总进尺的 80%～90%，而刮刀钻头用量最小。

(2) 钻柱

钻柱是钻头以上，水龙头以下部分的钢管柱的总称。它包括方钻杆、钻杆、钻铤、各种接头及稳定器等井下工具。

钻柱是连接地面与地下的枢纽。其主要功能为：构成钻井液循环的通道，完成清洗井底和携带岩屑的目的。给井底钻头施加钻压并传递扭矩，传递破碎岩石所需能量。计算井深。钻井中用下入井内钻柱的长度来计算井深。起下钻具。由起下钻柱来达到更换钻头、起出或下入钻头的目的；还可利用钻柱的工作状况变化来判断井下情况。协助完成其他特殊作业，如取心、处理事故、中途测试等都需通过钻柱来进行。

钻柱的具体组成随不同的目的要求而不同，但主要是由钻杆段和下部钻具组合两大部分组成。钻杆段包括钻杆、加重钻杆，有时也有扩眼器；下部钻具组合则包括钻铤、稳定器、减震器及其他特殊工具。钻柱的基本组成部分是：方钻杆、钻杆、钻铤及各种接头。图 12-2 所示为一种典型的钻具组合。

(3) 钻杆

钻杆是组成钻柱的基本部分，位于方钻杆之下和钻铤之上。人们习惯上将一根钻杆称为一个单根。2 或 3 根钻杆连接在一起称为一个主体(立根)。

根据工艺的要求，钻杆有正扣和反扣两种。粗扣为右旋螺纹者，称为正扣钻杆；粗扣为左旋螺纹者，称为反扣钻杆。一般正常钻井作业使用正扣钻杆，只有在处理井下事故(如倒扣)时才使用反扣钻杆。

API 规定钻杆的钢级有 D、E、X(95)、G(105)、S(135)几种，其中 X、G、S 级钻杆为高强度钻杆。我国生产的钻杆采用 36CrNiMoL。钻杆的钢级越高，管材的屈服强度越大，钻杆的各种强度(抗拉、抗扭、抗外挤等)也就越大。

钻杆壁厚一般为 9～11 mm，由钻杆本体和钻杆接头两部分组成。现用钻杆的本体与接头采用对焊方法连接在一起。钻杆本体是轧制的无缝钢管。为了增加与接头连接处的强度，本体两端对焊部分是镦粗加厚的，其加厚形式有：内加厚、外加厚、内外加厚 3 种。加厚过渡段一般长 20～60 mm，最长的为 120～130 mm。

钻杆的通称尺寸是指钻杆本体外径。目前钻井最常用的钻杆有 3 种：88.9 mm $\left(3\frac{1}{2}\text{ in}\right)$，114.3 mm$\left(4\frac{1}{2}\text{ in}\right)$，127.0 mm(5 in)。钻杆本体一般长度为 8.23～9.14 m。

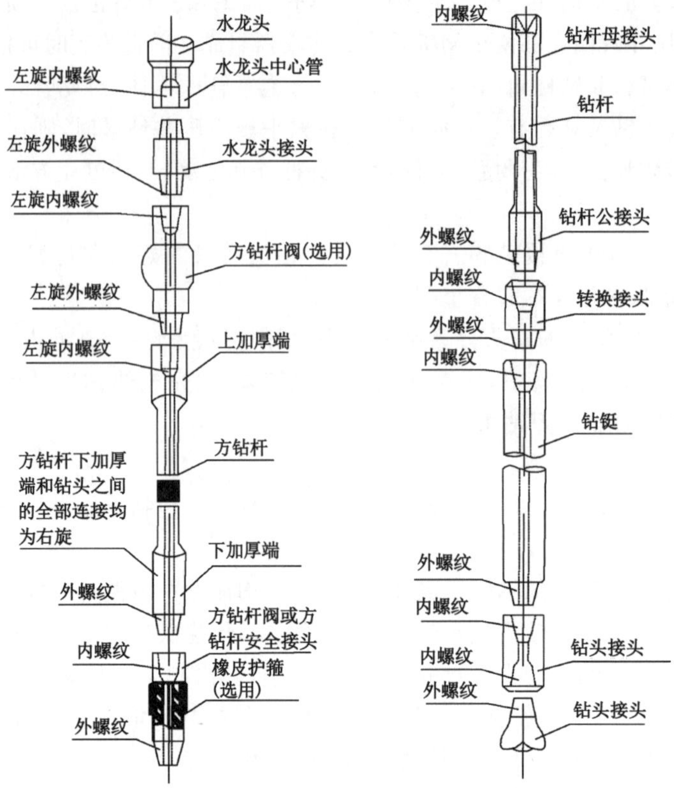

图 12-2　典型的钻具组合

(4) 钻铤

钻铤处在钻柱的最下部,是下部钻具组合的主要组成部分。其主要特点是壁厚大(一般为 38～53 mm,相当于钻杆壁厚的 4～6 倍),具有较大的重量和刚度。它在钻井过程中主要起到以下几方面的作用:给钻头施加钻压;保证压缩条件下的必要强度;减轻钻头的振动、摆动和跳动等,使钻头工作平稳;控制井斜。

钻铤有许多不同的形状,如圆形、方形、三角形和螺旋形。最常用的是圆形(平滑的)钻铤和螺旋形钻铤两种。螺旋形钻铤上有浅而宽的螺旋槽,可减少其与井壁接触面积的 40%～50%,而其重力只减少 7%～10%。接触面积少,可减少发生压差卡钻的可能性。钻铤的连接丝扣(公扣、母扣)是在钻铤两端管体上直接车制的,不另加接头。

钻井中选择钻链时应使其外径与所用钻杆接头外径相等或稍微大一点。其长度应使其总重量的 80%等于或稍大于钻进中所确定的最大钻压值。

方钻杆位于钻柱的最上端,上连水龙头,下接钻杆。其主要作用是传递转盘扭矩并承受钻柱的全部重量。在用井底动力钻具的钻井中,方钻杆承受钻柱的全部重量和动力钻具的反扭矩。

按方钻杆的断面形状可分为四方方钻杆和六方方钻杆。一般石油钻井的大型钻机都用四方方钻杆,地质勘探的小型钻机多用六方方钻杆。方钻杆多数是由本体与上、下接头对焊连接。钻进时,方钻杆与方补心、转盘补心配合,将地面转盘扭矩传递给钻杆。

方钻杆旋转时，上端始终处于转盘面以上，下部则处在转盘面以下。方钻杆上端至水龙头的连接部位的丝扣均为左旋丝扣(反扣)，以防止方钻杆转动时卸扣。方钻杆下端至钻头的所有连接丝扣均为右旋转扣(正扣)，在方钻杆带动钻柱旋转时，丝扣越上越紧。为减轻方钻杆下部接头丝扣(经常拆卸部位)的磨损，常在该部位装一保护接头。

由于工作条件要求方钻杆具有较高的强度，因此，它的壁厚一般为钻杆的 3 倍左右，而且均用高强度的合金钢制造。国产方钻杆一般用 D55、D75 号钢或更高级的钢制成。API 方钻杆一般用 D 级、E 级钢制成。

12.1.2　钻井工程设计

(1) 井位选择和地层压力预测

根据确立的目标和投入，确定所要勘探或开发的区块，进行一系列的资源或储量评估之后，才能确定井位，这是由地质学家和地球物理学家及决策人共同研究决定的。

预测地层孔隙压力是确定钻井液密度的基础，也是保证安全、快速钻井的必要条件。调节钻井液密度，平衡地层孔隙压力，防止井喷。过平衡则会引起井底压差增大，使钻速降低，也增加了压差卡钻的可能性。孔隙压力的预测也常常是选择下套管的深度与水泥浆密度和确定破裂压力梯度的基础。

孔隙压力预测和测量技术可大致分为三类：钻前预测方法；随钻监测技术；钻后评价技术。钻前预测方法主要包括岩性对比法、地震亮点(浅气层)、地震剖面深度对比和地震层速度法等。随钻监测技术主要包括 d_c 指数(地层可钻性指数)、随钻测井、井涌记录、页岩密度和钻柱测试等方法。钻井液气浸、出口钻井液温度的变化、钻速增加、钻屑量及其形状和大小的变化等，都在一定程度上反映了所钻地层孔隙压力的变化。钻后评价，是用测井资料(电阻率、声波、密度、温度、地层测试)和井下实测资料进行计算。总之，邻井的测井资料、钻井和钻井液记录、地层测试及地震资料都可作为评估地层孔隙压力的重要信息来源。

(2) 设计时需收集的资料

设计时需要收集的资料包括：该地区的地球物理、地质构造、地层界面、岩层特性、地层压力和资源储藏特征等地质资料，以及相邻井的井史等资料。由此绘制设计井的预计地层岩性柱状剖面图，预测各井段的地层孔隙压力和破裂压力，资源位置等储层特性，以及钻井过程中可能发生的各种复杂问题，同时提出对设计井的测井和取岩心要求。在此基础上，首先根据预测的储层位置，优选完井方式，进行完井设计和井眼轨迹设计。这是钻井工程总体优化设计的出发点和最终完井目标，它将决定一口井的总体经济效益。因此，必须精心设计、严格实施。

(3) 井眼轨迹设计

为了减少钻进时轨迹控制的难度和避免钻柱多次弯曲，确保安全快速钻井，通常在满足钻井日的和勘探开发要求的前提下，定向斜井一般都采用比较简单的二维三段制(直井、增斜、稳斜)的井眼轨迹。定向斜井的基本设计参数是造斜点位置，增或降斜段的井眼曲率，以及稳斜段的最大井斜角。由于井眼的最终目标点及其井口位置是由完井要求和井场条件确定的，井眼轨迹只能在最终井底位置的垂直深度及其离规定井口的水平位移范围内优选。如果井底目标点的垂深较大而水平位移不大，造斜点可选在较深的位置，以便加长直井段，提高钻井速度。造斜点的具体位置应选在岩性均匀又较稳固的岩层部位，以便易于定向造斜。在预计有易漏、易塌等复杂地层的井内，造斜点应选在这些复杂地层以下的部位，以便可在下套管封隔上部复杂地层后再定向造斜。井眼轨迹的造斜模型如图 12-3 所示，简单理解为由直井段 L1、造斜段 L2、稳斜段 L3 组成。

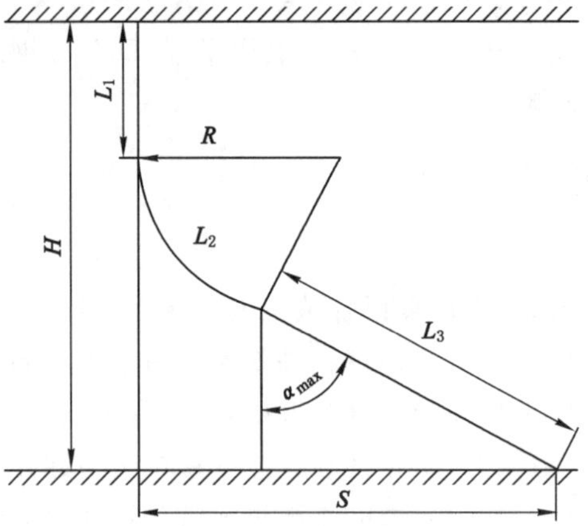

H—垂深；R—造斜段曲率半径；S—井眼水平位移；

α_{max}—造斜段的端点处，造斜曲线的切线方向与垂直方向的最大夹角。

图 12-3　井眼轨迹的造斜模型示意图

近几十年来，随着随钻测量和导向钻井技术的迅速发展，目前已大量采用最大井斜角大于 86°的大斜度、大位移水平井穿越油气层，以便增加井眼在储层内的暴露面积。油田实践证明，水平井的单井产量可比直井提高 5～20 倍，而且能更有效地开采小块油藏和垂直裂缝油藏，防止气顶或底水的舌状锥井。

为了减少井场和钻井平台的数量以及钻井装备的拆装搬运费用，常在一个井场或钻井平台上装设导轨，整体移动井架钻机，先后钻十几口甚至几十口丛式定向井。丛式井的井口距一般为 3～5 m，每口井的井底则伸向目的层的四面八方。优化丛式井设计的总原则是：首先要满足油田整体开发部署的要求，有利于加速钻井、试油、采油、集输等工程建设的进度，降低建井和油田建设的总费用，提高油田的投资效益。因此，在一个井场或钻井平台上应钻的丛式井数目，并不是越多越好；否则，会增加钻井、固井和采油等工程的施工难度和工作量，提高工程费用，影响整个油田的投资效益。丛式井的井眼轨迹设计除应遵循常规定向井的设计原则外，更应着重注意造斜点的选择。其原则是应将两口相邻丛式井的造斜点相互错开，相距不小于 30 m。钻井顺序应先钻水平位移大、造斜点位置浅的井，后钻水平位移较小而造斜点深的井，这有利于定向造斜的施工和井眼轨迹控制。

在某些需要分层开采的多油层地区，还可在一个直井筒内的不同深度侧钻造斜，钻几个分支定向斜井和水平井。以便充分利用上部井筒，降低建井费用，提高油田开发的投资效益。总之，随着井下随钻测量和导向技术的不断发展，目前已能钻各种井眼轨迹的大斜度、大位移定向井、水平井、丛式井和多分支井。

(4) 井身结构设计

井身结构设计是钻井工程的基础设计。它的主要任务是确定套管的下入层次、下入深度、水泥返浆深度、水泥环厚度及钻头尺寸。选择井身结构的客观依据是地层岩性特征、地层压力、地层破裂压力。主观条件是钻头、钻井工艺技术水平等。井身结构设计应满足以下主要原则：

① 能有效地保护储层。

② 避免产生井漏、井塌、卡钻等井下复杂情况和事故，为安全、优质、高速和经济钻井创造条件。

③ 当实际地层压力超过预测值发生溢流时，在一定范围内，具有处理溢流的能力。

(5) 钻井液设计

钻井液程序的设计包括两部分：一是资料的获取；二是利用这些背景资料设计新井的钻井液程序。所提出的钻井液程序可以与过去这一地区钻井液程序相似，也可以是全新的钻井液程序。

最易获取的信息通常是邻井的钻井报告、钻井液记录和钻头记录。测井和录井资料虽难获得，但很有用，直接咨询在这一地区工作过的人员也很重要。在全新的地区钻井，可能仅有地球物理或地震资料。因此，同有关的地球物理学家讨论会很有帮助。

最重要的资料就是地层孔隙压力，可以用它来预测安全钻井的钻井液密度，甚至用于选择钻井液类型。套管程序也是非常重要的资料，合理的套管程序可将异常压力和复杂地层封住。确定好套管程序后，才开始设计钻井液程序，使每一井段的井眼稳定性达到最佳状态。这可能要求对各不同井段使用不同的钻井液体系。

通过研究所获得的钻井液记录资料，可深入了解这一地区以前所用的钻井液程序。这些重要的内容包括钻井液类型、配浆水质、所采用的固控设备、钻井液密度和出现的复杂情况以及钻井液费用，特别是与钻井液有关的复杂情况，如黏卡、下钻遇阻遇卡情况及井漏等问题。

(6) 钻头选择

在软地层特别容易形成泥包糊钻，所以常用铣齿钻头。PDC 钻头虽然钻头成本高，特别是在较大井眼中$\left(>10\ \frac{5}{8}\ \text{in}\right)$突出，但是其钻速较高且钻头寿命较长，足以补偿钻头成本较高的问题。

选择钻头的主要依据是钻头在设计井段的每米成本、钻头工作状况、钻井技术（工作方式和机械参数）和实际工作经验等。最后钻头程序要列出所要使用的钻头、钻压和钻速范围，预计使用井段等。

12.2　钻井压力控制

12.2.1　井控

常规井控技术的一般原则是保持油气井筒内的压力平衡，以保证钻完井施工的顺利进行和油井的正常生产。现代井控技术对油气井控的概念和功能进行了拓展，强调井筒的完整性，注重技术与装备的配合，协调井眼压力系统的平衡关系，兼顾施工安全、发现和保护油气层、提高钻井速度、减少钻井故障、提高综合经济效益等多方需求，形成了新的井控理念。

井喷造成的经济损失巨大,教训惨痛。据不完全统计,1994—2003 年,我国陆上共发生 15 起钻井严重井喷失控事故,其中井喷失控后着火的有七口,占 47%。由油气井压力失控所造成的井喷事故不仅可能对井筒安全、设备安全、储层安全、资源安全、人员安全造成危害,而且可能对环境安全、社会安全造成影响。

(1) 油气井控

油气井压力控制,简称井控,是指采取一定的技术,控制井口和钻井液液柱压力,使之与地层孔隙压力保持一定的平衡关系,保证钻井施工的安全顺利实施。定义中所说的"一定的技术"和"一定的平衡关系"包括以下几个方面的内容:

① 一定的井控装备,包括足够强度的套管柱、满足要求的井口防喷器系统和管汇系统以及有效的防喷器控制系统。

② 一定的技术手段,包括可靠的地层压力预(监)测结果、合理的井身结构设计、有效的井筒压力控制技术。

③ 一定的井筒压力平衡关系,包括根据钻井施工需要所选定的近平衡钻井、欠平衡钻井、气体钻井、控压钻井等技术方案。

④ 一定的井控管理,包括接受了相应培训、具有一定资质或技能人员所完成的设计、维修和操作。

(2) 井侵

地层孔隙中的流体(油、气、水)侵入井内,称为井侵。最常见的井侵为气侵、油侵和盐水侵。

(3) 溢流

溢流是指地层流体(油、气、水)侵入井内,井口返出的钻井液量大于泵入量,或停泵后钻井液从井口自动外溢的现象。

(4) 井涌

溢流进一步发展,出现钻井液涌出井口的现象,称为井涌。

(5) 井喷

井喷是指地层流体(油、气、水)无控制地流入井内,从井口喷出或进入井下某薄弱地层的现象。它是一种恶性钻井事故。

其中,气为天然气、二氧化碳或硫化氢等;水为淡水或海水等。

① 地上井喷:地层流体经井筒喷出地面。

② 地下井喷:地层流体从喷出地层进入井下某薄弱地层。

(6) 井控分级

① 初级井控。初级井控是指在正常钻进和钻进高压油气层时,利用井内钻井液液柱压力来平衡地层压力的技术。

初级井控的核心是确定一个合理的钻井液密度和一套与井筒压力系统平衡关系相适应的地面装备。初级井控期间,依靠钻井液液柱压力和井口装备能够使井筒压力系统维持在可控的平衡关系下,并保障钻完井施工的安全。

在常规钻完井情况下,初级井控要求钻井液液柱压力能够平衡或大于地层压力,保证井口敞开施工时井底流体不侵入井筒。特殊钻完井施工,如欠平衡钻井、气体钻井、控压钻井等是在地面装备的配合下维持井筒压力系统平衡关系在规定的范围内,保证钻完井施工的安全顺利实施。

② 二级井控。二级井控是指出现溢流或井涌后，采用井控工艺和井控装备，使井筒压力系统恢复到一级井控状态的技术。

由于某种非故意原因造成钻井液液柱压力小于地层压力，发生了非希望的溢流，但可以利用井控技术和地面装备控制住溢流的发展，并建立起新的压力平衡。能够顺利实施二级井控技术的关键是具有完备的井筒和采用合理的井控工艺。

③ 三级井控。三级井控是指二级井控失败，井喷失控后的井控抢险措施及技术。

由于井涌量过大，地面装备或人员失去对地层流体流入井内的控制时机或能力，发生地上或地下井喷，甚至发生着火、塌陷等恶劣状况时，需要使用特殊的技术与设备重新恢复对井筒压力系统的控制，甚至需要通过抢险、灭火、打救援井等特殊手段来控制井喷。

(7) 井控原则

井控工作的原则是立足初级井控、搞好二级井控、杜绝三级井控。应努力使所钻井处于可控状态，同时做好一切应急准备。一旦发现井筒压力超出设计的控制范围，能迅速做出响应，采取正确的措施，尽快恢复井筒压力系统的设计可控状态。

三级井控是油气钻井施工中不希望发生的情况，也是钻井施工、管理、研究人员致力于杜绝发生的事件。

(8) 井控基本要求

① 有效地控制地层压力，防止井喷。

② 协助解决井漏、井塌或缩径等井筒复杂情况。

③ 在保证井筒安全的前提下，最大限度地保护油气层。

(9) 井控技术主要内容

① 地层压力的预测和监测。

② 钻井液密度的控制。

③ 合理的井身结构设计。

④ 达标的防喷装备配套及安装。

⑤ 井眼压力剖面的控制。

⑥ 溢流、井涌、井喷的预防及处理。

需要说明的是，由于地下情况千变万化，受到人们对客观世界认识水平的限制，井喷失控仍有可能发生。警钟长鸣，杜绝思想麻痹、管理松懈造成的井喷责任事故，是井控工作非常关键的内容。

12.2.2　地层流体侵入与监测

(1) 地层流体侵入

① 地层流体的分类。地层流体包括油、气、水。对渗透性或裂缝性地层，当井筒内的液柱压力小于该处的地层压力时，地层流体会在负压差作用下侵入井眼。在井眼环空裸眼段任意位置或井筒套管的不完整处，只要环空液柱压力低于该处地层压力，地层流体就可能进入井眼。对于同一裸眼中存在多个压力层系，尽管井底压力有可能大于地层压力，但如果上部钻井液液柱压力小于相应层位的地层压力，则该处地层流体仍有可能进入井眼。因此，在正常情况下，要求在全裸眼井段均使环空钻井液液柱压力大于地层压

力，才能避免地层流体侵入。

② 地层流体侵入的原因。地层压力掌握不准：对于新探区和碳酸盐岩地层压力预测问题，目前还未得到很好的解决。受油气开采、地层枯竭、注水生产等因素的影响，常常难以实现对老探区地层压力的准确预测。由于对地层压力认识的未确知性，可能造成钻井液密度设计值偏低（偏高）。

地层流体侵入：地层中油、气、水的侵入，特别是气体的侵入，会使井筒内钻井液密度降低。

起钻未按规定灌钻井液：起钻过程中，未及时补足因井内钻具减少导致的井筒钻井液体积减小。

井漏使井内液面降低：未及时发现井内的钻井液漏失，导致井底有效压力降低。

起钻抽吸：起钻引起的抽吸作用使井底有效压力减小。

停止循环：当钻井液循环时，由于存在环空循环压降，井底有效压力相对较大；当停止循环时，环空循环压降消失，井底有效压力减小。

③ 不同状态下地层流体侵入量。井底压力与地层压力之差对地层流体侵入的影响，在同样条件下，井底压力与地层压力的负压差越大，则地层流体的侵入量越大。

钻井液循环对地层流体侵入的影响，当钻井液循环时，井底有效压力相对较高，地层流体侵入量相对较低，侵入的流体也很快被循环上升的钻井液所携带，不易产生聚集；当停止循环时，井底有效压力相对较低，侵入量相对较高，侵入的流体会产生聚集。

关井对地层流体侵入的影响，关井初期，随着地层流体侵入和气体的滑脱，井口回压增加，井底有效压力增大，地层流体侵入量会减少。如果长时间关井，井底有效压力随气体的滑脱、膨胀增加，可能会大于薄弱地层的破裂压力，造成钻井液漏失和地层流体的继续侵入，导致井眼与地层压力严重失衡。

不同地层对地层流体侵入的影响，致密地层，其地层流体侵入速度慢，单位时间内的侵入量小；低压、低渗地层，侵入量相对较小；高压、高渗地层，侵入量大；高压且裂缝发育地层及溶洞，侵入量最高。

（2）溢流产生的原因及征兆

需要说明的是，随着钻井技术的进步，为了减少对地层的伤害，提高钻井速度，早期发现油气，减少井漏的发生，采用了欠平衡钻井、气体钻井、控压钻井等钻井技术。当采用这些钻井技术时，常常会人为地降低钻井液密度，使钻井液液柱压力略低于地层压力，某些情况下会造成地层中的流体在受控状态下进入井筒，形成溢流，而这些情况下的溢流是主观故意造成的。除非特殊说明，下面所讨论的溢流均为非主观故意造成的溢流。

① 产生溢流的原因。钻井工程中所说的溢流是指由于操作或地层等方面的原因，导致地层压力高于井底有效压力，致使地层流体进入井内，发生了施工人员未预知的溢流，因此，这种溢流为非主观故意造成的。溢流发生时地层流体会进入井眼内，导致井口有钻井液外溢，发现过晚可能会形成井涌，甚至必须在井口设备受压的条件下关井。在正常钻进或起下钻作业中，溢流可能在下列条件下发生：井筒内钻井液液柱压力小于地层压力；溢流发生的地层具有一定的渗透率，允许流体流入井内；地层中含有一定体积的流体。

虽然地层压力和地层渗透率无法控制，但可以保持井内有适当的钻井液液柱压力。任何原因造成的钻井液液柱压力降低都有可能导致地层流体侵入井内，其中最普遍的原因有：

起钻时未及时灌钻井液，使井筒内液柱高度降低；起钻抽吸，形成负压差；地层漏失，使井筒内液柱高度降低；钻井液或固井液的密度低，形成负压差；地层异常高压，大于井底有效压力，形成负压差；下钻速度过快，压漏地层，使井筒内液柱高度降低；固井过程中，由于水泥浆的失重、窜槽，形成套管外气侵，造成套管外溢流。

② 溢流的征兆。在各种钻井作业中，当发生气侵或油水侵后，侵入井内的油气水便推动井内钻井液从井口向外溢出。可以在地面上发现的从井内溢出的钻井液液流的各种显示称为溢流显示。通过观察分析这些溢流显示可以判断井筒内钻井液受侵情况。及时发现溢流，采取正确的操作迅速控制井口，是防止井喷发生的关键。

下钻时溢流的征兆：正常情况下，钻柱下入井眼内，会排开相当于该钻柱体积的钻井液，如果返出的钻井液体积大于下入钻柱的体积，证明有一定数量的地层流体侵入井内。若停止下放钻具，井口仍向外溢出钻井液，则说明发生了溢流。下钻中停止下放并观察井口是否有流体流出是最直观、有效的方法。

钻进时溢流的征兆：正常钻进时，出口钻井液流速发生变化，钻井液返出量大于注入量，钻井液罐液面升高；停泵后钻井液外溢；钻井液性能，如气测值、密度、氯离子浓度、电阻率、电导率、温度发生变化等。

起钻时溢流的征兆：起钻时灌入井内的钻井液体积小于起出钻柱的体积；停止起钻时，井口有钻井液外溢。

空井时溢流的征兆：井口有钻井液外溢，钻井液罐液面升高。

(3) 地层流体侵入的检测

① 钻井液体积检测法。地层流体侵入井眼后，钻井液总体积增加，钻井液罐液面升高。对于油水侵入情况，如果忽略其在环空中的压缩性，地层油水侵入多少，钻井液体积应增加多少。对于气侵，由于其具有可压缩性，当气体上升到井筒中上部，有明显膨胀时，钻井液罐液面才有较明显的变化。目前，监测钻井液罐液面的仪器主要有浮子液位计(图 12-4)和超声液位计。利用安装在各钻井液罐中的传感器监测各钻井液罐的液位改变，可累计求出钻井液体积的改变。

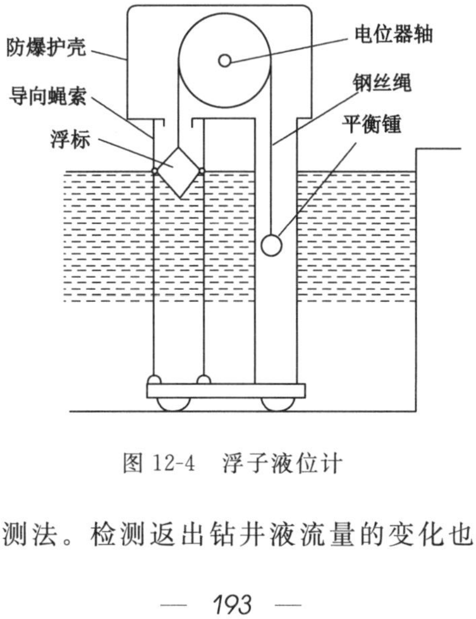

图 12-4　浮子液位计

② 返出钻井液流量检测法。检测返出钻井液流量的变化也是溢流检测的方式之一。

常用的检测手段主要是采用靶式流量计(图 12-5),也有采用电磁流量计和质量流量计的检测方式。

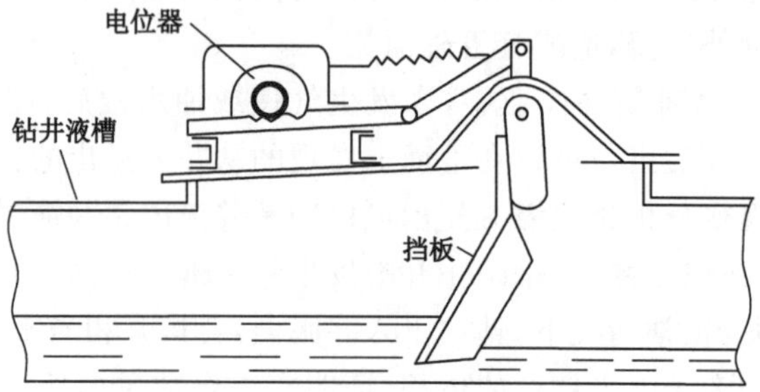

图 12-5 靶式流量计

③ 声波法检测溢流。在常温常压下,声波在水中的传播速度约为 1 500 m/s,在空气中的传播速度约为 340 m/s,而在空气和水形成的气液两相流中的传播速度可以低达每秒几十米。因此,通过相应的检测仪器和手段可以检测到井筒气侵。

④ 声波法检测漏失。某一时刻沿井筒向下发射声波信号,该信号到达井筒内的气液界面会发生反射,反射波沿井筒上返到达接收装置。测量声波发射时刻到接收时刻的时差,即可计算出井筒内钻井液液面的高度,利用这一原理可以检测是否发生井漏。

⑤ 其他检测手段。综合录井技术提供了一套检测地层流体侵入的手段。

泵压上升或下降,悬重减小或增大:钻遇高压层时,井底压力突然升高,导致悬重减小,泵压升高;地层流体侵入钻井液后,钻井液密度降低,浮力减小,悬重增大,泵压减小。

钻井液出入口温度:异常高压地层温度一般较高,故钻遇异常高压地层时在井口可发现返出钻井液温度升高。

钻井液出入口密度:地层中的油、气、水侵入井眼,会使返出钻井液的密度降低。

钻井液出入口电导(阻)率:地层中的油、气、水侵入井眼,会使钻井液的理化性质发生改变。例如,地层盐水侵入钻井液会使钻井液的电阻率降低,电导率升高。

钻井液出入口黏度:地层中的油、气、水侵入井眼,可与钻井液发生反应,使钻井液黏度发生改变。

气测值变化:钻到油气层或含有 H_2S 的地层时,返出钻井液中会溶解或携带一定的油气或硫化氢,通过色谱仪可以检测出钻井液中烃组分及全烃的变化;利用 H_2S 监测仪也可以检测出钻井液中是否含有 H_2S。

12.3 钻井围岩稳定性

12.3.1 钻井围岩

在钻井过程中,特别是在钻井较深时,岩石处于高压和多向压缩条件下,岩石的力学性质会发生很大的变化,研究这种条件下岩石的机械性质及其影响因素对指导钻井工程实践具有重要的意义。

(1) 井眼周围地层岩石的受力状况

井眼周围地层岩石受力可用图 12-6 表示，它包括以下几方面：

① 上覆岩层压力 $\sum\sigma_1$ 为覆盖在井眼周围地层岩石以上的压力，来自上部岩石的重力。它和岩石内孔隙流体压力的差(σ_1-p_p)称为有效上覆岩层压力。

② 岩石内孔隙流体的压力 p_p。

③ 水平地应力。水平地应力 σ_2 和 σ_3，来自垂直方向上的上覆岩层压力 σ_1 以及地质构造力。

垂直方向上的上覆岩层压力 σ_1 是产生一部分水平地应力的来源。如果地层在水平方向同性，则这部分的水平地应力在水平方向上均匀分布。可以认为，它只和该岩层的泊松比 ν 值有关，这部分的有效水平地应力值为 $\nu(\sigma_1-p_p)/(1-\nu)$。

(2) 井底各种压力对岩石性能的影响

岩体力学理论分析表明，无论是垂直的上覆岩层压力或是水平的地应力(均匀的或非均匀的)都会影响井壁岩石的应力状态，从而影响到井壁的稳定。当井壁岩石的最大和最小主应力的差值越大时，问题表现得越严重。如果井内钻井液密度太小，一些软弱岩层就会产生剪切破坏而坍塌，或者出现塑性流动使井眼产生缩径；如果井内钻井液密度过大，又会使一些地层造成破裂(压裂)。地层的坍塌压力或破裂压力取决于井壁上的应力状态，而这个应力状态又与地应力的大小紧密相关。

井底压力模拟如图 12-7 所示。

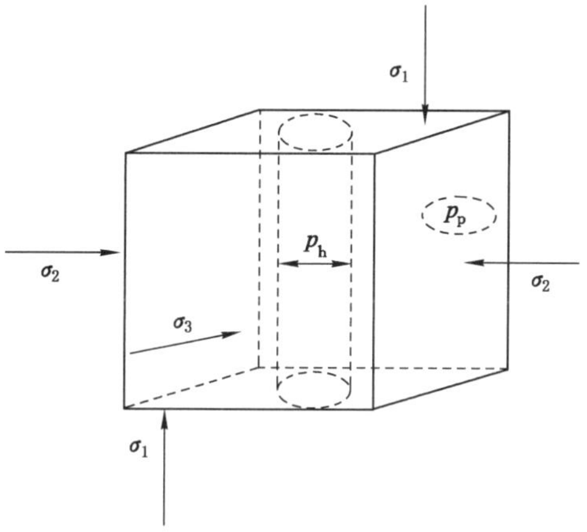

图 12-6　井眼周围地层岩石受力示意图

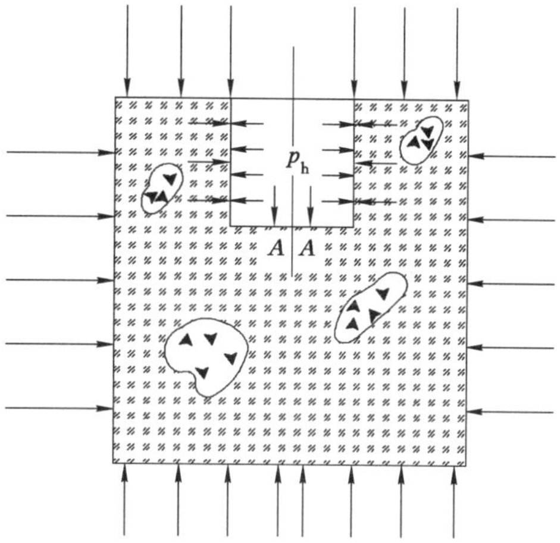

图 12-7　井底压力模拟示意图

12.3.2　固井原理与方法

向井内下入套管柱，并向井眼和套管柱之间的环形空间注入水泥的施工作业称为固井。固井是钻完井作业过程中不可缺少的一个重要环节，它包括下套管和注水泥。固井技术是多学科的综合应用技术，具有系统性、一次性和时间短的特点。固井的主要目的是保护和支撑油气井内的套管，封隔油、气和水等地层。据统计，生产井的固井费用约占全井成本的 25%。

(1) 井身结构设计

井身结构设计是钻井工程设计的基础，主要任务是设计确定一口井中的套管层次、各层套管的下入深度以及井眼(钻头)尺寸与套管尺寸的配合。井身结构不仅关系到钻井技术经济指标和钻井工作的成败，也关系到油气层的保护和产能的维持。

(2) 井身结构设计的原则

① 有效地保护油气层，使不同地层压力的油气层免受钻井液的损害。

② 应避免漏、喷、塌、卡等井下复杂情况的发生，为全井顺利钻进创造条件，以获得最短建井周期。

③ 钻下部地层采用重钻井液时，产生的井内压力不致压裂上层套管处最薄弱的裸露地层。

④ 下套管过程中，井内钻井液柱的压力和地层压力之间的压力差，不致产生压差卡套管现象。

⑤ 快速、安全，易于操作，成本低。

(3) 井身结构组成

根据各层套管所起作用的不同，将套管分为表层套管、技术套管和生产套管(图 12-8)。

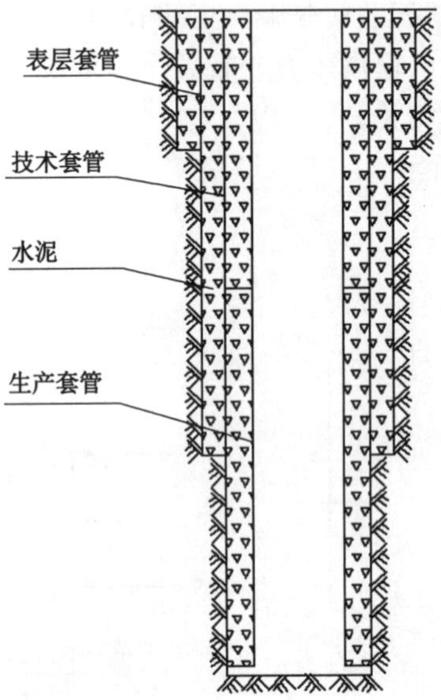

图 12-8　井身结构示意图

(4) 井深结构的确定

① 套管尺寸及下入深度。确定套管及井眼尺寸一般由内到外依次进行。首先要确定生产套管的尺寸；其次确定与生产套管对应的钻进井段的井眼尺寸；然后确定最内一层技术套管的尺寸；最后确定与该层技术套管对应的钻进井段的井眼尺寸。依此类推，直到确定出与表层套管对应的井眼尺寸。生产套管的尺寸根据生产方法、井下测试工具及修井工具的尺寸确定。

套管与井眼之间应有合适的间隙。该间隙指的是井眼与套管的半径差值。间隙过大会使井眼尺寸太大，增加钻井成本；间隙过小又会导致下套管及注水泥困难，不利于固井质量的提高。此间隙的最小值一般为 9.5～12.7 mm，最好为 19 mm。

各层套管外水泥返回深度：表层套管的水泥通常返至地面。技术套管的水泥一般返至要封隔地层以上 100 m。生产套管的水泥一般应返至产层顶以上 150 m。对于气井，各层套管的水泥一般均返至地面。

② 套管与井眼尺寸的配合。经过长期的生产实践，目前套管与其相应井眼尺寸的配合已基本确定或只在较小范围内变化，目前国内外所生产的套管尺寸和钻头尺寸也已标准系列化。图 12-9 所示为套管与井眼尺寸选择。该图列举了某一尺寸的套管入井时所需要的井眼尺寸以及通过该尺寸套管所允许的钻下一井段的钻头尺寸。使用该图时，先确定井内最后所下的套管(或尾管)的尺寸，根据表的流程选择相应的钻头尺寸，依此选定全井的套管与钻头尺寸。实线表示的是套管与井眼尺寸的常用配合，它有足够的间隙下入该套管并注水泥。虚线表示的是不常用的尺寸配合(间隙较小)。

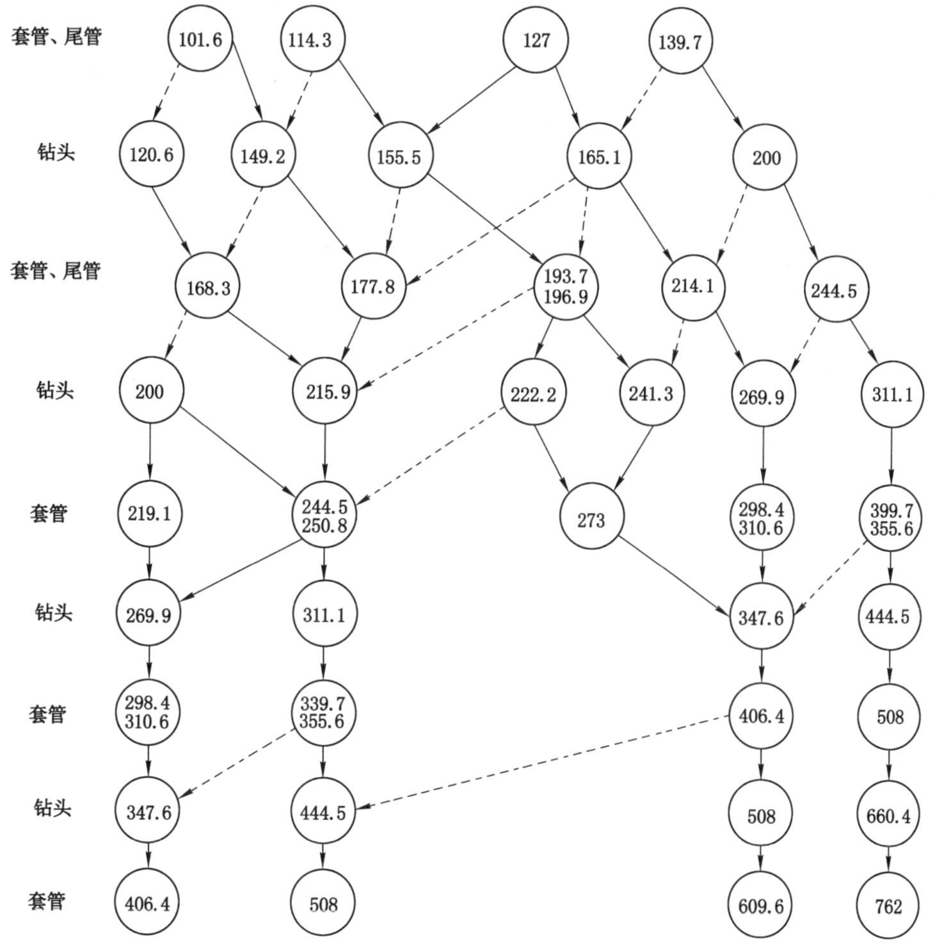

图 12-9　套管与井眼尺寸选择图(单位：mm)

(5) 套管柱设计

套管是优质钢材制成的无缝管或焊接管，两端均加工有锥形螺纹。大多数的套管是用套管接箍连接组成套管柱。套管柱用于封固井壁的裸露岩石。

套管有其特殊的标准，每种套管都应符合标准。我国现用的套管标准与美国API(美国石油学会)标准类似。API标准规定套管本体的钢材应达到规定的强度，用钢级表示。API标准中不要求套管钢材的化学性质，但应保证钢材的最小屈服强度，数字的1 000倍是套管钢材以kpsi为单位的最小屈服强度。API标准将套管钢级分为H、J、K、N、C、L、P、Q，8种共计10级。在标准的钢级中，H40、J55、K55、C75、L80、C90这6级是抗硫的，其余四级是非抗硫的。

(6) 套管柱受力分析

套管柱在井下的受力是复杂的，但经过长期生产实践的分析和证明，其所受的外载可分为三种，即作用在管柱外壁上的外挤压力、作用在管柱内壁上的内压力和作用在管柱内方向与管柱轴线平行的轴向拉力。套管柱在井下应能经受住这些外载的作用。套管所具有的抵抗外载的能力称为套管强度。套管所能承受的最大外挤压力称为套管的抗挤强度，套管所能承受的最大内压力称为套管的抗内压强度，套管所能承受的最大轴向拉力称为套管的抗拉强度(又称为连接强度)。

套管柱是按照最优化设计原则，从最低钢级、壁厚、最大受力条件，设计出最大强度的优质管柱。由于套管受的力是一组多维载荷，因此设计思想是，首先解决主载荷及其复合载荷对强度的影响。主荷载是指轴向荷载、外压力的外挤荷载和内压力的内压荷载；复合荷载是在轴向荷载下有效的抗挤、抗内压强度。精确的套管设计还需要解决次要的载荷方面的问题，如上扣过紧形成的圆周应力、套管弯曲压力、腐蚀、磨损。通过主要荷载的设计确定套管强度的基本结构，次要荷载的问题通过对套管钢级的调整、操作方法的控制及设计系数来解决。设计套管的调整程序是：当外挤、内压强度不够时，先增加壁厚再提高钢级；当抗拉强度不能满足要求时，首先考虑连接螺纹，其次是钢级，而最后是增加壁厚。

12.4 完井工程

完井是使井眼与油、气储集层(又称为产层、生产层)连通的工序。油气井完井的工艺过程包括：钻开储集层、确定完井的井底结构、安装井底(下套管固井或下筛管)、使井眼与产层连通并安装井口装置等工序。完井关系到井的稳产与高产。

12.4.1 完井原则及完井井底结构类型

12.4.1.1 完井的原则

油气井是按照储集层的性质、生产状况等条件，在保证井的稳产高产的前提下进行完井的。不同的储集层岩石、不同的生产方式要求有不同的完井方式。

(1) 完井要求

完井的主要任务是使井眼与储集层有良好的连通，使井能高产，同时保持井眼的长期稳定，使井能稳产较长一段时间。

对完井的基本要求是：

① 最大限度地保护储集层，防止对储集层造成伤害。

② 减小油气流进入井筒时的流动阻力。

③ 能有效地封隔油、气、水层，防止各层之间的相互干扰。

④ 克服井塌或产层出砂，保障油气井长期稳产，延长井的寿命。

⑤ 可以实施注水、压裂、酸化等增产措施。

⑥ 工艺简单、成本低。

(2) 完井设计

由于完井对整个生产过程有举足轻重的影响，所以在一口井开钻之前应有完善的完井设计。完井设计是在确定了储集层性质、油气田开发方案之后，确定打开储集层的方式，确定完井的井底结构，决定油层套管的下入层位及下入深度，确定储集层与井筒的连通方式。完井设计一般是在钻井工程设计之前进行或与钻井工程设计合并进行的。

完井设计通常是在对储集层岩石的实验室分析和电测分析的基础上提出储集层分析报告，由油田开发部门提出完井方案，由钻井部门根据地层情况制定一口井的具体完井施工设计(在国外是油公司提出完井施工设计)。

完井设计的内容包括：

① 根据储集层的特点，提出井底结构的类型。

② 提出完井段的井眼尺寸，如井径、打开储集层的长度、口袋的长度等。

③ 设计完井管柱，包括油层套管的直径、下入深度和水泥浆的返高，油层套管的射孔参数，以及筛管和衬管的有关尺寸等。

④ 设计完井液，提出完井液的类型、参数、使用及调整方法等。

12.4.1.2　完井井底结构类型

选择井底结构要考虑的因素有：储集层类型、储集层岩性和渗透率、油气分布情况、完井层段的稳定程度、附近有无高压层、底水或气顶等。例如，均质硬地层可采用裸眼完井，而非均质硬地层则采用套管完井；非稳定地层采用非固定式筛管完井；产层胶结性差、存在出砂问题则应采用防砂筛管完井。

根据不同的储集层条件，完井井底结构的选择可按图 12-10 进行。

完井井底结构大体可分为 4 大类：

第一类是封闭式井底，即钻达目的层，下油层套管或尾管后固井封堵产层，然后射孔打开产层，使产层与井眼相连，如图 12-10(a)、(b)所示。

第二类是敞开式井底，即钻开产层后不封闭井底，产层岩石裸露，直接与井眼连通，或是在产层段下带孔眼的各种筛管支撑地层，但不用水泥固井，如图 12-10(c)、(d)和(e)所示。

第三类是混合式井底，即产层下部是不封闭的裸眼，直接与井眼连通，上部下套管封闭后射孔与井眼连通，如图 12-10(f)和(g)所示。

第四类是防砂完井，主要是针对胶结弱的砂岩层进行的完井，产层可封闭或不封闭，用于防砂，如图 12-10(h)、(i)、(j)和(k)所示。下筛管的防砂完井方法需要再用砾石充填在筛管或其他生产管柱与产层之间。

这 4 大类又可细分为 11 种常见的完井方法。

① 单管射孔完井：典型的封闭式井底结构，在钻出的井眼中只下一根套管固井，如图 12-10(a)所示。除单管射孔完井之外还有多管射孔完井及封隔器射孔完井等。

② 先期裸眼完井：典型的敞开式井底结构，如图 12-10(c)所示。除此之外还有后期裸眼完井。

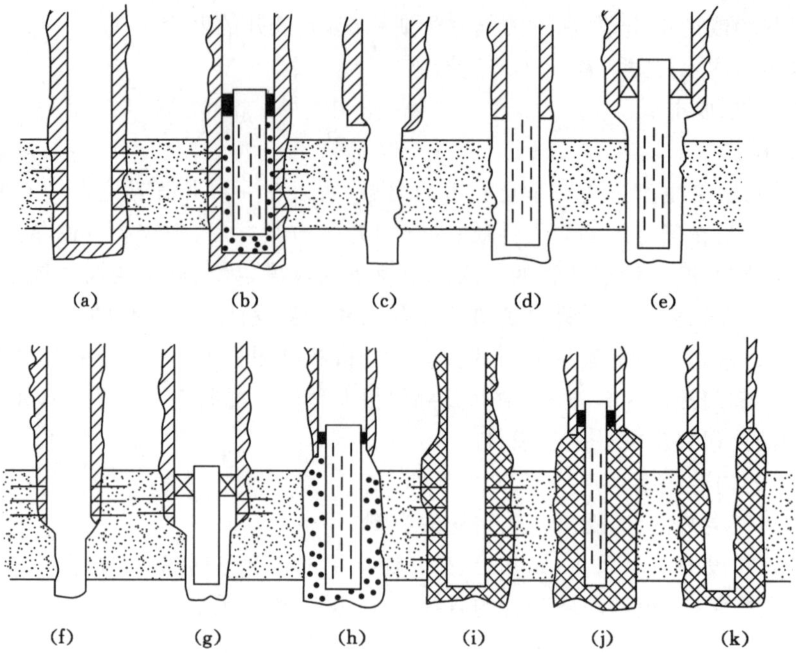

图 12-10　完井井底结构简图

③ 贯眼完井：敞开式井底结构的一种，是在裸眼段下筛管的完井方法，如图 12-10(d)所示。

④ 衬管完井：敞开式井底的一种，是在裸眼段下衬管的完井方法，如图 12-10(e)所示。

⑤ 半闭式裸眼完井：产层的下部是裸眼，直接与井眼连通，上部下入套管，固井并射孔，如图 12-10(f)所示。这是混合式井底结构。

⑥ 半闭式衬管完井：产层的下部裸眼中下入衬管，上部下入套管并射孔，如图 12-10(g)所示。这也是半封闭式井底的一种。

⑦ 管内砾石充填防砂完井：砂岩层射孔后在井中下入各种防砂筛管并在套管和筛管的环形空间充填砾石，如图 12-10(b)所示。这是封闭式井底的一种，也是防砂完井井底结构的一种，属于二次完井。

⑧ 裸眼砾石充填完井：防砂完井的一种，如图 12-10(h)所示。这是在裸露的砂岩层中下筛管，在环形空间充填砾石的完井方法。

⑨ 渗透性人工井壁射孔完井：将渗透性良好的可凝材料注入套管和砂岩层之间，再用小功率射孔弹射开套管但不破坏注入的渗透层，如图 12-10(i)所示。这是防砂完井的一种。

⑩ 渗透性人工井壁衬管完井法：在砂岩层下衬管，并在衬管与岩层之间注入渗透性良好的可凝材料，如图 12-10(j)所示。

⑪ 渗透性人工井壁裸眼完井：在裸眼井段注入渗透性良好的可凝材料，形成渗透性人工井壁，如图 12-10(k)所示。

除了以上常见的完井井底结构之外，还有各种井底结构的变种。随钻井和采油工艺的进步，完井的井底结构会随之发展。

12.4.2 常用完井方法

(1) 裸眼完井法

裸眼完井是指完井时井底的储集层是裸露的，只在储集层以上用套管封固的完井方法。裸眼完井还可分为先期裸眼完井和后期裸眼完井。先期裸眼完井是在钻到预定的产层之前先下入油层套管固井，然后换用符合打开产层条件的优质钻井液及钻头钻开产层，保持油气层段裸眼完成的完井方法(图 12-11)。后期裸眼完井是指钻到油层底界以下预定位置，然后下套管到油层顶界以上进行固井，保持产层段裸露的完井方法。

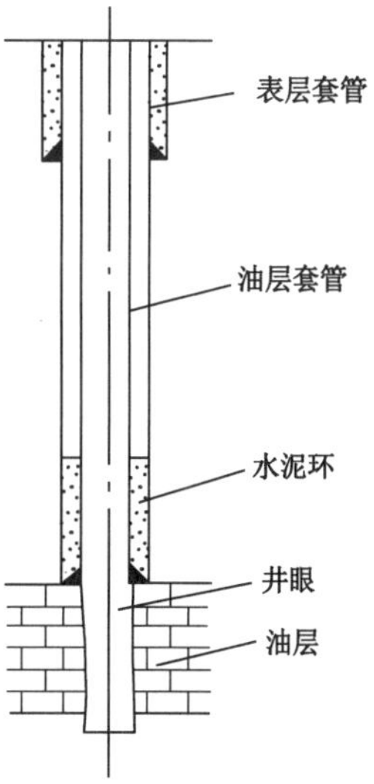

图 12-11 先期裸眼完井法示意图

裸眼完井只适用于在孔隙型、裂缝型、裂缝-孔隙型或孔隙-裂缝型等坚固的均质储集层中使用。储集层均质一般是指产层的渗透性大体相等，坚固储集层是指储集层岩石的强度可承受上覆岩石压力和流体流动时的压差而不破碎。均质储集层的渗透率可以有较大的范围，在 0.1～0.01 μm^2。

这种完井方法比较适合于井中只有单一的储集层，不需分层开采，无含水、含气夹层的井。比较适用的储集层岩石是石灰岩及坚硬的砂岩、泥岩、页岩等。裸眼完井法的优点是储集层直接和井眼连通，油气流进入井眼的阻力最小，尤其是先期裸眼完井的优点更为明显。当然，裸眼完井也有缺点。

裸眼完井法的优点包括以下几点：

① 可排除上部地层的干扰，为选用符合打开生产层特点的钻井液提供最充分的条件，可以在受污染最小的情况下打开储集层。

② 在打开储集层的阶段如遇到复杂情况，可及时提起钻具到套管内进行处理，避免事故进一步复杂化。

③ 可缩短储集层在钻井液中的浸泡时间，减少储集层的受伤害程度。

④ 由于是在生产层以上固井，可消除高压油气对封固地层的影响，提高固井质量，并且储集层段无固井中的污染。

裸眼完井法的缺点包括以下几点：

① 适用面狭窄，不适用于非均质、弱胶结的产层，不能克服井壁坍塌、产层出砂对油井生产的影响。

② 不能克服产层的干扰，如油、气、水的相互影响和不同压力体系的相互干扰。

③ 油井投产后难以实施酸化、压裂等增产措施。

④ 先期裸眼完井法是在打开产层之前封固地层，但此时尚不了解产层的真实资料，如果在打开产层的阶段出现特殊情况，会给后一步的生产带来被动。

⑤ 后期裸眼完井法无法避免钻井液和水泥浆对产层的污染和不利影响。

先期裸眼完井的一般结构是在距产层 20 m 左右，选择坚固的地层停钻，下套管固井。在固井前应先测井，推测储集层的位置，避免打开产层之前钻遇高压、疏松等复杂地层。套管鞋应当坐在坚硬的地层上。裸眼段的长度与产层的厚度和岩层的强度有关，其长度可从几米到一百多米。岩层强度高，可使用较长的裸眼长度。可以一次将产层全部打开，也可以在较厚的产层中钻开一部分。产层全部钻穿后应继续钻进一段，留足口袋停钻。口袋的长度可视井的复杂情况而定，至少为 5 m，一般在 10 m 以上。

对应每一个孔隙-裂缝型产层，都有一个允许的液柱压差，超过这一临界值，孔隙就被堵塞，裂缝闭合，油井无法出油。同样，对应每一个孔隙-裂缝型产层，都有一定的岩石强度，生产中的油流速度在不超过某一临界值时，岩石不发生破坏。对较弱胶结的产层，允许的生产压差较小。因此，在钻开产层和采油时应注意防止产层被压死和破坏。

(2) 射孔完井法

射孔完井是指下入油层套管封固产层，然后用射孔弹将套管、水泥环、部分产层射穿，形成油气流通道的完井方法。射穿产层后的油气井的生产能力受产层压力、产层性质、射孔参数及质量的影响。在石油勘探和开发中，射孔完井是目前主要的完井方法，占完井总数的 80%～85%。

① 射孔完井的适用性。射孔完井是使用最多的完井方式，几乎所有的储集层都可用这种完井方法打开，因而产生了许多误解，认为射孔是最好的完井方式。研究发现，并不是所有的储集层采用射孔完井都是最好的。

射孔完井可适用于各种储集层，无论是孔隙型、裂缝型、孔隙-裂缝型还是裂缝-孔隙型储集层，无论储集层的强度是大是小，是否均质，压力体系是否相等，都可用这种完井方法。也就是说，大多数储集层都可采用射孔完井方法。虽说如此，但只有非均质储集层最适合用射孔完井。非均质储集层的特点是稳定性岩层和非稳定岩层相互交错，不同压力体系的岩层相互交错，有含水含气的夹层，或是有底水和气顶。均质的储集层更适合于其他的完井方式。

射孔完井法分为单管射孔完井、多管射孔完井、尾管射孔完井、封隔器射孔完井等，以单管射孔最多；按其射孔工具又可分为电缆输送的套管射孔和过油管射孔、油管传输射孔；按射孔工艺可分为正压射孔和负压射孔等。无论哪一种射孔方式，都对套管、固井等提出了较具体的要求。

在射孔完井中，打开储集层的工艺条件也是十分严格的。油层套管鞋应在距井底 1～3 m 的范围内，套管的阻流环应在产层底界下 15 m 以上，阻流环以下套管内的水泥塞高度不小于 20 m。套管串上的扶正器、刮泥器等附件应尽量避开产层。套管串上应当有短套管，便于用磁定位器测井校正射孔深度。短套管的位置在油层以上 20～30 m。单管射孔完井法如图 12-12 所示。

射孔的参数包括射孔密度、射孔孔道直径、孔道深度、射孔相位角、油层射开长度等。这些参数由岩石强度、产层性质、油藏开发方案来决定。射孔密度一般为 10～20 孔/m，最大可达 36 孔/m。射孔孔道直径一般为 10～16mm，最大可达 25 mm，孔道应接近圆柱形。射孔的相位角常在 72°～180°，沿螺旋状分布。在同一横截面上不允许有一个以上的射孔孔道。射孔的深度除应穿透套管、水泥环外，还应尽可能地超过产层伤害带。

② 射孔工艺。射孔是将射孔枪下到油气层部位，在地面点火引爆射孔弹，将套管、水泥石和产层一并射穿，形成连接井眼和储集层的通道。单管射孔的示意图如图 12-13 所示。

射孔的工具是射孔枪。射孔枪分为电缆枪和无缆枪。电缆枪又分为管式枪和绳式枪，如过油管射孔枪、钢丝射孔枪、钢管射孔枪等。电缆枪靠电缆或钢丝绳送人井下，由电点火击发。无缆枪由油管送入井下，也称为油管传输射孔枪。常用的射孔弹是聚能射孔弹，也有

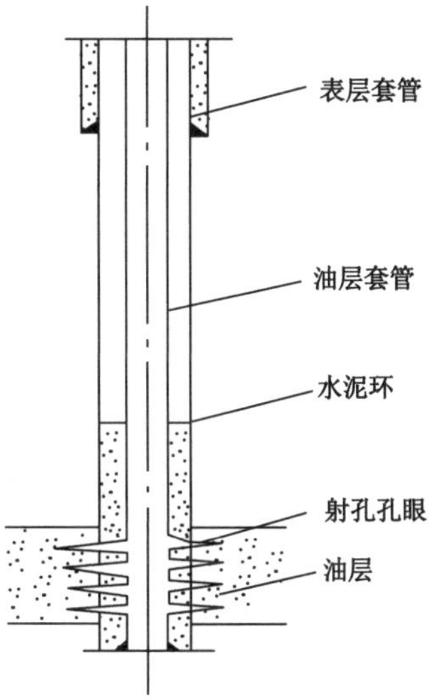

图 12-12　套管射孔完井法

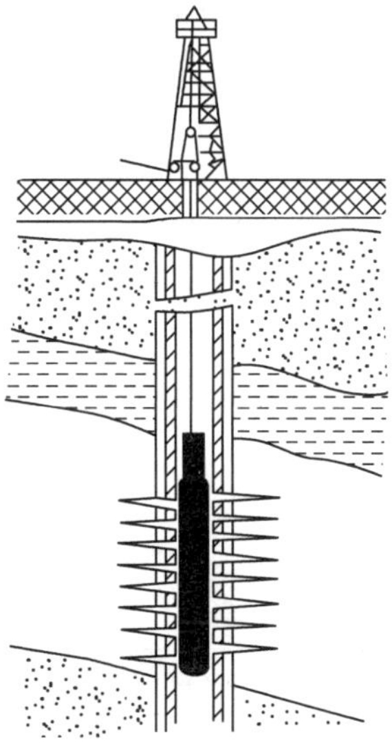

图 12-13　单管射孔示意图

使用子弹进行射孔的。

射孔工艺分为正压射孔和负压射孔。正压射孔是井筒内的液柱压力高于储集层压力时进行射孔。射孔时用绞车将电缆射孔枪下到预定深度，由地面通过电缆点火击发射孔弹，射开储集层。射开储集层时井筒内的液柱压力大于产层压力，地层流体不会立即进入井中，不会产生井喷。将所有产层射完后，起出射孔工具，下入油管，排出射孔液，使井筒内的压力降低，使高渗层产液。正压射孔时孔道得不到及时的清洗，射孔的残渣不能随流体排出孔外，而是留在孔内堵塞产层孔隙；射孔液在正压下侵入孔道，对储集层造成污染。虽然可采用各种方法解堵，但是对储集层的伤害是难以消除的。正压射孔所用工具简单，无井喷危险，但由于其对储集层有较大的污染，目前在国外已基本停止使用，今后我国也将停止使用。

负压射孔是采用低密度射孔液或降低液柱高度使井筒的液柱压力低于储集层压力时进行的射孔。负压射孔的优点是能减少储集层在射孔过程中受到的污染。过油管射孔是负压射孔的一种。

过油管射孔是先把油管下到射孔层位以上 10～20 m，装好井口，通过井口防喷器用电缆下入射孔枪，关闭防喷器，通过磁定位器准确定位，在地面点火射孔。过油管射孔时所选用的负压值应恰当：太大，工具难下入；太小，起不到应有的作用。高渗透区负压值可取 1.378～3.477 MPa（产液）及 6.89～13.78 MPa（产气），低渗透区可取上述值的两倍。

负压射孔也可采用油管传输射孔。油管传输射孔也称无电缆射孔，如图 12-14 所示。它是将射孔枪直接装在油管上，配好油管的尺寸，下到井中，校正好射孔位置，装好采油井口，关闭井口，用投棒或环空加压的方法击发射孔弹，进行射孔。

射孔液是射孔时填充在井筒中的液体。以前，没有专门的射孔液，往往使用固井时的顶替液进行射孔，这样会对产层造成严重的污染。

专用的射孔液基本上是在水基完井液中加入固体加重剂和化学处理剂，调配成性能符合要求的射孔液。一般射孔液的 pH 值为 9.5～10，密度为 1.05～2.03 g/cm³。

(3) 割缝衬管完井法

割缝衬管完井法共有两种。一种是在钻完油气层后，下入下端连接衬管的套管柱到油气层部位，使用套管外封隔器注水泥封固油气层以上井段的环形空间。对于这种完井方法，如果衬管损坏，则修理困难。因此，多使用另外一种完井方式：当钻头钻到油气层顶部时，下入套管至油气层顶部，注水泥固井，下入钻头从套管鞋继续向下钻穿油气层至完井井深，再下入带割缝衬管的管柱，用封隔器密封衬管和套管的环形空间。对于这种完井方法，当衬管损坏时，可以起出更换，如图 12-15 所示。

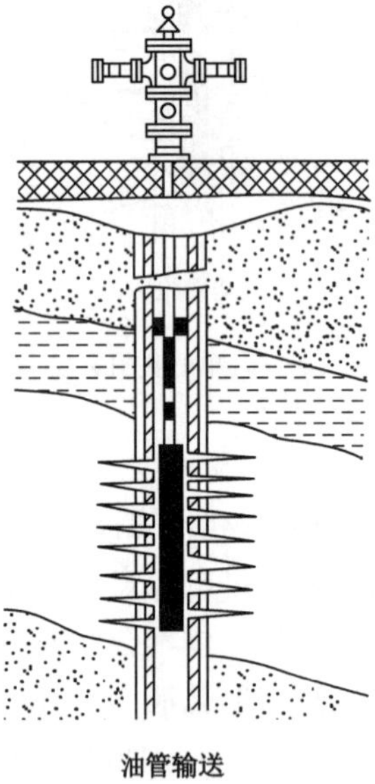

图 12-14　油管传输射孔示意图

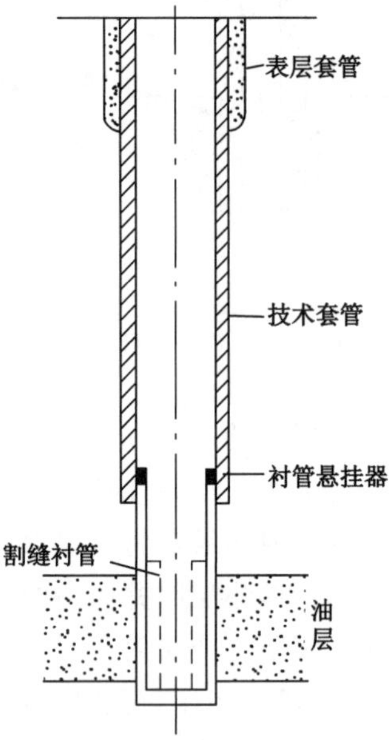

图 12-15　割缝衬管完井示意图

使用割缝衬管允许一些细砂随着原油进入井中，较大也会被阻挡住。这样，在井壁形成由粗到细的滤砂层，阻止油层大量出砂，起到防砂的效果，如图 12-16 所示。

割缝衬管的参数如下：

① 缝眼形状。缝眼为梯形剖面(图 12-17)，斜边夹角为 6°，这种缝眼形状可防止砂粒卡住缝眼而堵塞油气流通道。

② 缝眼宽度。缝眼宽度是指梯形缝眼小底边的边长。正确地确定缝眼宽度是割缝衬管防砂的关键。根据实验，砂粒在缝眼处形成“砂桥”或“砂拱”的条件是缝眼宽度不大于砂粒直径的 2 倍，即 $e \leqslant 2d_{10}$（e 为缝眼宽度，d_{10} 为产层砂粒度组成累积曲线上占累积质量 10% 所对应的砂粒直径）。这样，占砂粒总质量 10% 的大直径砂粒不能通过缝眼，被阻挡在衬管外面形成“砂桥”或“砂拱”。

③ 缝眼长度。缝眼长度和管径与缝眼排列形式有关。由于横向衬管强度低，故缝长较短，多为 20～50 mm；纵向割缝的缝长一般为 50～300 mm。直径大的衬管，缝长应短；直径小的衬管，缝长应长，可取高值。

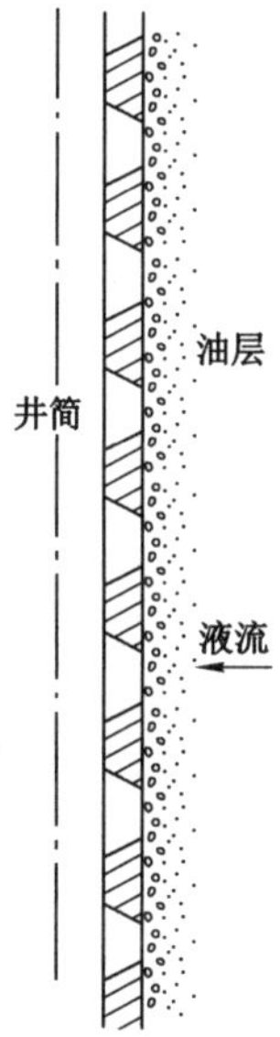

图 12-16 衬管外形成的砂桥示意图

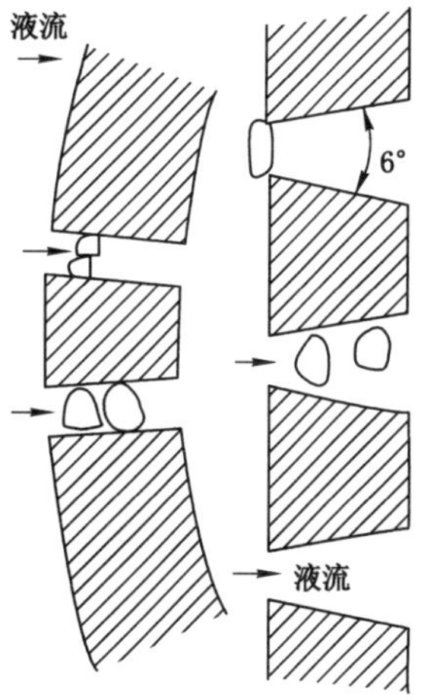

图 12-17 不同割缝剖面

④ 缝眼排列。缝眼的排列有两种方式:一种是与管的轴线相平行,即纵向排列,又分为直缝式、楔缝式、组合楔缝式3种排列;另一种是与管的轴线垂直的横向排列,又称为水平式,如图12-18所示。一般采用纵向割缝衬管,这是因为纵向割缝衬管比横向割缝衬管强度高。

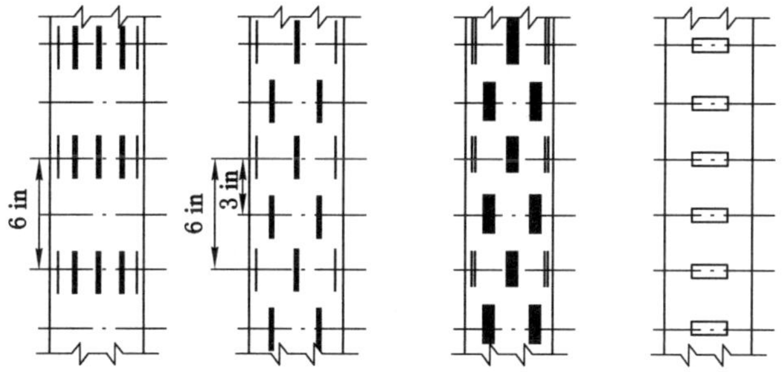

(a) 直缝式 (b) 楔继式 (c) 组合楔缝式 (d) 水平式

图 12-18 割缝衬管示意图

⑤ 缝眼数量。缝眼数量关系到衬管的流通面积,应该在确保衬管强度的原则下增加衬管的流通面积。缝眼的总面积为衬管外表总面积的2%。由于割缝衬管完井的割缝衬管对应裸眼井段,因此既可起到裸眼完井的作用,又可防止裸眼井壁坍塌,可在一些出砂不严重的中粗砂粒油层中使用。这种完井法工艺不复杂,便于作业,成本也低。割缝衬管完井中套管、钻头、衬管相关尺寸见表12-1。

表 12-1　割缝衬管完井中套管、钻头和衬管尺寸

上部套管尺寸/mm	再次开钻钻头尺寸/mm	衬管尺寸/mm
177.8	152	127～140
219.1	190	140～168
244.5	215	168～194
273.1	244	194～219

（4）封隔器完井法

① 封隔器完井。在开采时，可能会有底水在产层推进，或裸眼产层上下部位的岩层发生变化。例如，产层以上岩层坍塌等使裸眼井不能正常生产，或底水的上升使产层的含水上升，井底岩石强度降低。在这些情况下，将衬管（筛管）和裸眼封隔器组合使用，就可防止裸眼井段出现复杂情况。封隔器完井可以在完井的最初阶段使用，也可在裸眼井使用一段时间，出现并不很严重的复杂情况后使用。当出现严重的情况时，用封隔器可能解决不了，就必须在有问题的井段下套管进行封闭。

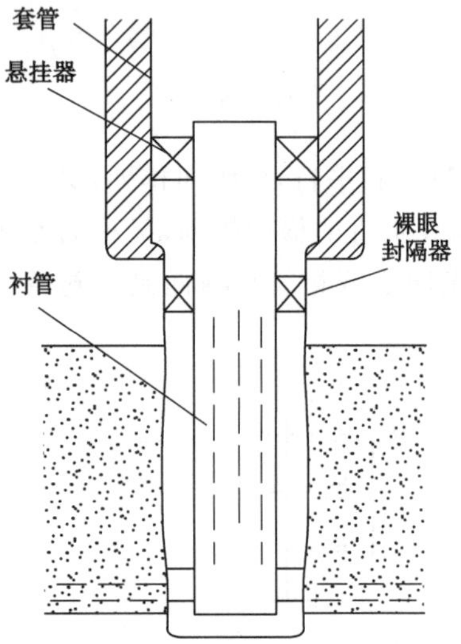

图 12-19　裸眼封隔器完井

在衬管的适当部位加裸眼封隔器下到井下裸眼井段，在悬挂衬管的同时，张开裸眼封隔器，将有问题的上部岩层封隔，使下部层位裸露，就可使井恢复正常生产。如果产层下部有底水上升，可将裸眼封隔器装在衬管的下部；如果产层上部有岩石坍塌，可在坍塌层下部安装封隔器。在较长的裸眼井段，在上下几个地方安装裸眼封隔器是比较灵活的。这种完井方式有的资料也称为裸眼封隔器完井，如图 12-19 所示。

裸眼层封隔器的使用条件比在套管内使用的条件要恶劣，因为井壁粗糙，直径也不均匀，要将岩石封闭，封隔器的橡胶密封件要受较大的力。因此，在设计上裸眼封隔器比套管封隔器要求高得多。

在裸眼层下封隔器的工艺在水平井中也是常用的。

② 封隔器。封隔器是完井、试油和采油生产中经常使用的井下工具。在采油生产中，封隔器在套管内的使用较多；在完井和各种测试中，裸眼封隔器是经常使用的。封隔器用于封闭裸眼层或套管内的某些层位，如在完井中封隔器用以封闭复杂的地层岩石，在试油和采油中封隔器用以封闭某些产层。封隔器的主要元件是橡胶筒，它在液压或机械作用下张开，封堵裸眼的岩层或套管的内壁，达到施工的目的。

封隔器的原理。封隔器是靠橡胶的膨胀实现对井壁岩石或套管壁的密封的。用机械力、液压力推动卡瓦，使卡瓦张开并紧贴井壁或套管壁，固定封隔器，紧接着用各种力压缩密封元件，张开橡胶筒实现密封。有的封隔器只能用一次，卡瓦和橡胶密封件张开后不能收回，是永久式的；有的卡瓦和橡胶密封件能张开，能收回，可在井中多次起下，是可回收式。永久式封隔器的密封可靠，经常用在完井和固井的固定场合；可回收式封隔器多用在套管内。

密封元件是封隔器的主要部件，在常态下是收缩的，其尺寸比井眼直径或套管内径小，下到适当位置后在力的作用下能张开。因此，密封元件是具有极大变形能力的、以橡胶为主的部件。密封材料的基体是橡胶，为使材料能抗油抗井下高温，常在橡胶中添加改性剂。材料的硬度取决于密封部位的压力差和密封部位的粗糙程度，通常有高硬度和低硬度的区别。高硬度密封件在高压和不太粗糙的套管壁上使用，低硬度的密封件在比较粗糙的井壁上使用，有时两种硬度的密封元件结合使用。

封隔器应有耐腐蚀性。在有 H_2S 和 CO_2 存在的条件下，密封元件应抗腐蚀，一般在橡胶中添加特氟龙、尼龙等，特氟龙材料可在腐蚀条件下耐 450 ℃的高温。封隔器还应有可打捞性。

封隔器的种类。按作用原理，封隔器可分为重力坐封式、张力坐封式、机械坐封式、液压坐封式等形式；按使用分为永久式和可回收式。

重力坐封式封隔器在使用中靠摩擦块使卡瓦保持固定。在预定位置加速下放油管，可使卡瓦张开，靠油管的重力张开密封胶筒；也有的是在井底使用，靠油管的重力剪断销钉，张开卡瓦。

张力坐封式封隔器实际是将重力式封隔器倒转后使用，可在油管上施加拉力张开卡瓦。张力式封隔器一般用在浅井。

机械坐封式封隔器靠油管的旋转坐封或取出。在旋转油管时，卡瓦张开，并压缩密封件；取出时倒转油管。

永久式封隔器的特点是有可避免卡瓦松开的装置。在完井中，永久式封隔器是经常使用的。

配合封隔器使用的还有井下和地面控制装置，如井下的安全阀和安全接头、地面的液压泵组等。

(5) 防砂完井法

在生产过程中，某些砂岩储集层由于砂岩胶结不良，或是开采强度大，或是受到污染会有出砂现象。出砂会影响产量，严重时会使井报废，因此必须防止出砂。通常在完井中采用防砂完井方式。常见的防砂完井方式有裸眼砾石充填完井、套管内砾石充填完井和人工井壁防砂完井。

① 裸眼砾石充填完井。裸眼砾石充填完井是在钻开产层之前下套管封固，再钻开产层，在产层段扩大井眼，下入筛管，在井眼与筛管间的环空中充填砾石。砾石和筛管对地层的出砂起阻挡作用。

② 套管内砾石充填完井。在下入套管并射孔的井中如有出砂，在出砂井段下筛管，在筛管和油层套管之间的环空中充填砾石的防砂工艺称为管内砾石充填完井。这种完井方法属于二次完井。砾石充填完井的关键是选择砾石和保证充填的厚度。

砾石的直径由出砂的直径决定。由于地层出砂直径不等，需对砂粒进行筛分后作砂粒直径-累积重量分布图，累重为 50%的砂粒对应的直径称为砂粒中径。砾石的直径一般为出砂砂粒中径的 6～8 倍，砾石层厚度至少是砾石直径的 8 倍。裸眼砾石充填时，砾石层厚度不小于 30 mm；管内砾石充填时，砾石层厚度不小于 15 mm。

筛管的类型有绕丝式、割缝式、多孔材料烧结式等，以绕丝筛管最常用。绕丝筛管是用绕丝间的缝隙阻挡砂粒。绕丝的间距为出砂砂粒最小直径的 2 倍。

③ 人工井壁防砂完井。人工井壁防砂完井是将渗透性的可凝材料注入出砂层，形成阻挡砂粒的人工井壁以防砂的完井技术。

这种完井方式包括：渗透性人工井壁射孔完井法，即将渗透性良好的材料注入套管和地层之间，再用小功率射孔弹射开套管但不破坏注入的渗透层的完井方法；渗透性人工井壁衬管完井法，即在衬管与裸眼之间注入渗透性材料的完井方法；渗透性人工井壁裸眼完井法，即在裸眼井段注入渗透性材料形成人工井壁的完井方法。

这种完井方式的关键是选择渗透性可凝材料，包括水泥加砂形成的渗透性材料、树脂砂浆类材料等。

课后思考题

1. 石油钻井的设备与工具包括什么？
2. 如何要求钻井水龙头？
3. 钻机气控系统主要由哪几部分组成？
4. 井底各种压力怎么影响岩石性能？
5. 为什么需要固井？
6. 如何设计井身结构？

第 13 章

矿山储能技术与应用

13.1 储能技术概论

13.1.1 储能的概念与分类

储能是指通过介质或设备把能量存储起来，在需要时再释放出来的过程。储能技术是解决可再生能源大规模接入和弃风、弃光问题的关键技术，也是分布式能源、智能电网、能源互联网发展的必备技术，还是解决常规电力削峰填谷、提高常规能源发电与输电效率、安全性和经济性的重要支撑技术。储能技术可提高清洁能源发电比率，进而实现化石能源清洁高效利用，有效减少污染物的排放，对雾霾等环境问题的治理和改善人居环境将起到极大的推动作用。同时，储能技术的发展关系到能源、交通、电力等多个重要行业的发展，尤其在当今能源枯竭日益加剧、能源消费供求不平衡的大环境下，储能能够突破传统能源模式时间与空间的限制，其重要作用日益凸显，已成为主要发达国家竞相发展的战略性新兴产业。

13.1.2 储能技术发展现状

储能技术将成为提升新能源电力消纳能力的有效解决方案。考虑到新能源不稳定性特征，保障能源系统安全和提升能源利用效率成为新能源大规模开发利用背景下的重要议题，储能是重要解决方式。2021 年中国新增储能装机为 7 397.9 MW，累计装机已经达到 43.44 GW。在电力储能中，以抽水蓄能和电化学蓄能为主，2021 年我国抽水储能累计装机规模达到 37.57 GW，占比超 86%，而电化学储能累计装机规模达到 5.12 GW，占比达到 11.8%。抽水蓄能的技术已发展相对成熟，转化效率可以 75%～83%，用电成本仅为 0.207 元/(kW·h)，具有较高的经济性。在《关于进一步完善抽水蓄能价格形成机制的意见》中，对抽水蓄能提出的定位为电力系统的主要调节电源。根据国际能源署(IEA)的预计，到 2050 年全球储能装机将达到 800 GW 以上，占电力总装机的比例将提高到 10%～15%，市场规模将达数万亿美元。而我国到 2050 年储能装机将达到 200 GW，市场规模将达 2 万亿元以上，我国对储能的需求巨大且迫切。

在物理储能领域，抽水蓄能和压缩空气储能是发展最快的两种储能技术。抽水蓄能是全球装机规模最大的储能技术，占全球总储能容量的 98%，日本、中国、美国的装机位列全球前三位。抽水蓄能的单机规模已达 300 MW 级，是目前发展最为成熟的一种储能技术。压缩空气储能目前已在德国(Huntorf 321 MW)和美国(McIntosh 110 MW,Ohio 9×300 MW,Texas 4×135 MW 和 Iowa 200 MW 项目等)得到了规模化商业应用。在新型压缩空气储能方面,国际上只有中国科学院工程热物理研究所(1.5 MW 超临界压缩空气储能、10 MW 先进压缩空气储能)、美国 General Compression 公司(2 MW 蓄热式压缩空气储能)、美国 SutainX 公司(1.5 MW 等温压缩空气储能)和英国 Highview Power 公司(兆瓦级液态空气储能)4 家机构具备了兆瓦级的生产设计能力。在国内压缩空气储能技术研发与产业化方面,中国科学院工程热物理研究所处于绝对领先地位。该研究所于 2013 年建成国际首套 1.5 MW 示范系统,实现了产业化;2016 年建成国际上唯一一套 10 MW 级研发平台。同时,还获批建设国家能源大规模物理储能技术研发中心,相关成果获得北京市科学技术奖一等奖、联合国工业发展组织全球可再生能源领域最具投资价值领先技术"蓝天奖"等。

13.2 矿山压缩气体储能技术

矿山开发地下空间相比其他人工地下硐室具有一定的独特性,主要表现为不同区域(如井筒、岩巷、采空区等)的稳定性差异较大;岩层移动或变形后内部结构改变,涉及复杂的岩石力学问题。因此,利用矿上开发地下空间进行压缩空气储能需综合考虑围岩的稳定性,优先利用稳定性较好的岩巷。此外,对采空区、井筒等地下空间开展地质条件演化研究,预测其长期稳定性。

13.2.1 矿山压缩气体储能技术原理

压缩空气储能(CAES)是一种利用压缩空气作为介质来储存富余电能的新技术。压缩空气储能电站是一种新型蓄能电站,利用电力系统低容负荷时的多余电能将空气压缩储存在地下洞穴中,需要时再放出,经加热后通过燃气轮机发电机组发电,以供尖峰负荷的需要,其主要作用是调节电力峰谷和改善电力品质,具有效率高、占地面积小、运行方式灵活、投资和运行费用较少等优点。压缩空气储能工作原理如下:

图 13-1 所示为压缩空气储能工作原理。它通过太阳能、风能等清洁能源发电,将空气压缩后储存于矿井地下空间中,在需要时,将高压空气释放进入燃烧室与燃料一同燃烧升温,然后高温高压燃气进入汽轮机膨胀做功发电。压缩空气储能通常储存在地下直接开挖的硬岩硐室、盐层中融浸开采的洞穴、废弃矿山、枯竭的油气藏储层和含水层等地质介质中。

13.2.2 矿山压缩气体储能技术现状

目前,国外仅有的两座正在商用运营的压缩空气储能电站,分别是德国于 1978 年建造的 290 MW 的 Huntorf 电站和美国于 1991 年在阿拉巴马州建造的 110 MW 的 McIntosh 电站,两座电站的储气库都建在盐岩地层的地下洞穴中,机组的压缩机功率为 6/290 MW,发电功率为 50/110 kW。目前,除了这两座已经商业运行的压缩空气储能电站,世界各国还有许多正在建设或计划建设的压缩空气储能电站项目以及相关研究试验。从 2001 年开始,美国的 Norton 压气储能电站计划在 Ohio 州建造一座大型的压缩空气储能电站,其地下储气库是利用原有的位于地下 670 m 深的废弃石灰岩矿洞,计划输出功率为 2 700 MW。早

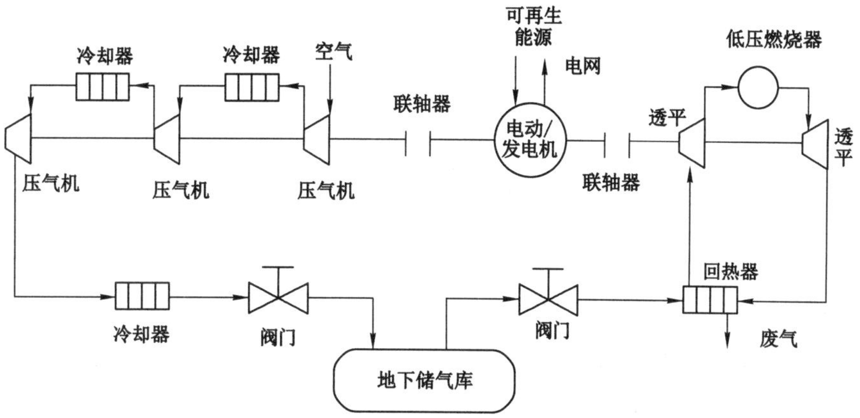

图 13-1 压缩空气储能电站工作原理

在 20 世纪 90 年代，日本就实施了两项压缩空气储能的相关试验，其中一个修建在日本北海道 Kamimasagawa 市的一个煤矿内，地质条件为泥质砂岩，另一个试验硐室建造在岐阜县神冈一个锌矿的巷道中。韩国的压缩空气储能电站试点项目于 2011 年开始建设，硐室位于地下 100 m 深的石灰岩中，该项目的主要目的是研究内衬岩石硐室的可行性以及相应系统构成的设计，包括硐室、混凝土室以及内衬的材料。世界上第 1 座先进的绝热压缩空气储能试验电站建在瑞士南部比亚斯卡附近哥特哈德基础隧道开挖期间使用的一条山岭隧道中，隧道全长为 3.16 km，直径为 4.6 m。硐室内放置了容量为 12 MW·h 的电能储存装置。2019 年，山西省大同市同煤集团的云冈矿巷道压缩空气储能项目开工建设，这是全国第 1 个利用废弃煤矿巷道改造成压缩空气储气库的储能电站项目。巷道总长度约为 9 000 m，其中可用总长度约为 7 000 m，可用容积约为 9×10^4 m^3，未来将可以建成首期 60 MW、总规模达 100 MW 的压缩空气储能发电站。

2023 年 12 月 1 日，在湖北应域由中国能建数科集团和国网湖北综合能源服务有限公司共同投资的世界首台(套)300 兆瓦级压缩空气储能电站示范工程落地，厂用系统受电一次成功，实现高标准、高质量带电。2023 年 11 月 30 日 21 时 30 分，国网湖北省电力调度控制中心调令下达至湖北应城项目，厂用系统受电正式开始。随着试运总指挥一声令下，电能从彭湾变电站通过 220 kV 输变电线路，倒送至厂内 GIS 输入间隔，正式开始受电操作，通过连续开关合闸，受电范围内所有设备运行稳定，所有保护、仪表、信号指示均准确无误，机组厂用受电一次成功。近年来，中国能建数科集团立足“四个革命、一个合作”能源安全新战略，围绕“双碳”系统解决方案“一个中心”和储能、氢能“两个支撑点”，不断加大新型长时物理储能核心技术攻关，率先在全国进行广泛布局，正在推动湖北应城、甘肃酒泉、山东泰安等地多个压缩空气储能示范项目工程化建设，打通了天然盐穴和人工硐室等储气库关键技术路线，大幅度提升了压缩空气储能选址灵活性，使之成为媲美抽水蓄能的长时储能解决方案，全方位推动新型长时压缩空气储能工程化、规模化、系统化、产业化发展，为构建我国新型电力系统和实现“双碳”目标贡献能建力量。

13.3 矿山抽水蓄能技术

利用矿井储水蓄能，不仅可以解决废弃矿井地下空间高效利用、生态环境修复、工人就地安置等问题，而且可以突破常规抽水蓄能电站的选址限制。因此，建立废弃矿井抽水蓄能电站可为我国能源结构调整提供巨大的战略空间。然而，矿山的地下水库围岩处于高地应力、循环工况载荷、动力冲击等复杂荷载的多重作用，与原有矿井所处的环境有了本质的变化，矿山抽水储能技术需考虑在长期蓄水和循环抽充水(如循环加、卸载)条件下，围岩的流固耦合行为及矿井和巷道等储水库的长期稳定性、安全性和密闭性问题。

13.3.1 矿山抽水蓄能技术原理

抽水蓄能电站已经成功运用了 100 多年，是目前可靠性最高、经济性最好、容量最大、技术最成熟的规模储能解决方案。与常规抽水蓄能电站工作原理相同，废弃矿井抽水蓄能电站是在蓄能时将电网过剩电力或风能、光能等电力驱动水泵，将下水库的水抽至上水库，此时为耗能过程，在用电高峰时则将上水库的水通过发电机排到下水库，将水的势能转换为电能。不同的是，废弃矿井抽水蓄能电站的下水库由巷道、采空区等井下废弃空间构成。

图 13-2 所示为抽水蓄能发电的工作原理。煤炭开采过程中形成的巨大的、高落差地下空间，利用存在一定高差的 2 个储水空间，通过太阳能、风能等清洁能源发电，经水泵与水轮机将电能与水体位势能之间进行转换，实现电能的转换、储存与释放。

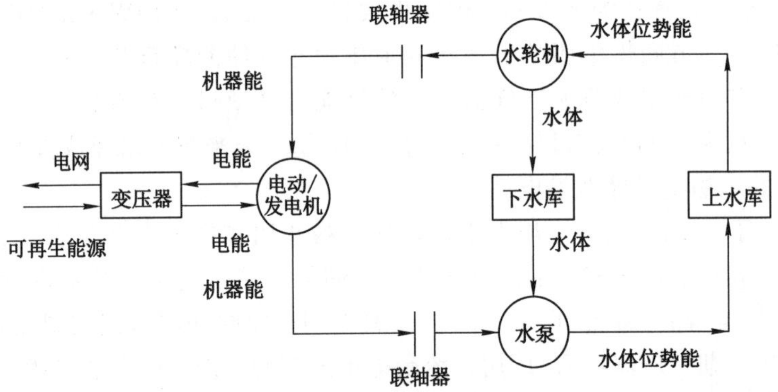

图 13-2 抽水蓄能电站工作原理

13.3.2 矿山抽水蓄能技术现状

我国绝大多数地区煤炭开采以地采为主，地采将地下的煤挖空后会造成地表塌陷并形成积水。利用这一特点，可以将地表塌陷带水体作为上水库，地下绵延十几甚至几十公里的废弃巷道作为下水库，利用上下水库的势能差构建抽水蓄能电站。1968 年，我国首次在河北岗南水库安装了 1 台从日本引进的容量为 11 MW 的抽水蓄能机组；1994 年，我国第一座大型地上抽水蓄能电站——广州抽水蓄能电站一期工程完工。同时，我国也积极开展废弃露天矿坑建设抽水蓄能工程，如河北滦平利用小营乡哈叭沁村西沟磁铁矿的采空区做为下位水库建设抽水蓄能电站；辽宁省阜新市利用海州废弃露天煤矿做为下位水库改建抽水蓄能电站。2015 年，顾大钊院士提出将废弃矿井改建成地下水库的设想，并在神东矿区大柳塔煤矿进行了工程实践。

13.3.3　矿山储能前沿技术

(1) 含废弃矿井抽蓄-蓄电池混合储能联合发电系统

结合抽水蓄能和电池储能运行特性的差异，提出一种废弃矿井抽蓄电站与电池储能的混合储能与光伏发电的联合发电系统通过电池储能与抽水蓄能的组合，既提高了光伏消纳量，又加快了储能响应速度。

联合发电系统由 3 部分组成：光伏、废弃矿井抽蓄电站和电池储能。电池储能作为功率型储能，安装于光伏电站出口侧，主要用于平抑光伏电站短期并网功率波动，使光伏出力曲线平滑。废弃矿井抽蓄作为能量型储能，在光伏发电高峰期抽水，储存电能；在光伏发电低谷期放水，发出电能，主要用作补偿光伏的间歇性出力。废弃矿井抽蓄电站及电池储能构成的混合储能系统仅支持所在系统的光伏电站，其运行方式只受光伏电站控制，构成光-蓄-储一体化电站。图 13-3 所示为联合发电系统结构。

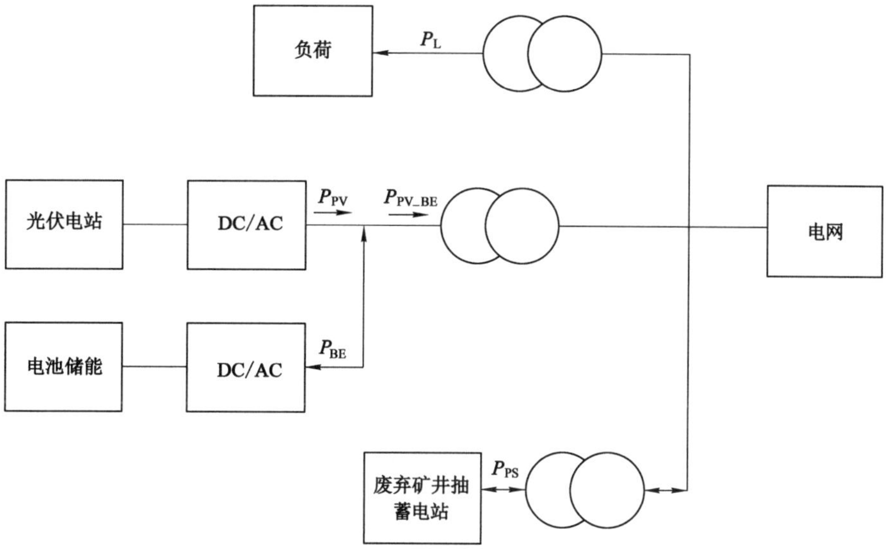

图 13-3　联合发电系统结构

图 13-3 中，P_{PV}为光伏发电功率；P_{BE}为电池储能的出力，正值代表储能放电，负值代表储能充电；P_{PV_BE}为光伏发电/电池储能系统联合并网功率；P_L 为系统负荷功率；P_{PS}为废弃矿井抽蓄电站的发电出力。在联合发电系统中，光伏出力大于负荷时，富裕功率由废弃矿井抽蓄和蓄电池消纳；光伏出力小于负荷时，由光伏、废弃矿井抽蓄和蓄电池联合供电。通过优化联合发电系统上网功率和抽水蓄能机组的抽水/发电功率和蓄电池的充电/发电功率，使光伏能够最大化地消纳和利用。

(2) 基于飞轮储能的矿井提升机势能回收技术

飞轮储能系统是一种电能与飞轮高速旋转动能之间能量转换的储能装置，包括飞轮本体、轴承、电动发电双向机、功率变换器和真空室等部分，具有动态响应快、长寿命、无污染、高储能密度等优点，在航空航天、UPS电源以及交通运输等领域广泛应用。再生制动能量回收技术是飞轮储能的主要应用领域之一，高速飞轮储能系统用于城市轨道交通列车，实现制动能量回收利用。在地铁列车制动过程中，利用飞轮储能装置储存该过程产生的大量再生制动能量且转换为飞轮的动能，飞轮转速升高；在地铁列车启动时，通过控制系统，控制飞轮储能装置向外释放能量，飞轮转速降低。

摩擦轮式矿井提升机的电气驱动系统配置匹配的飞轮储能系统。矿井提升机电气驱动系统的结构如图13-4所示。

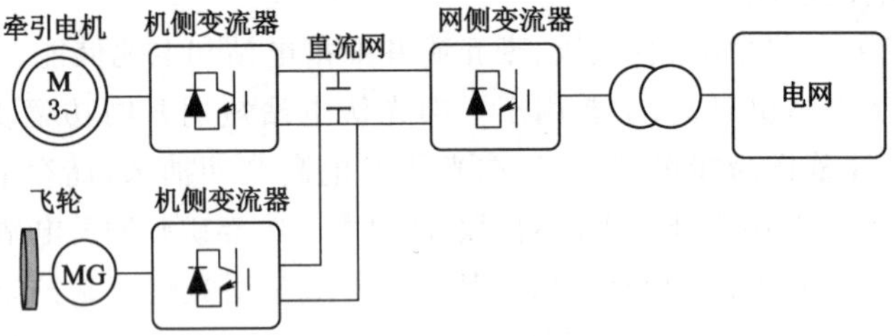

图13-4　矿井提升机电气驱动系统的结构

由图13-4可知，矿井提升机驱动电机通过“交-直-交”电力电子变流装置与交流电源连接，网侧变流器将电源端50 Hz的交流电转换成直流电。所配置的飞轮储能单元采用交流永磁同步电机，通过机侧变流器连接到提升机电气驱动系统的直流母线上，控制飞轮储能系统，实现电能的充电与放电。整个系统在以下3种状态工作：

① 重物下降过程。驱动电机在发电机状态工作，所产生的交流电经机侧变流器整流后转换成直流电；飞轮储能单元进行充电，从直流网吸收直流电经机侧变流器转换成一定频率的交流电，供给飞轮电动机，驱动飞轮转子加速运行，将电能转换成转子动能，储存在飞轮转子中。

② 重物提升过程。提升机的驱动电机在电动机状态工作，从网侧吸收交流电，经网侧变流器转换成直流电；飞轮储能单元向网侧放电，飞轮电机作为发电机运行，将飞轮转子动能转换成交流电，经机侧变流器整流后转换成直流电，与直流电网上的直流电汇合，供给提升机驱动电机。

③ 提升机待机过程。提升机的驱动电机不工作，飞轮储能单元处于待机备热状态，飞轮转子等速运行。如果轿厢处于矿井底部，则飞轮转子处于高速运行状态，等待下一个放电状态；如果轿厢处于矿井顶部，则飞轮转子处于低速运行状态，等待下一个充电状态。

飞轮储能装置的控制系统如图13-5所示。

利用Clark变换、park变换等配合SVPWM调制器，搭建飞轮储能的控制框图。一般飞轮储能系统采用的控制策略为：一是在充电状态下，切换开关s与a相连，利用飞轮额定转速，采用“转速-电流”双闭环调速控制，控制电机充电，使飞轮转速升高至额定转速后充电结束，从电网吸收小部分能量，克服摩擦维持转速恒定，进入能量维持模式。二是在放电模式下，切换开关s切换为与b相连，采用“电压-电流”双闭环控制，以保持直流母线电压的稳定，飞轮转速降低，使储能装置中的电机向直流母线回送电能。

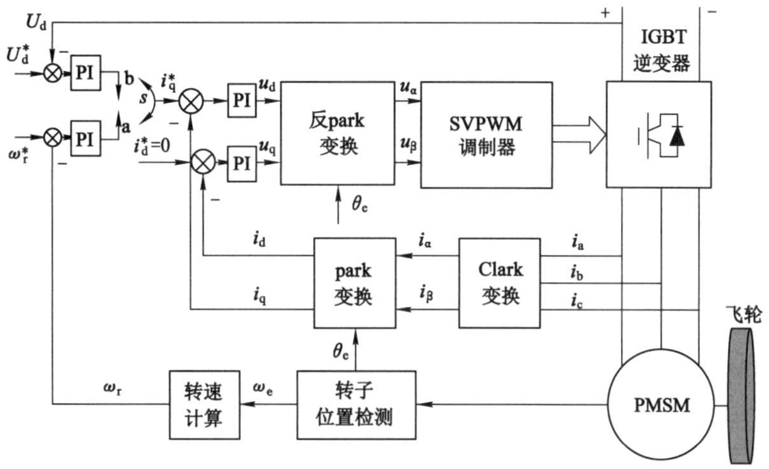

图 13-5 飞轮储能装置的控制系统

课后思考题

1. 什么是矿山压缩气体储能技术？其主要作用是什么？
2. 储能技术为什么是主要发达国家的战略性新兴产业？
3. 矿山储能有哪些前沿技术？
4. 矿山抽水蓄能技术的原理是什么？
5. 储能技术未来最有潜力的发展方向是什么？为什么？

参考文献

[1] 蔡贵珍,冯夏庭.并行有限元网格分区方法研究进展[J].岩石力学与工程学报,2001,20(A01):879-881.

[2] 蔡美峰,乔兰,于劲波.空心包体应变计测量精度问题[J].岩土工程学报,1994,16(6):15-20.

[3] 蔡美峰.岩石力学与工程[M].2 版.北京:科学出版社,2013.

[4] 曹文贵,颜荣贵.各向异性岩体的绝对应力量测之反分析法研究[J].煤炭学报,1994,19(2):122-30.

[5] 陈卫忠.裂隙岩体地下工程稳定性分析理论与工程应用[M].北京:科学出版社,2012.

[6] 陈益峰.水利工程渗流分析理论与实践[M].北京:科学出版社,2022.

[7] 陈作,薛承瑾,蒋廷学,等.页岩气井体积压裂技术在我国的应用建议[J].天然气工业,2010,30(10):30-32.

[8] 葛修润,侯明勋.一种测定深部岩体地应力的新方法:钻孔局部壁面应力全解除法[J].岩石力学与工程学报,2004,23(23):3923-3927.

[9] 华文,董世明,徐积刚.复合型加载条件下锈岩断裂韧度试验研究[J].岩土力学,2016,37(3):753-758.

[10] 霍冉,徐向阳,姜耀东.国外废弃矿井可再生能源开发利用现状及展望[J].煤炭科学技术,2019,47(10):267-273.

[11] 金之钧,张金川,唐玄.非常规天然气成藏体系[J].天然气工业,2021,41(8):58-68.

[12] 康红普.回采巷道锚杆支护影响因素的 FLAC 分析[J].岩石力学与工程学报,1999,18(5):534-537.

[13] 李根生.水力喷射压裂理论与应用[M].北京:科学出版社,2011.

[14] 李杰林,周科平,柯波.冻融后花岗岩孔隙发育特征与单轴抗压强度的关联分析[J].煤炭学报,2015,40(8):1783-1789.

[15] 李俊平.矿山岩石力学[M].2 版.北京:冶金工业出版社,2017.

[16] 李朋武,崔军文,王连捷,等.中国大陆科学钻探主孔钻孔崩落与现场应力状态的确定[J].岩石学报,2005,21(2):421-426.

[17] 刘春,范宣梅,朱晨光,等.三维大规模滑坡离散元建模与模拟研究:以茂县新磨村滑坡为例[J].工程地质学报,2019,27(6):1362-1370.

[18] 刘敬寿,戴俊生,邹娟,等.裂缝性储层渗透率张量定量预测方法[J].石油与天然气地质,2015,36(6):1022-1029.

[19] 吕有厂.层理性页岩断裂韧性的加载速率效应试验研究[J].岩石力学与工程学报,2018,37(6):1359-1370.

[20] 钱鸣高.煤炭的科学开采[J].煤炭学报,2010,35(4):529-534.

[21] 石根华.工程实践是计算方法的源泉[J].岩石力学与工程学报,2002,21(11):1739.

[22] 孙东生,LIN W R,崔军文,等.非弹性应变恢复法三维地应力测量:汶川地震科学钻孔中的应用[J].中国科学:地球科学,2014,44(3):510-518.

[23] 陶文铨.传热学[M].5版.北京:高等教育出版社,2019.

[24] 王贵玲,刘彦广,朱喜,等.中国地热资源现状及发展趋势[J].地学前缘,2020,27(1):1-9.

[25] 吴顺川.岩石力学[M].北京:高等教育出版社,2021.

[26] 谢和平,陈至达.岩石断裂的微观机理分析[J].煤炭学报,1989,14(2):57-67.

[27] 谢和平,侯正猛,高峰,等.煤矿井下抽水蓄能发电新技术:原理、现状及展望[J].煤炭学报,2015,40(5):965-972.

[28] 许天福,张延军,曾昭发,等.增强型地热系统(干热岩)开发技术进展[J].科技导报,2012,30(32):42-45.

[29] 张楚汉.论岩石、混凝土离散-接触-断裂分析[J].岩石力学与工程学报,2008,27(2):217-235.

[30] 张吉雄,汪集暘,周楠,等.深部矿山地热与煤炭资源协同开发技术体系研究[J].工程科学学报,2022,44(10):1682-1693.

[31] 张金才,尹尚先.页岩油气与煤层气开发的岩石力学与压裂关键技术[J].煤炭学报,2014,39(8):1691-1699.

[32] 张哨楠.致密天然气砂岩储层:成因和讨论[J].石油与天然气地质,2008,29(1):1-10.

[33] 赵伯宇,胡伟平,孟庆春.考虑晶体滑移面分解正应力的细观损伤模型[J].力学学报,2021,53(5):1355-1366.

[34] 周科平,李杰林,许玉娟,等.基于核磁共振技术的岩石孔隙结构特征测定[J].中南大学学报(自然科学版),2012,43(12):4796-4800.

[35] 朱明德,王照亚,张月征,等.基于水压致裂法的三山岛深竖井工程区地应力测量与反演分析[J].地质力学学报,2023,29(3):430-441.

[36] 朱万成,唐春安,左宇军.深部岩体动态损伤与破裂过程[M].北京:科学出版社,2014.

[37] ESLAMI M R. Finite elements methods in mechanics[M]. Cham, Switzerland: Springer,2014.

[38] YANG C H,WANG T T,CHEN H S. Theoretical and technological challenges of deep underground energy storage in China[J]. Engineering,2023,25:168-181.

[39] ZIMMERMAN R W,PALUSZNY A. Fluid Flow in Fractured Rocks[M]. Hoboken, NJ:Wiley,2023.